◎ 曹雅忠　李克斌　主编

中国常见地下害虫图鉴

中国农业科学技术出版社

图书在版编目（CIP）数据

中国常见地下害虫图鉴 / 曹雅忠，李克斌主编．—北京：中国农业科学技术出版社，2017.12

ISBN 978-7-5116-3416-0

Ⅰ．①中… Ⅱ．①曹… ②李… Ⅲ．①地下害虫—中国—图鉴 Ⅳ．①S433.8-64

中国版本图书馆 CIP 数据核字（2017）第 312249 号

责任编辑 姚 欢
责任校对 贾海霞

出 版 者 中国农业科学技术出版社
北京市中关村南大街 12 号 邮编：100081
电 话 （010）82106636（编辑室）（010）82109702（发行部）
（010）82109709（读者服务部）
传 真 （010）82106631
网 址 http://www.castp.cn
经 销 者 各地新华书店
印 刷 者 北京科信印刷有限公司
开 本 787mm × 1 092mm 1/16
印 张 16.75
字 数 400 千字
版 次 2017 年 12 月第 1 版 2017 年 12 月第 1 次印刷
定 价 128.00 元

《中国常见地下害虫图鉴》编委会

主　编：曹雅忠　李克斌

副主编：尹　姣　张　帅

编　委：（按姓氏拼音排序）

卜文俊　曹雅忠　陈小琳　陈晓琴　冯晓洁

顾　耘　韩红香　黄求应　姜立云　姜　楠

江世宏　焦克龙　李　军　李克斌　李轩昆

李　彦　李　竹　梁美荣　刘春琴　刘浩宇

刘晓艳　刘星月　梅向东　墨铁路　牛一平

乔格侠　任国栋　宋敦伦　王　亮　王庆雷

王文凯　王　勇　席景会　谢广林　许国庆

薛大勇　薛　明　杨　定　尹　姣　张　峰

张俊华　张　舒　张　帅　张婷婷　赵中华

钟　涛

序

地下害虫在土壤中为害植物发芽种子、植物地下根部或地面根茎部。这类土壤害虫主要是作物苗期大敌，常造成缺苗断垄，甚至毁种重播或绝收；其为害严重，生产问题十分突出。在世界范围内，地下害虫种类繁多，分布广泛，食性颇广，发生规律复杂，因此是国内外公认的难于测报和防治的一类重要害虫。

新中国成立以后，我国对地下害虫发生为害及种群动态规律的研究有较快的进展，但由于缺乏国家级立项支持，地下害虫的研究工作较为薄弱。近十几年来，随着农业生产结构和耕作制度的调整，特别是浅耕、免耕和积秸秆还田等措施的大面积快速推广，导致了在土壤中的地下害虫基数明显增加，在许多地区为害不断加重，呈现出猖獗发生的态势。国家在 2010 年设立了“农田地下害虫综合防控技术研究与示范”公益性行业专项，但项目仅实施了 5 年，尚有许多科学和技术问题亟待研究解决。因此，迫切需要国家继续给予立项支持，不断加强地下害虫防控技术的系统研究，以适应农作物安全生产的重大需求。

地下害虫种类多，且大多是在地下隐蔽为害，其调查及研究的难度大，特别是对于地下害虫种类的辨识、分布与为害等基础知识的普及很不够。我国有关地下害虫方面的专著较少，因过去的条件所限其形态特征图大都采用手工绘制。另外，随着昆虫分类学的发展，新的地下害虫种类不断被发现。由曹雅忠、李克斌主编的《中国常见地下害虫图鉴》，图文并茂、科学实用，采用原色虫体照片极大地提高了视觉上的直观性，有助于对地下害虫种类的辨识，对于普及和提高地下害虫的基础知识和综合防治技术水平具有重要意义。因此，希望并相信这部图鉴会在地下害虫识别和防治方面发挥出应有的作用。

张芝利

2017 年 10 月

前言

地下害虫属于世界性的重要农林害虫，是国内外公认的难于测报和防治的重大害虫。地下害虫种类繁多，在我国发生的重要地下害虫主要包括蛴螬、金针虫、地老虎、蝼蛄、根蛆、根象甲、拟步甲、根蚜、根蝽、根蚧、根天牛和蟋蟀等10多类群。地下害虫分布广泛，除分布于亚洲、欧洲、美洲和非洲等不同地区外，在我国各地普遍发生，不论平原、丘陵、山地、草原、旱地和水田，都有不同类群地下害虫的分布。地下害虫食性颇广，不仅取食为害粮食、棉花、油料、蔬菜、瓜果、烟草、糖料、向日葵、麻类和牧草等几乎所有农作物，也是固沙植物、果树、林木苗圃、草坪、中草药和花卉等植物的大敌。地下害虫为害严重，而且为害时期长，春、夏、秋三季（在南方包括冬季）均能为害；有许多种类的成虫和幼（若）虫都能为害植物，特别是大多类群或种类的幼（若）虫在土壤中生存、隐蔽为害，咬食植（作）物的发芽种子、幼苗、根系、嫩茎及块根、块茎等。苗期受害，常造成缺苗断垄，甚至毁种重播；生长期受害，破坏根系组织；啃食地下嫩果和块根、块茎等，降低作物产量，影响品质，部分严重地块可造成绝收。

长期以来，我国对地下害虫发生为害及种群动态规律的研究非常薄弱。近年来，随着农业生产结构和耕作制度的调整、浅耕免耕和大面积秸秆还田等措施的大面积快速推广，导致地下害虫在许多地区为害不断加重，呈现出猖獗发生的态势。因此，急需大力加强地下害虫防控技术的应用研究和基础研究。在2010年，国家财政部、科技部和农业部针对地下害虫不断严重的现状，专门设立了“农田地下害虫综合防控技术研究与示范”公益性行业（农业）科研专项（201003025）。项目由中国农业科学院植物保护研究所主持，组织了国内具有相应工作基础的科研、教学和推广单位作为项目骨干，开展了以研发绿色防控技术为主体的科技攻关研究与示范推广。通过该项目的实施，使我国地下害虫的研究与防控技术水平有了明显提高。但由于地下害虫种类多、发生规律复杂，尚有诸多的科学与技术问题有待研究阐明；尤其是对于地下害虫的种类辨识、分布与为害等基础知识亟待普及。而已有的地下害虫专著稀少，且受过去的条件所限其形态特征均为手绘图。因此，在摄像技术日益发达的今天，利用原色虫体照片可弥补传统手绘图视觉上直观性的不足，同时附于形态特征为主的文字说明，既有助于对地下害虫种类的辨识，也是普及和提高地下害虫综合防治技术的需要。因此，我们编撰了《中国常见地下害虫图鉴》一书，希望能在正确识别和有效防治地下害虫的生产实践中发挥积极作用。本书包括常见地下害虫181种，隶属于 7 目、28 科；文字内容包括以科为代表性特征的概述，科下分类检索表，虫种的中文名称、拉丁学名、分类地位、形态特征、分布及寄主植物等简述。

《中国常见地下害虫图鉴》以图片与文字相结合，能够帮助读者直接、快速、准确认识和鉴别常见地下害虫的种类。本书主要面向农业技术推广人员和基层植物保护工作者，也可供大专院校、植保科研单位人员参考。

在编写本书的过程中，承蒙地下害虫专家张芝利研究员的大力支持和提出的宝贵意见，还特别为本书作序；另外，有关专家或单位惠赠标本和技术资料，在此一并深表谢意！在书稿整理校对过程中，硕士研究生李雪、王超群、热孜宛古丽·阿卜杜克热木、李建一、李而涛、李晓峰等给予了必要协助，在此表示感谢！本书得到了公益性行业（农业）科研专项（201003025），国家自然科学基金（31371997，31572007，31501892，31372231，31772511）等项目资助。由于时间仓促、水平所限，缺点和错误在所难免，我们衷心欢迎广大读者批评指正。

编　者
2017 年 10 月

目　　录

第一章　鞘翅目 Coleoptera

第二章　双翅目 Diptera

第三章　直翅目 Orthoptera

第四章 半翅目 Hemiptera

第五章 鳞翅目 Lepidoptera

第六章　弹尾目 Collembola

第七章　等翅目 Isoptera

第一章　鞘翅目

Coleoptera

概 述

鞘翅目（Coleoptera）是昆虫纲也是动物界中种类最多、分布最广的第一大目，世界已知种约有 36 万之多，占全球昆虫总数的 1/3（Sheffield et al.，2008）。这个类群的成虫前翅角质化、坚硬、无翅脉，称为“鞘翅”，因此而得名。其后翅膜质，通常纵横折叠于前翅之下；亦有短翅或完全无后翅的。虫体小至大形，差异甚大；体壁坚硬。鞘翅目昆虫分类系统复杂、形态多种多样，可分为原鞘亚目、肉食亚目、多食亚目和菌食亚目 4 个亚目。这个类群属于完全变态昆虫，有卵、幼虫、蛹和成虫 4 个虫态。

（一）成虫　头部的头壳坚硬，头式一般为前口式或下口式。触角形状多样，鞭节有丝状、棒状、鳃片状、锯齿状、念珠状、锤状和膝状等，一般 10~12 节，少数 1~27 节。复眼通常发达，位于头部两侧，多数显著，有的退化或消失；形状变化很大，有圆形、椭圆形、肾形和马蹄形等；很少种类具单眼。口器咀嚼式，上唇发达，或与唇基愈合，或隐藏于唇基下；唇基有的分为前唇基和后唇基，后唇基常与额愈合；象甲类的额唇基区域又称口上片，向前极度延伸，形成象鼻状的“喙”，口器位于喙的顶端。上颚多数发达，有的种类非常强大，几乎与虫体等长甚至超过体长。下颚一般显著，分为内颚叶和外颚叶；肉食亚目的外颚叶分为 2 节，呈须状，内颚叶发达呈叶状，在顶端生有一钩状突起（称为趾节）；下唇完整或分为颏和亚颏，颏明显，亚颏可与外咽片愈合；下唇须通常 3 节，少数 1~2 节，个别种类不分节（图 1-1）。

胸部发达，背面观通常只能看到前胸背板和中胸小盾片。前胸大，一般与其他部分明显分开，能自由活动；前胸背板自成一骨片，前胸背板与侧板之间有的愈合，有的被背侧缝分开；背板与侧板间在肉食亚目中有明显的缝分开，而多食亚目则两者愈合。侧板可分为前侧片和后侧片。侧腹缝穿过前足基节窝分割出前胸腹板，前胸腹板为一骨片；若前胸腹板与前胸侧板在后方相遇，则前足基节窝称为“闭式”，反之则称为“开式”；此特征常用于分类。中胸与后胸愈合，中、后胸背板均被缝分为前盾片、盾片、小盾片；中胸小盾片通常为三角形，常露出鞘翅基部之外，其余盾片被鞘翅所覆盖。中胸与后胸侧片被分为前侧片和后侧片（图 1-1）。中、后胸腹板位于基节窝之间，后胸腹板前端向前突出于

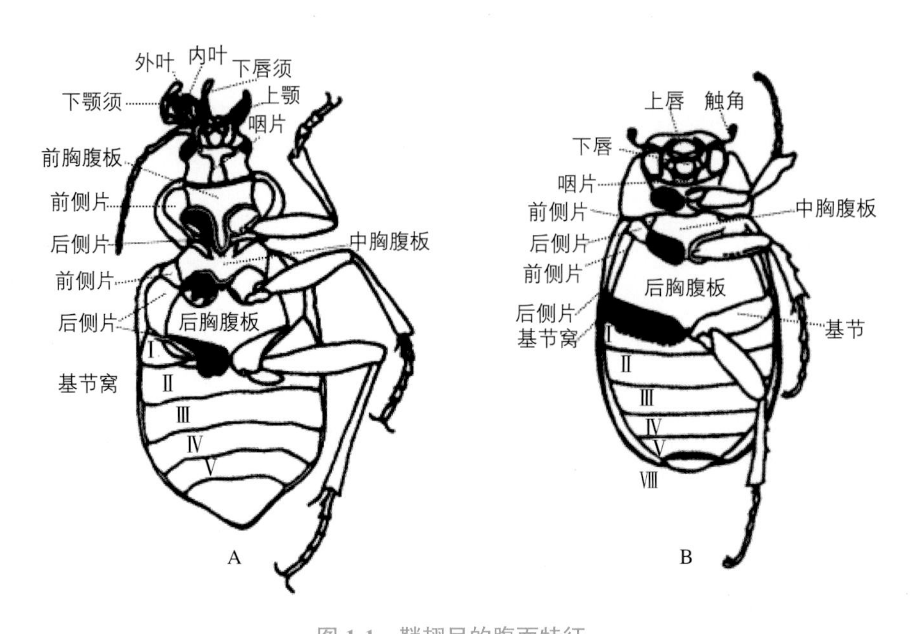

图 1-1　鞘翅目的腹面特征

A. 肉食亚目（步甲 *Calosoma*）；B. 多食亚目（金龟甲 *Phyllophaga*）（仿 Matheson）

中足基节窝之间，形成后胸腹板突。气门两对，分别位于前胸与中胸之间及后胸侧区。

翅一般为两对。部分步甲、象甲、蛛甲和天牛的后翅退化或消失。前翅由于角质化，翅脉隐匿已不可见，静止时前翅合拢于胸腹部背面，主要起保护虫体和后翅的作用。后翅膜质、宽大、少翅脉，平时纵横折叠于前翅之下，是飞翔的主要器官。

足一般为步行足，适于爬行或奔走。但由于生活习性的不同，足在功能和形态上也常发生相应的变化。如在土壤中生存、地下活动种类的前足适于开掘；在水中生存或活动种类的中、后足适于游泳；某些行动活泼的种类其后足膨大，适于跳跃等。3 对足跗节的数目按前、中、后足顺序排列，称为跗节式；跗节的节数、各节的大小和形状通常是分类的重要特征。如 5-5-5 则表示前、中、后足跗节均为 5 节；5-5-4 则表示前、中足跗节为 5 节，后足为 4 节等。跗节的着生情况通常有两类，一种是跗节 5 节时，第 4 跗节甚小并隐藏于第 3 节的分裂之间，称为隐 5 节或伪 4 节；另一种是跗节 4 节时，第 3 跗节甚小并隐藏于第 2 跗节中间，则称为隐 4 节或伪 3 节。

腹部体表多绒毛、刻点、脊纹等。腹节的数量变化较大，一般 10 节，第一腹节退化，第 3~9 腹节明显。由于腹板多有愈合或退化现象，可见腹板通常为 5~8 节。多食亚目中的许多种类，第 2 腹节的腹板也不常存在。因此从腹面观察时见到的第 1 节实际上是真正的第 2 节或第 3 节。第 1 腹板的形状是分亚目的重要特征。雌虫腹部末端数节变细而延长，互相筒套，形成可伸缩的伪产卵器，平时缩于体内，产卵时伸出。雄性外生殖器只有阳茎而无生殖肢部分，也多不外露，而是缩在第 9 或第 10 腹板之间。阳具分为基部的阳茎基片和端部阳茎两部分。

（二）幼虫　头为前口式或下口式，口器咀嚼式。头部通常发达，骨化坚硬；头部每侧有单眼0~6个；触角2~4节，长或痕迹状。胸部3节，一般有胸足3对，发达或退化；具有全部分节，包括明显的跗节或1对爪。腹部8~10节，一般无腹足，但有的在第9节背板上有1对骨化的尾突。气门共9对，第1对着生在前胸与中胸之间，其余8对着生于第1~8腹节侧区。根据幼虫的形态特征和生活习性，一般可分为肉食甲型、伪蠋型、蛴螬型、金针虫型、枝刺型和无足型等类型（图1-2）。

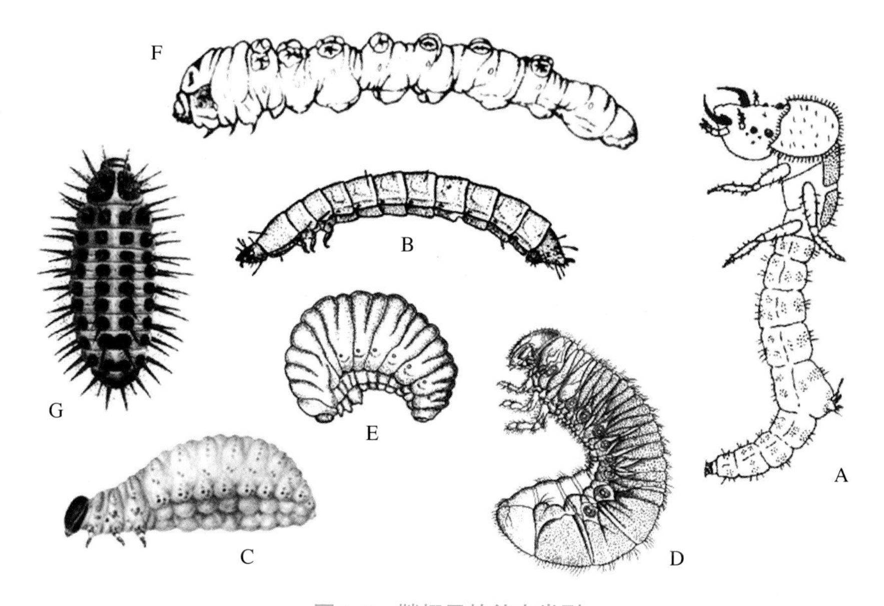

图1-2　鞘翅目的幼虫类型

A. 肉食甲型（虎甲）；B. 金针虫型（叩头甲）；C. 伪蠋型（负泥虫）；D. 蛴螬型（金龟子）；E. 象虫型（豆象）；F. 钻蛀虫型（天牛）；G. 枝刺型（马铃薯瓢虫）

（仿周尧、钟觉民等）

肉食甲型也称蛃型或衣鱼型：幼虫体壁坚硬，头前口式，胸足发达，5节，行动敏捷；常见于肉食亚目各科的幼虫和多食亚目隐翅类的幼虫。伪蠋型：体壁柔软，胸足不发达，4节，行动迟缓；常见于多食亚目中的叶甲幼虫等。蛴螬型：体壁柔软，体肥大而弯曲成“C”形，胸足4节，不发达，行动迟缓，不善爬行，口器发达，无尾须；常见于金龟子科、长蠹科等种类的幼虫。金针虫型：体壁坚硬，胸足发达，4节，体细长呈直线形，行动较敏捷；常见于叩甲科、伪步甲科等种类的幼虫。枝刺型：胸足4节，可活动，体背有坚硬的刺突；如马铃薯瓢虫的幼虫。无足型常分为两类：象虫型，幼虫身体柔软，粗圆，中间节特膨大而弓弯，触角退化，无尾须，胸足退化或完全消失，如象甲类和豆象类的幼虫；钻蛀虫型，体形细长扁平，胸足退化，常见于天牛、吉丁虫等种类的幼虫。

鞘翅目中重要的农作物地下害虫主要集中在多食亚目，主要包括金龟总科、叩甲（叩头虫）科、象甲总科、拟步甲科和天牛科中的相关种类。因此，针对相应的科或总科制作简明的分科（或总科）检索表，并对相应科（或总科）中的重要种类进行分别介绍如下。

分科（或总科）成虫检索表

1. 前胸腹板向后突出成为前胸腹板突，中胸腹板内陷成为中胸腹窝，前胸腹板突向后插入中胸腹板的腹窝内组成了能够上下拱动的“叩头”关节，可借以弹跃 ………… **叩头甲科（Elateridae）**
   前胸腹板及中胸腹板不具有上述结构 ……………………………………………………………… **2**
2. 头向前延伸形成显著的“喙”状，喙两侧各有一触角沟；2 条外咽缝末端合并成 1 条，前胸后侧片在前胸腹板后左右相遇 ………………………………………………… **象甲总科（Curculionoidea）**
   头不延伸成“喙”状，2 条外咽缝分离，前胸后侧片决不在腹板后相遇…………………………… **3**
3. 触角端部数节（3~8 节），呈鳃片状，或呈栉状而膝状弯曲 ……**金龟子总科（Scarabaeoidea）**
   触角端部数节（3~8 节），不呈鳃片状 …………………………………………………………… **4**
4. 跗节常见 5-5-4 式，稀见 5-4-4 式或 4-4-4 式 …………………………**拟步甲科（Tenebrionidae）**
   3 对足跗节数目相同，如不同则非 5-5-4 或 5-4-4 式、4-4-4 式 ……………………………… **5**
5. 跗节一般隐 5 节、显 4 节；触角常超过体长之半，通常 11 节，大多丝状；鞘翅通常完全盖住腹部，复眼肾形有时近球形，或上、下两叶完全分离 …………………………**天牛科（Cerambycidae）**

一、金龟总科 Scarabaeoidea

概述

金龟总科（Scarabaeoidea）以其触角端部 3~8 节向前侧延伸呈栉状或鳃片状而易于认别，此类昆虫一般统称金龟子。金龟子头部常较小，多为前口式，后部伸入前胸背板，口器发达，尤其是上颚多甚发达壮实。触角由 8~11 节组成，以 9 节、10 节为多，端部 3~8 节组成鳃片部，以 3 节者为多。前胸背板大，通常宽大于长，侧缘多少弧扩，多数类群有显著小盾片。前翅为鞘翅，后翅发达善于飞行，少数属种后翅退化。前足基节窝后方闭式。足开掘式，前足胫节外缘具齿，有端距（或内缘距）1 枚，跗节 5 节，有极少数种类跗节少于 5 节，仅 4 节或 3 节。腹部可见 5~6 个腹板，腹部气门位于背板腹板之间的侧膜上，或位于腹板侧上端，末背板形成臀板，它们或被鞘翅覆盖，或露出在鞘翅之外。

成虫检索表

1. 上颚强大外露，背面可见，外侧缘简单或波浪形。前足基节横形 ……………… **2（犀金龟科）**
   上颚不外露，前足基节圆锥形 ……………………………………………………………… **3**
2. 后足第一跗节外侧端显著延伸似指状，每鞘翅有约 12 条明显的点刻沟，头上有明显的角突，雄虫前足 2 爪的内爪特化。体长椭圆形，背腹扁圆，全体黑色。上颚简单，尖齿形，前胸背板有凹坑 …………………………………………… **华晓扁犀金龟 *Eophileurus chinensis*（Faldermann）**
   后足第一跗节外侧端正常，无指状突。每鞘翅有 4 对浅浅的点刻列，头、前胸背板无突起，爪不特化。体短壮，背腹拱起，体黑褐色。体上面圆形隆起。上颚外侧缘三齿形 ……………………………………………………… **阔胸禾犀金龟 *Pentodon mongolicus* Motschulsky**
3. 唇基基部于复眼前深深凹入，背面可见触角基部，触角 10 节。中胸后侧片显露于前胸与鞘翅之间，从背面可见。鞘翅外缘近基部明显内弯 ………………………………………… **4（花金龟科）**
   唇基基部于复眼前不凹入，触角 9~10 节。中胸后侧片从背面不可见……………………………… **6**
4. 中胸腹突基部不缢缩，前缘圆弧形，有边框。体深铜绿色，体多白色毛斑 ……………………………………………………… **小青花金龟 *Oxycetonia jucunda* Faldermann**
   中胸腹突基部多少缢缩或收窄，无边框 …………………………………………………………… **5**
5. 体具金属光泽，有古铜、暗青铜、黑紫铜等色，多白色毛斑。前胸背板前缘无边框 ………………………………………… **白星花金龟 *Potosia*（*Liocola*）*brevitarsis*（Lewis）**

体无金属光泽，体色赤褐色或黄褐色，散布很多大小不等黑褐色斑点。前胸背板前缘具边框
………………………………………………… **褐锈花金龟** ***Poecilophilides rusticola***（**Burmeister**）

6. 各足之2爪大小相等，如果前、中足之爪大小相差显著，则后足仅1爪。腹部气门均着生在腹板侧上方。体色多暗淡，很少具华丽的金属光泽 ……………………………………… **7（鳃金龟科）**
各足之2爪大小相差显著，通常前、中足之大爪分裂为2爪。腹部前3对气门着生在侧膜上，后3对气门着生在腹板侧上方。体多具华丽的金属光泽……………………………………**26（丽金龟科）**
7. 中、后足胫节端部2端距十分靠拢，着生于一侧 ……………………………………………… **8**
中、后足胫节端部2端距远远分开，着生于两侧 ……………………………………………… **24**
8. 触角鳃片部5~7节组成 ………………………………………………………………………………… **9**
触角鳃片部3节组成 ………………………………………………………………………………… **13**
9. 鞘翅无纵肋，腹部侧面无白斑，1~5腹板有相同颜色的毛带 ……………………………… **10**
鞘翅具显著的纵肋，腹部侧面有三角形白斑，或由乳白色鳞片覆盖而呈白色 ………………… **11**
10. 前胸背板后缘无毛，前侧角钝角形，后侧角近直角形。体较大。前足胫节外缘雄虫2齿，雌虫3齿。唇基前侧角尖锐而翘起。雄虫触角鳃片部长度接近前胸的宽度
……………………………………………………………………… **大云鳃金龟** ***Polyphylla laticollis*** **Lewis**
前胸背板前缘和后缘侧段均有粗长的纤毛，前后侧角均钝角形。体较小。前足胫节外缘雄虫1齿，雌虫3齿。唇基前缘中段微凹。雄虫触角鳃片部长度为前胸的宽度的2/3
………………………………………………………… **小云鳃金龟** ***Polyphylla gracilicornis*** **Blanchard**
11. 中足基节之间有长大的中胸腹板突。体色灰褐色，鞘翅色泛黄。前胸背板后缘中段弓形后扩。腹部侧面有清晰的小白斑 ……………………… **灰胸突鳃金龟** ***Hoplosternus incanus*** **Motschulsky**
中足基节之间无中胸腹板突，或仅有1微小的锥形突 ……………………………………………… **12**
12. 中足基节之间无中胸腹板突。前胸背板中盘区有宽而浅的纵沟，沟内密生长毛，后侧角呈锐角形。臀板末端多少明显延伸似柄，腹部1~5节跗节末端各有1三角形白斑
……………………………………… **大栗鳃金龟** ***Melolontha hippocastani mongolica*** **Menetries**
中足基节之间有1微小的锥形突。前胸背板被灰白色针状毛，后侧角呈直角形。臀板末端不延伸似柄，腹部侧面鳞片漫布而无白斑 ……………………… **弟兄鳃金龟** ***Melolontha frater*** **Arrow**
13. 各足爪齿呈中齿位，与爪垂直 ………………………………………………………………………… **14**
各足爪齿前伸，与爪呈锐角 ………………………………………………………………………… **17**
14. 触角10节，头顶无高锐的横脊 ……………………………………………………………………… **15**
触角9节，头顶具高锐的横脊。小盾片无毛。体黄褐色，体上被长毛。鞘翅基部被毛较长，与前胸背板相似，后部毛较短，无纵肋
…………………………………… **毛黄脊鳃金龟** ***Holotrichia*** **(*Pledina*)** ***trichophora***（**Fairmaire**）
15. 鞘翅纵肋Ⅰ后方不收窄。体色黑色或棕褐色 …………………………………………………… **16**
鞘翅纵肋Ⅰ后方收窄。体色棕色或棕红色。唇基宽于额，前缘中段凹缺，额部粗糙。前胸背板疏布刻点，有微凸光滑中纵带 ………………… **棕狭肋鳃金龟** ***Holotrichia*** **(*Eotrichia*)** ***titanis*** **Reitter**
16. 体色暗，无光泽体被淡铅灰色粉层。体两侧略平行，臀板末端尖
……………………………………………………… **暗黑鳃金龟** ***Holotrichia parallela*** **Motschulsky**
体表油亮，无淡铅灰色粉层。体向后渐宽，臀板末端平截或凹入
………………………………………………………… **华北大黑鳃金龟** ***Holotrichia oblita***（**Faldermann**）
17. 触角9节 …………………………………………………………………………………………………… **18**

触角 10 节 …………………………………………………………………………………… 20

18. 爪较短阔，爪下无齿突，但爪端部深裂 ……………………………………………………… 19

爪细长，爪下近基部有 1 短小齿突。体狭长，两侧近平行。体褐色，唇基、鞘翅和足淡黄褐色。前胸背板及胸下密被绒毛，前胸背板的毛因着生角度不同，呈现白色纵带两条。鞘翅散生长纤毛，纵肋Ⅰ、Ⅱ清晰。腹部下方有纵沟

……………………………… **马铃薯鳃金龟东亚亚种 *Amphimallon solstitialis sibiricus* Rritter**

19. 体上面光裸无毛。体较大较宽。体色黄亮。鞘翅纵肋Ⅰ、Ⅱ清晰。体长 13~14mm

………………………………………………………… **鲜黄鳃金龟 *Metabolus tumidifrons* Fairmaire**

体上面密被短针状毛。体较狭小。体茶黄色。鞘翅纵肋不清。体长 9~12mm

…………………………………………………………… **小黄鳃金龟 *Metabolus flavescens* Brenske**

20. 唇基甚短阔，与眼上刺突联成一片。鞘翅侧缘前段钝角形，缘折宽。唇基刺突片短阔略呈体型，弥补扁圆形深大刻点。前胸背板弥补椭圆形刻点，后侧角钝角形。体长 8~10.5mm

……………………………………………………………… **黑阿鳃金龟 *Apogonia cupreoviridis* Kolbe**

唇基长大正常，刺突不发达成片 …………………………………………………………… 21

21. 后翅发达正常，可以飞行。小盾片密布较大的刻点，刻点具竖毛。前胸背板密布大小具毛刻点，毛长而竖立，侧缘粗锯齿形。鞘翅密布具毛刻点。体棕色

………………………………………………………… **福婆鳃金龟 *Brahmina faldermanni* Kraatz**

后翅十分退化，不能飞行 …………………………………………………………………… 22

22. 后翅狭长，长度可达腹部第四节背板 ………………………………………………………… 23

后翅三角形，长度可达腹部第二节背板。全体黑色，体长 15~17mm

………………………………………………………… **黑皱鳃金龟 *Trematodes tenebrioides*（Pallas）**

23. 体长 18.5~21.3mm，体宽 10~12mm，个体明显大。体黑色，鞘翅无灰白表层，光泽较强

…………………………………………………………………… **大皱鳃金龟 *Trematodes gradis* Semenov**

体长 13.4~18.8mm，体宽 7.5~10.3mm。体黑色或黑褐色，鞘翅和臀板有明显灰白表层，光泽晦暗 ……………………………………………………… **爬皱鳃金龟 *Trematodes potanini* Semenov**

24. 体黑褐或棕褐色，亦有少数淡褐色个体，体表较粗而晦暗，有天鹅绒般闪光。触角 9 节，少数 10 节，有左右触角互为 9 节、10 节者 ……………………… **东方绢金龟 *Serica orientalis* Motschulsky**

体浅棕或棕红色，触角 10 节 ………………………………………………………………… 25

25. 体表颇平，刻点浅匀。唇基布较深但不匀刻点，有较明显纵脊

………………………………………………………… **阔胫玛绢金龟 *Maladera verticalis* Fairmaire**

体表较粗糙，刻点散乱。唇基滑亮，密布刻点，纵脊不显

…………………………………………………… **小阔胫玛绢金龟 *Maladera ovatula*（Fairmaire）**

26. 触角 10 节，上唇下方延伸似喙，呈“T”形。体黄褐色。小盾片狭长三角形，略低于翅面

…………………………………………………………………………… **毛喙丽金龟 *Adoretus hirsutus* Ohaus**

触角 9 节，上唇正常 ……………………………………………………………………………… 27

27. 中足基节之间具明显的前伸的中胸腹板突 …………………………………………………… 28

中足基节之间无前伸的中胸腹板突 ………………………………………………………………… 32

28. 前胸背板与鞘翅基部等宽，后缘中段不凹缺。头、前胸背板被长密绒毛。头正面、前胸背板及小盾片紫铜色或青铜色，鞘翅茶黄色半透明，具“V”形影纹。体下面黑褐色，被绒毛

…………………………………………………… **苹毛丽金龟 *Proagopertha lucidula* Faldermann**

前胸背板明显窄于鞘翅基部，前方明显收窄，后缘侧段斜，中段（相对于小盾片处）多少弧形凹缺 ……………………………………………………………………………… **29**

29. 头、前胸背板与鞘翅不同色 ……………………………………………………… **30**

全体同色，蓝黑、墨绿、蓝、深蓝，有紫色泛光，金属光泽强 ……………………… **31**

30. 除鞘翅外，体深铜绿、墨绿色，有强烈金属光泽。鞘翅黑褐或赤褐，中部有黄褐或赤褐折曲横带，每鞘翅横带有时断为 2 斑，亦有全体一色无黄色横带的个体；臀板基部有一对横大白色毛斑，斑宽与斑距近相等；腹部 1~5 节侧端有白色毛斑

…………………………………………… **曲带弧丽金龟 *Popillia pustulata* Faimaire**

头、前胸背板、小盾片、胸、腹部腹面、3 对足的基节、转节、腿节、胫节均为青铜色，有闪光，鞘翅黄褐色，沿缝肋部分为绿或墨绿色。臀板基部有两个白色毛斑。腹部 1~5 节侧面具由白色毛组成的白斑 ……………………… **中华弧丽金龟 *Popillia quadriguttata*（Fabricius）**

31. 臀板隆拱，密布粗横刻纹，无毛斑 ……………… **棉花弧丽金龟 *Popillia mutans* Newman**

臀板有一对常互相远离的小毛斑 ……………… **琉璃弧丽金龟 *Popillia flavosellata* Fairmaire**

32. 体色赤褐油亮，体下面色较淡。唇基长大，长方形。前足内外爪长度接近，内爪端上缘分裂。臀板上部无毛 ………………………………… **黄褐异丽金龟 *Anomala exoleta* Faldermann**

体具金属光泽，呈铜绿、铜黄、紫铜或深绿等色 ……………………………………… **33**

33. 体背面、腹面颜色皆深 …………………………………………………………… **34**

体背面与腹面颜色不同 …………………………………………………………… **36**

34. 体较大，体长 16~23mm，全体深绿、墨绿、紫铜或靛蓝色。臀板及前臀板布细密横皱，密被灰黄色绒毛。胸下密被灰黄绒毛，每腹板有 1 排绒毛，侧端有同色毛斑

…………………………………………… **蒙古异丽金龟 *Anomala mongolica* Faldermann**

体较小，一般不超出 16mm……………………………………………………………… 35

35. 前胸背板后侧角钝角形，后缘侧段边框明显，边框内侧有深显横沟。头面、前胸背板、小盾片及臀板深铜绿色，鞘翅底色黄褐，有明显浅铜绿色闪光层；腹部 1~5 腹板侧上方各有 1 个淡黄褐或淡褐色三角形大斑。腹部仅第一腹板侧方多少呈纵脊。

…………………………………………… **侧斑异丽金龟 *Anomala luculenta* Erichson**

前胸背板后缘侧段无明显边框，内侧仅勉强可见宽浅横沟，后侧角圆弧形；腹部前 3~4 腹板侧端纵脊状明显，无或有时有淡色斑点。体色变异大，有 3 个色型：（a）与侧斑丽金龟相似，但前胸背板两侧有淡褐色纵斑；（b）全体深铜绿色；（c）与（a）型格局相同，但颜色迥然不同，为浅紫铜色 ………………………… **多色异丽金龟 *Anomala chamaeleon* Fairmaire**

36. 体长 16~22mm。体上面铜绿色，鞘翅色较淡而泛铜黄色，腹面多呈乳黄色或黄褐色。臀板三角形，黄褐色，常有 1~3 个形状多变的铜绿或古铜色斑

…………………………………………… **铜绿异丽金龟 *Anomala corpulenta* Motschulsky**

体长 18~26mm。前胸背板及鞘翅呈青绿色，有光泽，腹面及足紫铜色。臀板同体色，无斑

…………………………………………………… **大绿丽金龟 *Anomala virens* Linnaeus**

（一）犀金龟科 Dynastidae

概述

成虫　犀金龟科亦称独角仙科，其上颚多少外露而于背面可见，上唇为唇基覆盖；触角 10 节，鳃片部 3 节组成。前胸腹板于基节之间生出柱形、三角形、舌形等垂突等特征而易于识别。多大型至特大型种类，性二态现象在许多属中显著；其雄虫头面、前胸背板有强大角突或其他突起或凹坑，雌虫则简单或可见低矮突起。成虫植食，幼虫多腐食，或在地下为害作物、林木之根。

幼虫　上唇前缘不呈三叶状，左右不甚对称，呈横椭圆形，尖端不甚突出（图 1-3）；复毛区缺刺毛列，具钩状刚毛，或缺钩状刚毛，以略扁锥状刺毛，并散生长针状刺毛；肛门孔横弧状。

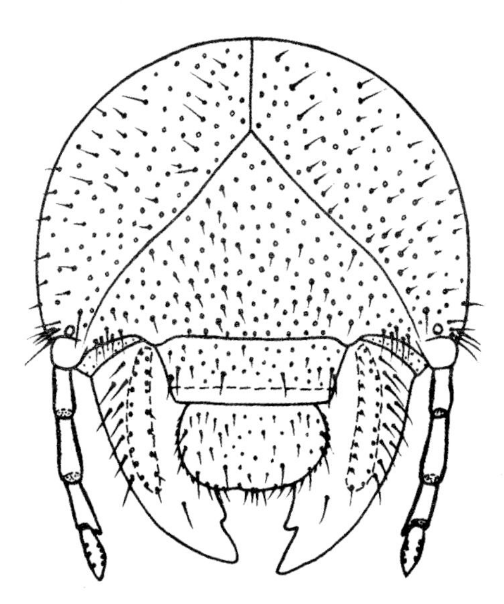

图 1-3　犀金龟科幼虫头部

阔胸禾犀金龟 *Pentodon mongolicus* Motschulsky, 1849（图 1-4）

同物异名：*Pentodon patruelis* Frivaldszky

【形态特征】

成虫　体长 17～25.7mm，宽 9.5～13.9mm。体黑褐或赤褐色，腹面着色常较淡，全体油亮。体中至大型，短壮卵圆形，背面十分隆拱，显得厚实。头阔大，唇基长大梯形，布挤密刻点，前缘平直，两端各呈一上翘齿突，侧缘斜直；额唇基缝明显，由侧向内微向后弯曲，中央有 1 对疣凸，疣凸间距约为前缘齿距的 1/3，额上刻纹粗皱。触角 10 节，鳃片部 3 节组成。前胸背板宽，十分圆拱，散布圆大刻点，前部及两侧刻点皱密；侧缘圆弧形，后缘无边框；前侧角近直角形，后侧角圆弧形。鞘翅纵肋隐约可辨。臀板短阔微隆，散布刻点。前胸垂突柱状，端面中央无毛。足粗壮，前足胫节扁宽，外缘 3 齿，基齿中齿间有 1 个小齿，基齿以下有 2~4 个小齿；后足胫节端缘有刺 17~24 枚（图 1-4）。

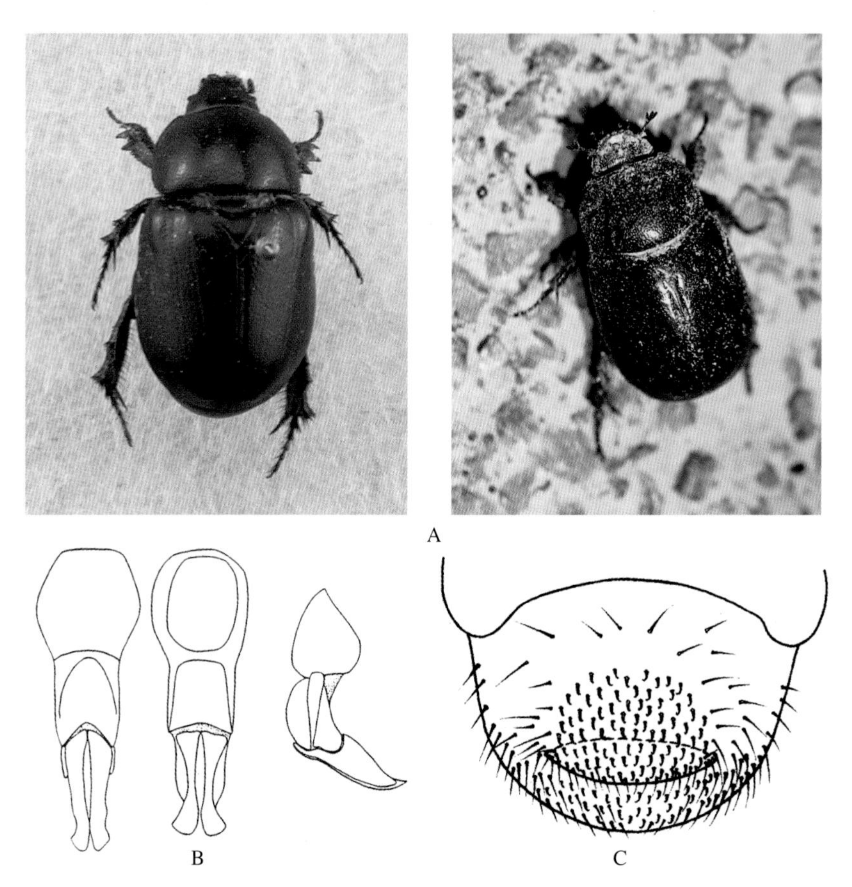

图 1-4 阔胸禾犀金龟 *Pentodon mongolicus* Motschulsky
A. 成虫；B. 雄性外生殖器；C. 幼虫臀节腹面

幼虫 中型偏大，体长 40~50mm。在肛背片，有 1 条由细缝围成的很大的臀板（骨化环）。在肛腹片后部复毛区中间，无刺毛列，只有钩状刚毛群和周围的细长毛。肛门孔横列状。

【寄主】成虫为害玉米、高粱、小麦等作物的种子、芽和马铃薯等的地下部分，幼虫为害麦类、玉米、高粱、甘薯、花生、大豆、胡萝卜、白菜、韭菜、葱等作物的根、茎、块根、种子等。

【分布】中国山东、河北、河南、山西、陕西、内蒙古、青海、甘肃、黑龙江、吉林、辽宁、江苏、浙江；蒙古。

【生活习性】在山东需2年多完成1代，以成虫和幼虫越冬。越冬成虫4月中、下旬出土活动，7月上旬至8月下旬为发生盛期，并可持续到10月份。成虫趋光性强。幼虫期约需370天，以老熟幼虫越冬，来年6月初开始化蛹，6月中旬开始羽化成虫，大部分成虫在土中越冬。该虫多在土壤矿化度高的地区发生，如山东的东营市。

华晓扁犀金龟 *Eophileurus chinensis*（Faldermann, 1835）（图1-5）

【形态特征】

成虫　体长18～27.2mm，体宽8.4～12mm。体多黑色，相当光亮。大型甲虫，狭长椭圆形，背腹甚扁圆。头面略呈三角形，唇基前缘钝角形，顶端尖而弯翘，雄虫中央有一竖生圆锥形角突，雌虫则为一短锥突，上颚大而端尖，向上弯翘。触龟10节，鳃片部短壮。前胸背板横阔，密布粗大刻点，雄虫在盘区有略呈五角形凹坑，雌虫则有一宽浅纵凹，侧缘弧

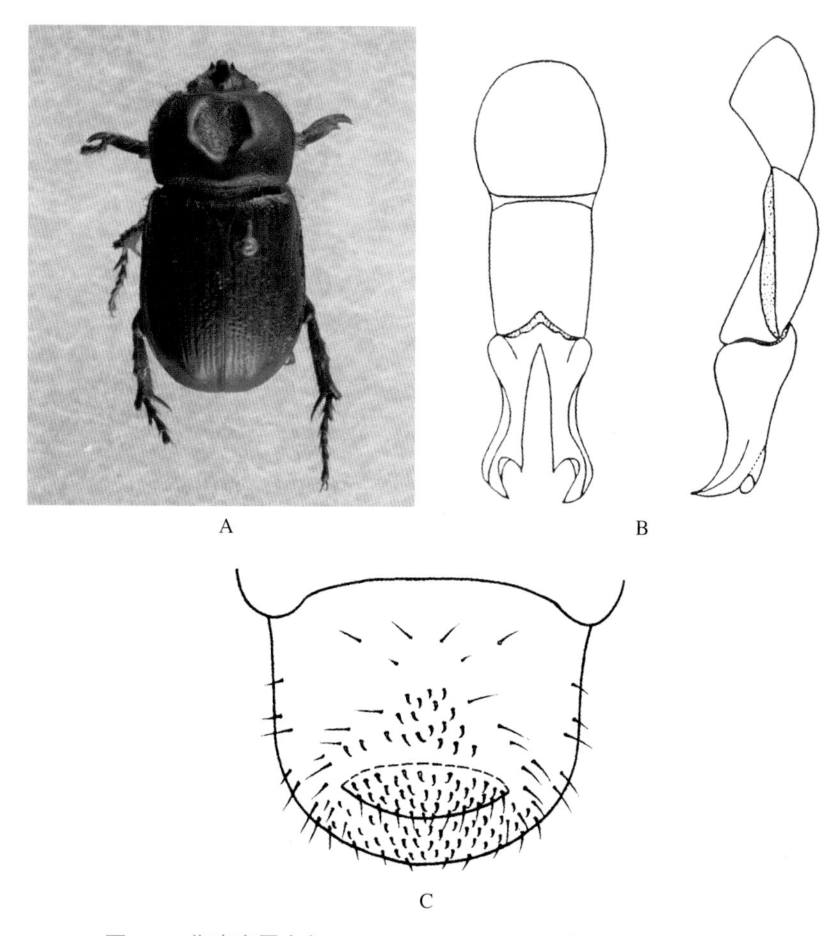

图1-5　华晓扁犀金龟 *Eophileurus chinensis*（Faldermann）

A. 成虫；B. 雄性外生殖器；C. 幼虫臀节腹面

引自《中国经济昆虫志　鞘翅目　金龟总科幼虫》

形扩出，鞘翅长，侧缘近平行，每鞘翅有 6 对平行的刻点沟。臀板短阔。足粗壮，前足胫节外缘 3 齿，中足后足第一跗节末端外侧延伸成指状突。雄虫前足 2 爪之内爪特化，扩大呈拇指叉形，另 4 指为并拢的手掌形。

幼虫　复毛区缺刺毛列，具少量尖端微弯的扁钩状刚毛，不达臀节腹面的 1/2 处，余均散生针状毛（图 1-5）。

【分布】中国山东、河北、河南、山西、辽宁、安徽、江苏、浙江、湖北、江西、福建、湖南、广东、海南、云南、台湾；朝鲜，日本，缅甸，不丹。

【生活习性】幼虫栖居于朽木、植物性肥料堆中，一般不食害植物的地下部分。

（二）丽金龟科 Rutelidae

概述

成虫　丽金龟科昆虫多数种类色彩艳丽，有古铜、铜绿、墨绿、黄色等金属光泽，亦有种类体色单调者。体小型到大型，以体型中等者为多。体多卵圆形或椭圆形，背面腹面均较隆拱。头前口式，头部多简单，触角 9~10 节，以 9 节者为多，鳃片部均 3 节组成。前胸背板横阔，前狭后阔。小盾片发达显著，三角形。鞘翅缘折于肩后不内弯。后胸后侧片及后足基节侧端不外露。臀板外露。胸下被绒毛。足发达，中足、后足端部有端距 2 枚，各足有爪 1 对，大小有异，前足、中足 2 爪之较大爪末端常裂为 2 支。

幼虫　上唇近于后缘平截的心圆形，或近似横椭圆形，左右不对称（图 1-6）；臀节背板上常具向后开口的骨化环；复毛区具钩状刚毛，有刺毛列，或缺，如有，则均呈纵列；刺毛列常由针状毛，或后部针状毛，前部锥状毛组成；肛门孔横弧状（图 1-7）。

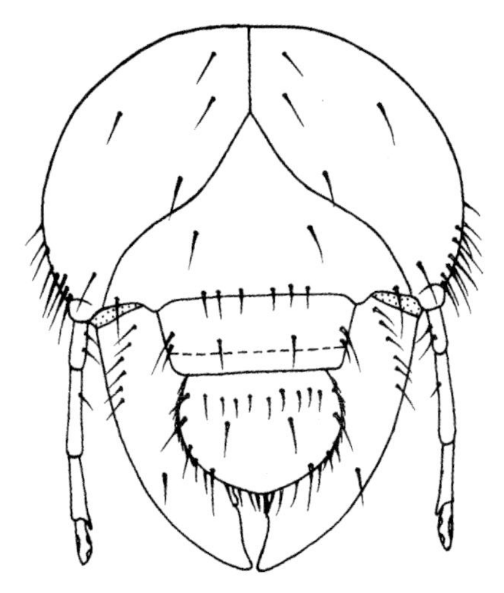
图 1-6　丽金龟科、鳃金龟科幼虫头部

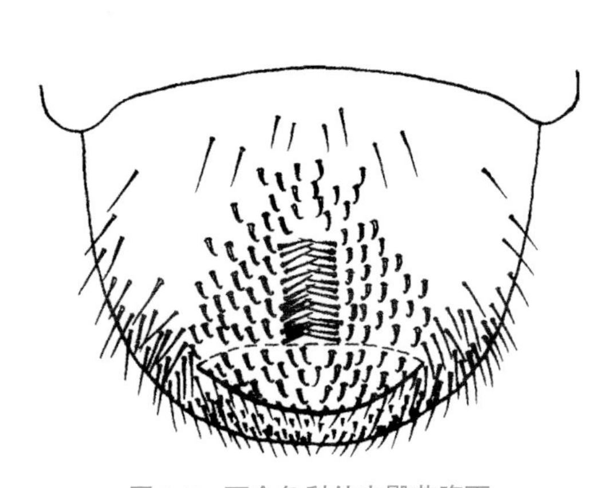
图 1-7　丽金龟科幼虫臀节腹面

蒙古异丽金龟 *Anomala mongolica* Faldermann, 1835（图 1-8）

【形态特征】

成虫 体长 16~23mm，体宽 9.2~11.8mm。体中到大型，长椭圆形，全体深绿到墨绿，有铜绿色金属光泽；腹面有紫色泛光；也有全体靛蓝或茄紫色个体，背面不被毛。体背面均匀密布粗大圆深刻点。唇基梯形，前缘微弧形，密布大而有时融合刻点，头前部密布深大刻点，后头布细密刻点。触角 9 节，鳃片部雄长雌短。前胸背板相当隆拱，前缘有透明角质饰边，侧缘前段显著靠拢，最宽处位于中点之后，接近基部，侧缘疏列长毛，中纵可见微弱光滑纵带。小盾片三角形，宽略大于长，侧缘缓弧形，端钝，中央有深大刻点，侧缘及端部光滑。鞘翅长。中后部微弧扩，纵肋纹不显，后缘近横直，缘折中点之后有宽阔膜质饰边。臀板及前臀板布细密横皱，密被灰黄色绒毛。胸下密被灰黄绒毛，每腹板有 1 排绒毛，侧端有同色毛斑。前足胫节外缘端部 2 齿，端齿前指尖锐，基齿钝。

幼虫 复毛区的刺毛列每列 34~43 根，前段为短锥状刺毛，尖端微向中央弯曲，一般每列 14~24 根，后段为长针状刺毛，每列 16~22 根，刺毛列由前向后略微岔开，短锥状刺毛列的后段常延伸到长针状刺毛列的内侧，个别短锥状刺毛还夹杂于长针状刺毛之间；长针状刺毛常有副列，呈 2 行或 3 行不整齐排列，两列长针状刺毛的尖端部分相遇或交叉，并超出复毛区。

【寄主】花生、甘薯、马铃薯等块根、块茎植物。

【分布】中国山东、河北、黑龙江、吉林、辽宁、内蒙古；俄罗斯。

【生活习性】在山东省 1 年一代，以 3 龄幼虫越冬；4~5 月间上升为害，5 月中旬停止取食，进入预蛹期，5 月下旬开始化蛹，6 月中旬始见成虫，7 月上、中旬为成虫盛期；

A

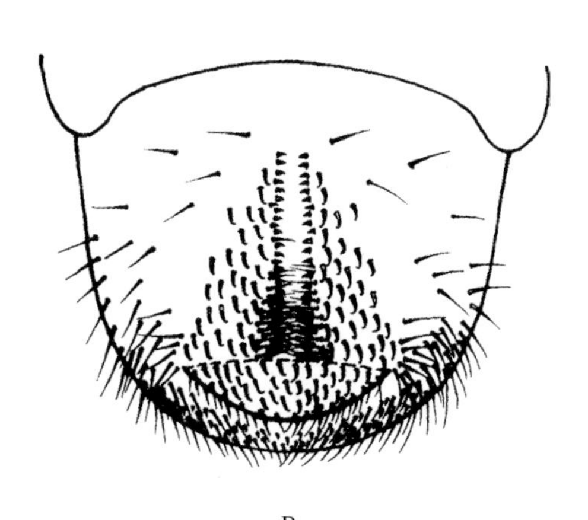

B

图 1-8 蒙古异丽金龟 *Anomala mongolica* Faldermann

A. 成虫；B. 幼虫臀节腹面

6月下旬开始产卵，7月中旬开始出现幼虫，10月中、下旬3龄幼虫开始越冬。成虫有强烈的趋光性，取食多种树叶，群聚性强，成虫常大量聚集在1~2棵树上为害，最喜食苹果、榆树叶。常发生在半山区、山区。

铜绿异丽金龟 *Anomala corpulenta* Motschulsky, 1853（图1-9）

【形态特征】

成虫　体长16~22mm，体宽8.3~12mm。体中型，长卵圆形，背腹扁圆。体上面铜绿色，头、前胸背板色泽明显较深，鞘翅色较淡而泛铜黄色，唇基前缘、前胸背板两侧呈淡褐色条斑，腹面多呈乳黄色或黄褐色。头大，唇基短阔梯形，头面布皱密刻点。触角9节。前胸背板大，侧缘略呈弧形，最阔点在中点之前；前侧角尖锐前伸，后侧角钝角形；前缘边框有显著角质饰边，后缘边框中断，表面散布浅细刻点。小盾片近半圆形。鞘翅密布刻点；背面有2条纵肋，缘折长，到达后端，边缘有膜质饰边。胸下密被绒毛，腹部每腹板有毛1排。前足胫节外缘2齿，内缘距发达。臀板三角形，黄褐色，常有1~3个形状多变的铜

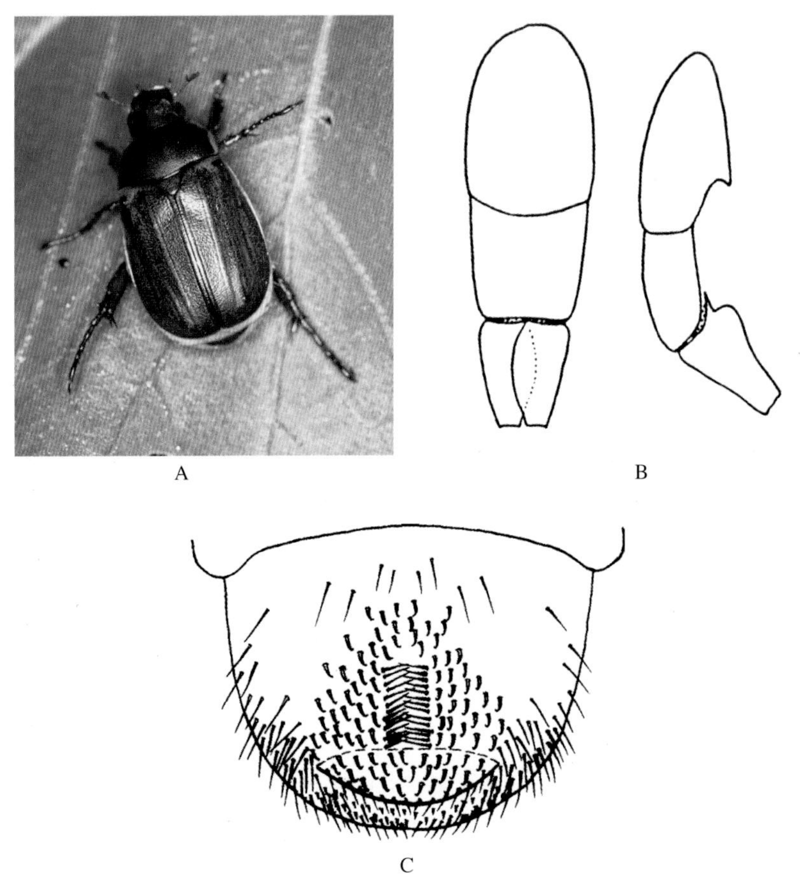

图1-9　铜绿异丽金龟 *Anomala corpulenta* Motschulsky
A. 成虫；B. 雄性生殖器；C. 幼虫臀节腹面

绿或古铜色斑。

幼虫　中型，体长 30~33mm。肛腹片后部复毛区的刺毛列，每列各由 13~19 根长针状刺毛组成，多数是 15~18 根，刺毛列的刺尖相交或相遇，后端稍向外岔开。刺毛列的前端不达复毛区的前部边缘。

【寄主】成虫是林木、果树之大害，嗜食苹果、杨、柳、核桃、梨、榆、杏、葡萄及海棠等的叶片，也为害花生、豆类、向日葵的叶片。幼虫为害花生、玉米、高粱、薯类等的地下根茎。

【分布】中国极为常见的种类，如山东、河南、河北、山西、陕西、宁夏、甘肃、黑龙江、吉林、辽宁、内蒙古、江苏、安徽、浙江、湖北、江西、湖南、四川；蒙古，朝鲜等。

【生活习性】本种是我国黄淮海平原粮棉区主要地下害虫之一。在山东省 1 年 1 代，以 3 龄幼虫越冬。翌春 3 月中下旬开始上升耕作层活动为害；5 月化蛹，6 月上旬羽化为成虫。成虫黄昏时出土活动，飞翔力强，趋光性强。9 月下旬多数幼虫进入三龄，即开始下潜至深土层越冬。

侧斑异丽金龟 *Anomala luculenta* Erichson, 1847（图 1-10）

常用名：异色丽金龟

【形态特征】

成虫　体长 13~16.3mm，体宽 7~9mm。体中型，长椭圆形，后方稍扩阔。头面、前胸背板、小盾片及臀板深铜绿色，鞘翅底色黄褐，有明显浅铜绿色闪光层；腹部 1~5 腹板侧上方各有 1 个淡黄褐或淡褐色三角形大斑。唇基长大，梯形，前线近横直，密布挤皱刻点；头顶隆拱。头面密布前大后细的刻点。触角 9 节，鳃片部雄虫长大，略长于或等于其前 5 节长之和。前胸背板密布横扁圆形刻点，除后缘中段外，四缘皆有边框，侧缘后段近平行，前段明显收拢；前侧角前伸锐角形，后侧角钝角形，后缘侧段边框明显，边框内侧有深显横沟。小盾片近半圆形，密布横扁刻点。鞘翅可见 4 条纵肋，以背面的纵肋Ⅰ、Ⅱ较明显。臀板短阔三角形，上部有少量绒毛。腹部仅第一腹板侧方多少呈纵脊。足粗壮，深紫铜色，前足胫节外缘 2 齿，端齿甚长，指向前方，内线缘距位于胫节长之中点。

幼虫　复毛区的刺毛列，每列 28~35 根，前端为短锥状刺毛，每列 18~25 根，后端为长针状刺毛，每列 8~13 根，两列刺毛的前端明显超出钩毛区的前缘。

【分布】中国山东、河北、山西、黑龙江、吉林、辽宁、内蒙古；蒙古，朝鲜。

【寄主】成虫取食板栗、核桃楸、柞、小灌木等的叶子，幼虫为害作物地下部分。

【生活习性】在山东省 1 年 1 代，以幼虫越冬。成虫出现期为 6 月下旬至 7 月中旬，有趋光性，喜在较疏松的沙壤土中产卵。

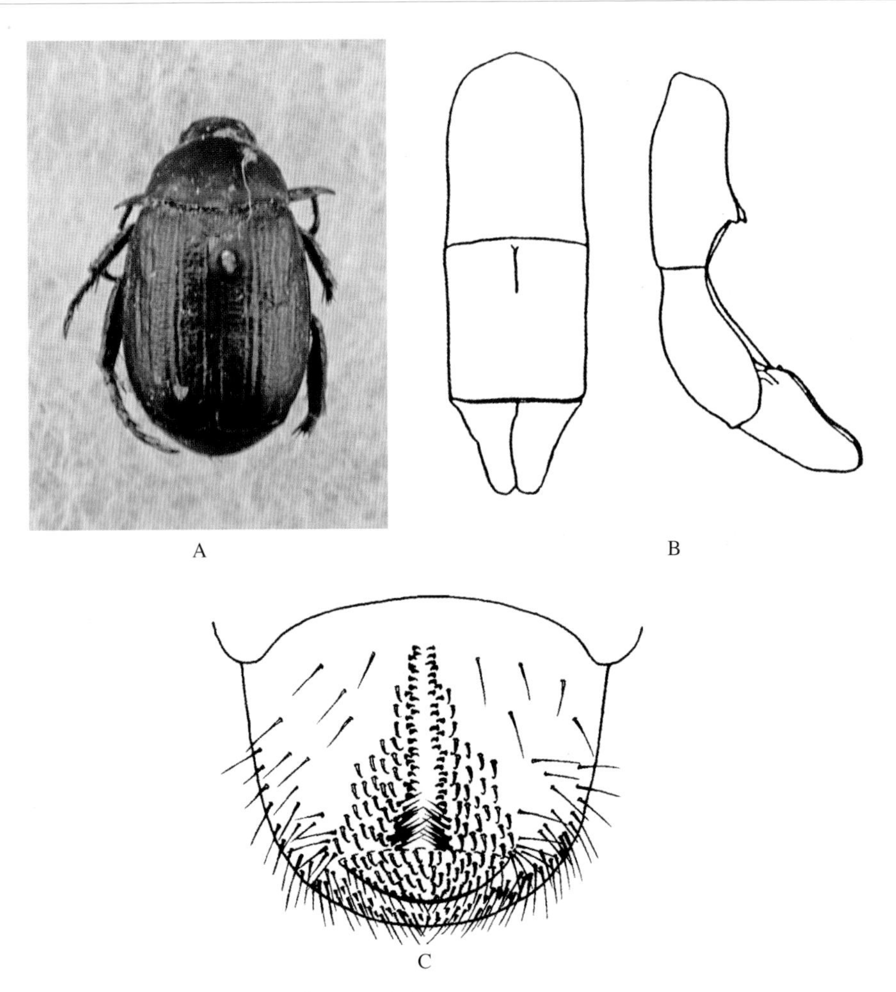

图 1-10 侧斑异丽金龟 *Anomala luculenta* Erichson
A. 成虫；B. 雄性外生殖器；C. 幼虫臀节腹面

多色异丽金龟 *Anomala chamaeleon* Fairmaire, 1887（图 1-11）

同物异名：*Anomala rufocuprea* Bates, 1888, *Anomala luculenta smaragdina* Ohaus, 1915

【形态特征】

成虫　体长 12～14mm，宽 7～8.5mm。体中型，卵圆形。体色变异大，有 3 个色型：（a）与侧斑丽金龟相似，但前胸背板两侧有淡褐色纵斑；（b）全体深铜绿色；（c）与（a）型格局相同，但颜色迥然不同，为浅紫铜色。其余与侧斑丽金龟十分近似，主要区别特征为：本种前胸背板后缘侧段无明显边框，内侧仅勉强可见宽浅横沟，后侧角圆弧形；腹部前 3～4 腹板侧端纵脊状明显，无或有时有淡色斑点；雄虫触角鳃片部甚宽厚长大，长为其前 5 节总长之 1.5 倍；雄性外生殖器阳基侧突较长，末端近平截，并向外侧扩出。

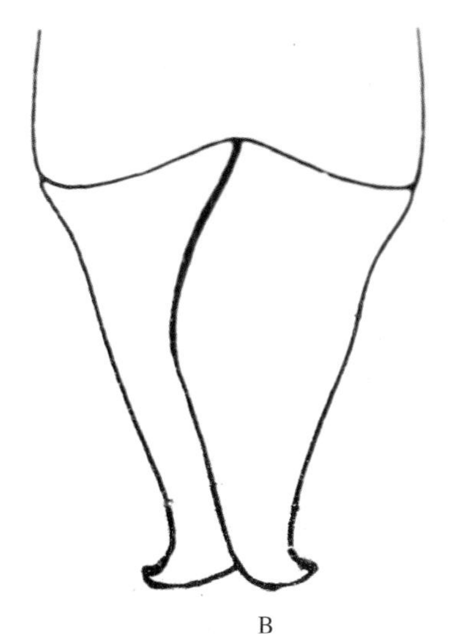

A　　　　B

图 1–11　多色异丽金龟 *Anomala chamaeleon* Fairmaire

A. 成虫　B. 雄性外生殖器

【分布】中国河北、山西、内蒙古；朝鲜。

【生活习性】与侧斑异丽金龟相似。

黄褐异丽金龟 *Anomala exoleta* Faldermann, 1835（图 1-12）

【形态特征】

成虫　体长 15~18mm，体宽 7~9mm。体中型，卵圆形，全体黄褐色带红，有光泽。头小，唇基长方形，前侧缘弯翘。触角 9 节，淡黄褐色，鳃片部雄大雌小。前胸背板深黄褐色，盘区颜色较深，后缘中段后弯，前缘内弯，有边框，侧缘弧形。小盾片三角形，前面密生黄色细毛。鞘翅具 3 条不显纵肋，密生刻点。足及胸部腹板均淡黄褐色，密生细毛。前足胫节外侧有齿，后足胫节发达，上有两排褐色小刺，末端生 2 距，跗节 5 节。腹部淡黄色，密生细毛。雄、雌区分以触角最明显；雄虫鳃片部长大，雌虫细而短。

幼虫　体长 25~35mm。在肛背片后部具椭圆形的骨化环，后边开口比较小而窄。肛腹片后部复毛区的刺毛列，每列各由短锥状刺 10~15 根和长针状刺 7~13 根组成。前部的两行短锥状刺毛平行，后部长针状刺毛相交，刺毛列前端超出钩毛区的前缘，后部的长针状刺毛，向后呈“八”字形岔开，占刺毛列全长的 1/4。

【寄主】幼虫为害各种林木果树以及玉米、高粱、大豆、花生、薯类等作物的地下部分。成虫不取食。

【分布】中国山东、河北、河南、山西、陕西、黑龙江、辽宁、内蒙古、甘肃、青海。

【生活习性】在山东省 1 年 1 代，以幼虫越冬，第二年 5 月下旬化蛹羽化为成虫，出土活动，6 月下旬至 7 月上旬，为成虫活动的高峰期，成虫夜间活动，趋光性强。7~8

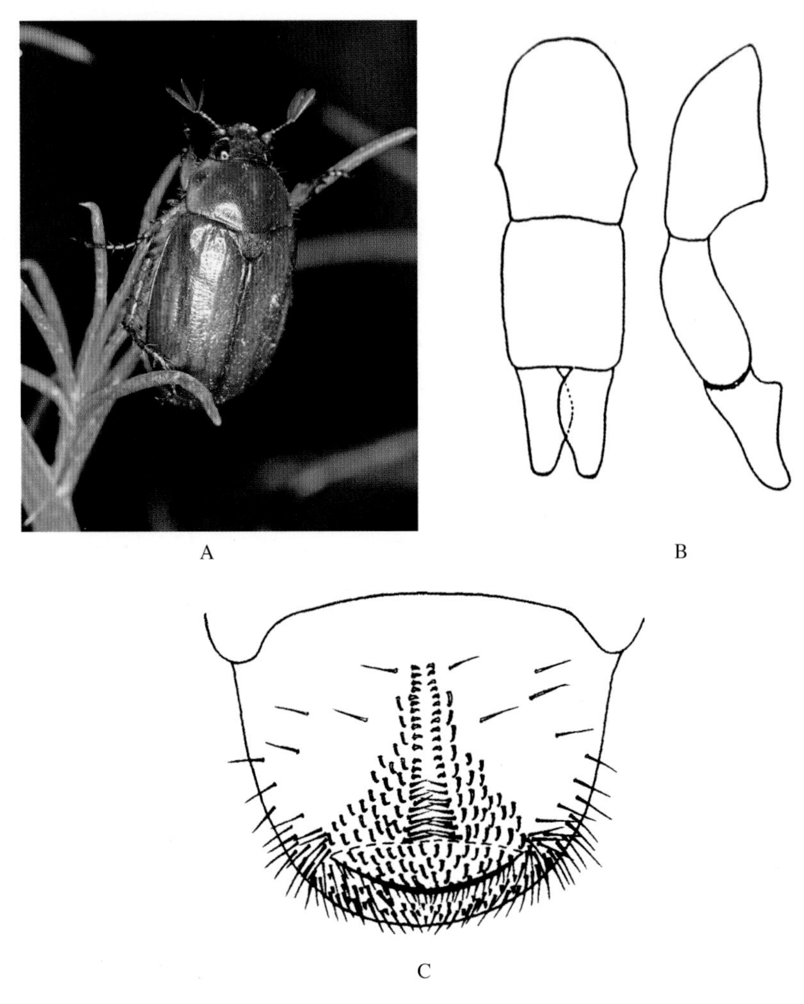

图 1-12　黄褐异丽金龟 *Anomala exoleta* Faldermamm
A. 成虫；B. 雄性外生殖器；C. 幼虫臀节腹面

月间，出现新一代幼虫，为害各种农作物、蔬菜、林木、果树的地下部分。多发生在土质瘠薄，排水良好的地块里。

大绿丽金龟 *Anomala virens* Lin, 1996（图 1-13）

曾用名：红脚绿金龟子 *Anomala cupripes* Hope

【形态特征】

成虫　体长 18~26mm、宽 9~12mm。前胸背板及鞘翅呈青绿色，有光泽。腹面及足紫铜色。唇基前、侧缘上卷，前角圆弧。下颚须末节呈长椭圆形，顶部收缩，其上具阔叶状陷痕。触角 9 节，鳃片部 3 节，雄虫触角鳃片部长于柄节，雌虫触角鳃片部等于或稍短于柄节。前胸背板横阔，侧缘弧状外扩；两前角前伸斜向，呈直角状；后角钝，孤状；前胸背板中央具中纵凹线，背板密布细小浅刻点，沿侧缘光滑并带紫红光泽。前足胫节外侧具 2 齿。臀板三角形，雄虫臀板稍向前弯曲并隆起，雌虫臀板稍尖并向后斜出。

幼虫　在肛腹片后部覆毛区中间的刺毛列，由两种不同长度的刺毛组成，每列各为 23~25 根，其中短锥状刺毛数和长针状刺毛数大体相同，短锥状刺毛位于刺毛列的前部，有少数短锥状刺毛混杂于长针状刺毛中，刺毛列的后端逐渐岔开，刺毛列排列较整齐，几无副列。肛门孔呈横裂缝状。

图 1-13　大绿丽金龟（红脚绿金龟子）*Anomala virens* Lin.
成虫

【寄主】成虫为害荔枝、龙眼、柑橘、杨桃、橄榄、葡萄、凤凰木、大叶榕、玉米、麻等的嫩叶。幼虫为害橡胶、甘蔗、花生、桉树、豆类、甘薯、禾本科作物等的幼苗、地下根、茎等，是华南地区的重要地下害虫。

【生活习性】在中国广东、福建等地 1 年发生 1 代，以 3 龄幼虫越冬。翌年 5 月上旬成虫羽化出土，一直到 11 月下旬结束，盛期在 6~7 月。5 月中旬至 9 月上旬为产卵盛期，卵期 12~14 天，幼虫期约 300~320 天。成虫除产卵时钻入土中外，一般都在地面上活动，或隐伏于浓密的寄主枝叶丛内，在黑暗无光时有趋光性，成虫还具假死性。

棉花弧丽金龟 *Popillia mutans* Newman, 1838（图 1-14）

曾用名：豆蓝丽金龟、棉墨绿丽金龟

同物异名：*Popillia indigonacea* Motschulsky, 1853

【形态特征】

成虫　体长 9～14mm，体宽 6～8mm。体中型，椭圆形，体色蓝黑、墨绿、蓝、深蓝，有紫色泛光，金属光泽强。唇基近半圆形，额刻纹挤皱，眼内侧有纵皱，头顶布粗密刻点；触角鳃片部雄长大雌短小。前胸背板甚隆拱，盘区和后部光滑无刻点，两侧及前侧刻点密

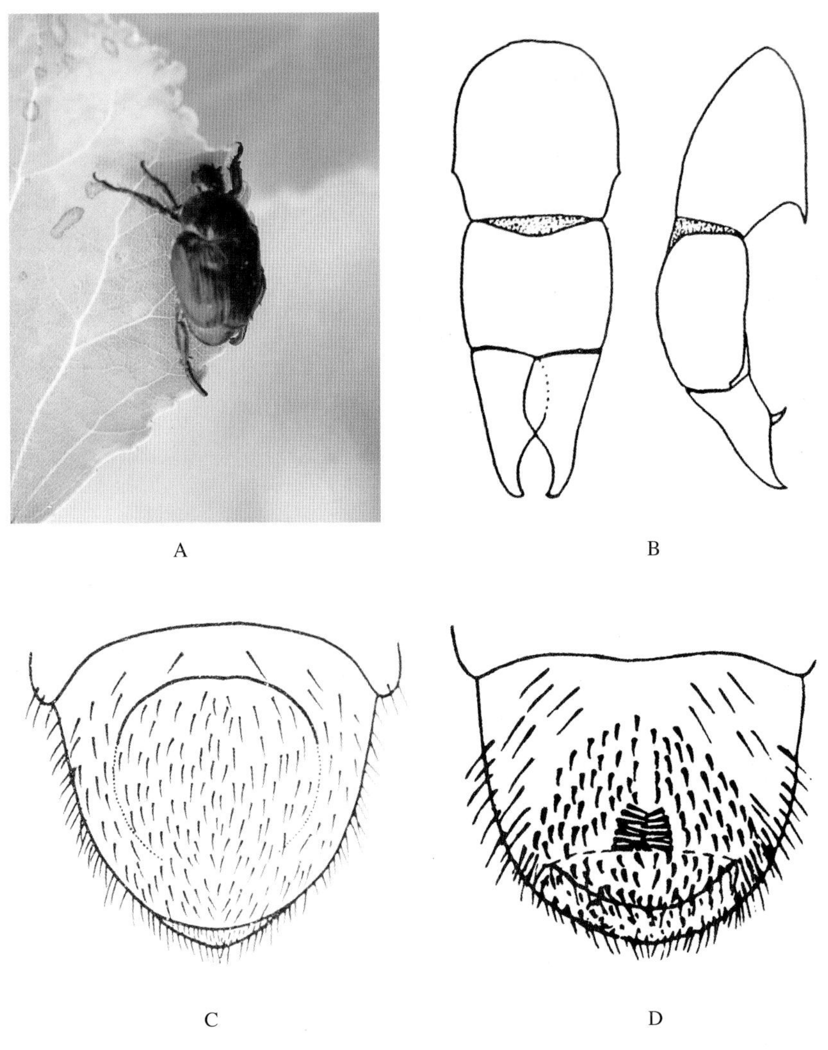

图 1-14　棉花弧丽金龟 *Popillia mutans* Newman

A. 成虫；B. 雄性外生殖器；C. 幼虫臀节背面；D. 幼虫臀节腹面

大，侧缘强度弧扩，前侧角锐而前伸，后侧角圆钝，斜边沟线甚短。小盾片短阔三角形，后角圆钝，疏布刻点。鞘翅基部宽于前胸背板，背面有6条粗刻点沟，沟Ⅰ基部刻点散乱，远未达端部，在小盾片后有深深横陷。臀板隆拱，密布粗横刻纹，无毛斑。中胸腹突长，侧扁，端圆。中足、后足胫节中部强度膨扩。

幼虫　体长24~28mm。臀节背面具骨化环，腹面复毛区有两行纵向的长刺毛列，每列5~7根，由前向后稍分开，两刺毛列的尖端相遇或交叉，刺毛列的附近有斜向上方的长针状刺毛，长针状刺毛的上面和下面密生锥状短毛。

【寄主】葡萄、柿、棉花、玉米、高粱、豆类等，严重为害草坪。

【分布】中国山东、河北、河南、山西、陕西、辽宁、甘肃、江苏、浙江、四川、台湾；朝鲜、日本、越南。

【生活习性】1年发生1代，以2龄、3龄幼虫在地下24~35cm深处越冬。7月中旬至8月中旬为成虫活动盛期。成虫白天活动，夜晚栖息于花内或叶上，成虫喜食鲜嫩的玉米花丝和棉花雄蕊，还咬食葡萄、杨、玉米、高粱、谷子、豆类和甘薯等作物之嫩叶，造成严重危害。

琉璃弧丽金龟 *Popillia flavosellata* Fairmaire, 1886（图1-15）

同物异名：*Popillia atrocoerulea* Bates, 1888

【形态特征】

成虫　体长8.5~12.5mm，体宽6~8mm。体小到中型，全体蓝色或绿色，此外尚有鞘翅红褐等多种色型的个体，臀板有一对常互相远离的小毛斑，该特征为与棉花弧丽金龟相区别的主要依据。腹部每腹板具毛一排，侧端毛浓密呈斑。唇基短阔梯形，前缘近横直，弯翘弱，密布粗皱，额头顶皱刻粗密。前胸背板十分隆拱，盘区及两侧刻点较粗密，后方刻点疏细，侧缘弧形扩突，前侧角锐而前伸，后侧角圆钝。后缘斜边内侧沟线甚短，小盾片三角形，密布粗大刻点。鞘翅背面有5条刻点沟，沟间带隆拱，刻点沟Ⅰ前端刻点较不整齐，向后大致呈列，但不达端部，小盾片后方横陷深显。臀板甚隆拱。中胸腹突长，侧扁端圆。雄虫外生殖器如图1-15所示。

幼虫　幼虫与棉花弧丽金龟完全相同。

【寄主】成虫取食葡萄、榆树等叶片，以及胡萝卜、玫瑰的花器；幼虫为害豆类、禾谷类根部。

【分布】中国山东、河北、黑龙江、吉林、辽宁、江苏；朝鲜、日本、越南。

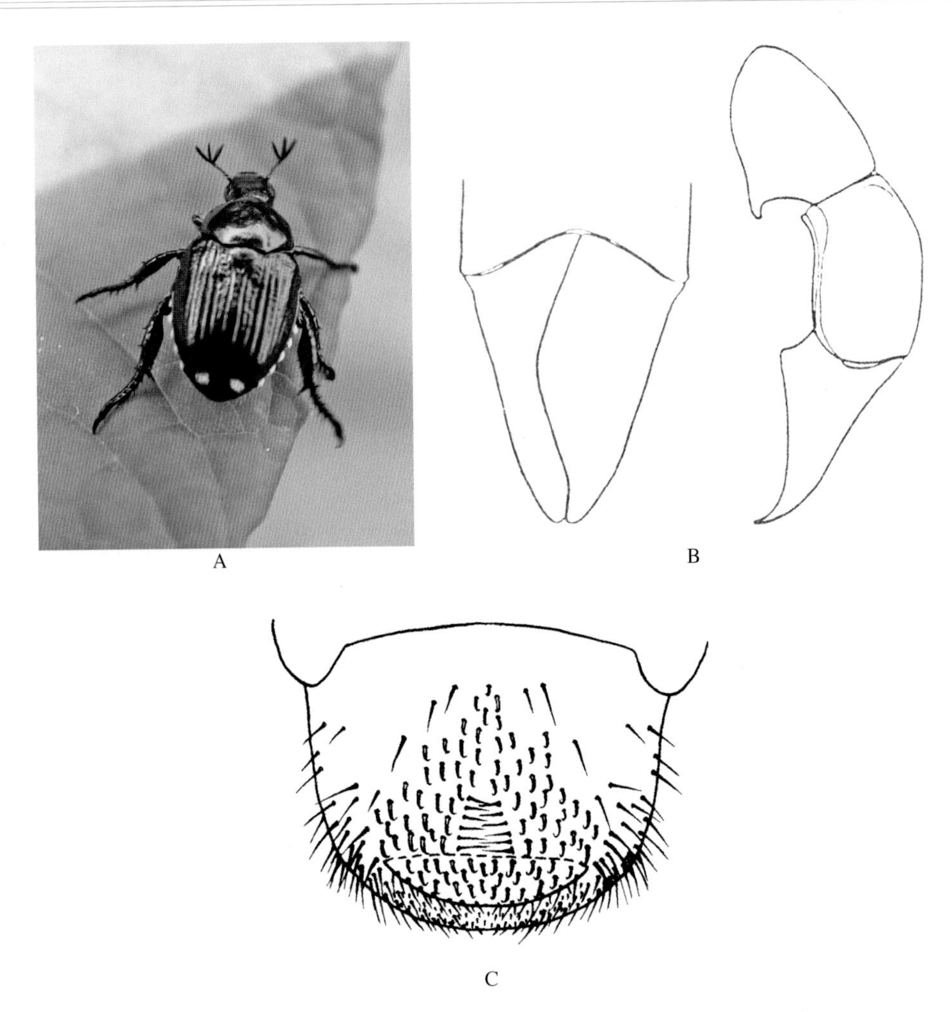

图 1-15　琉璃弧丽金龟 *Popillia flavosellata* Fairmaire
A．成虫；B．雄性外生殖器 引自《中国弧丽金龟属志》；C. 幼虫臀节腹面

中华弧丽金龟 *Popillia quadriguttata*（Fabricius, 1787）（图 1-16）

曾用名：四纹丽金龟、四斑丽金龟

本种与日本金龟子 *Popiliia japonica* Newman 十分相似，以往常把本种误定为“日本金龟子”，今可依中华弧丽金龟的唇基明显梯形，雄触角鳃片部长大，长达其前 6 节长之和的 1.5 倍，前胸背板侧方刻点不融合或个别融合，个体明显较小而区别。迄今尚未见有日本金龟子在我国分布。两种幼虫完全相同。

【形态特征】

成虫　体长 7.5～12mm，体宽 5.5～6.5mm。体小型到中型，头、前胸背板、小盾片、胸、腹部腹面、3 对足的基节、转节、腿节、胫节均为青铜色，有闪光，尤以前胸背

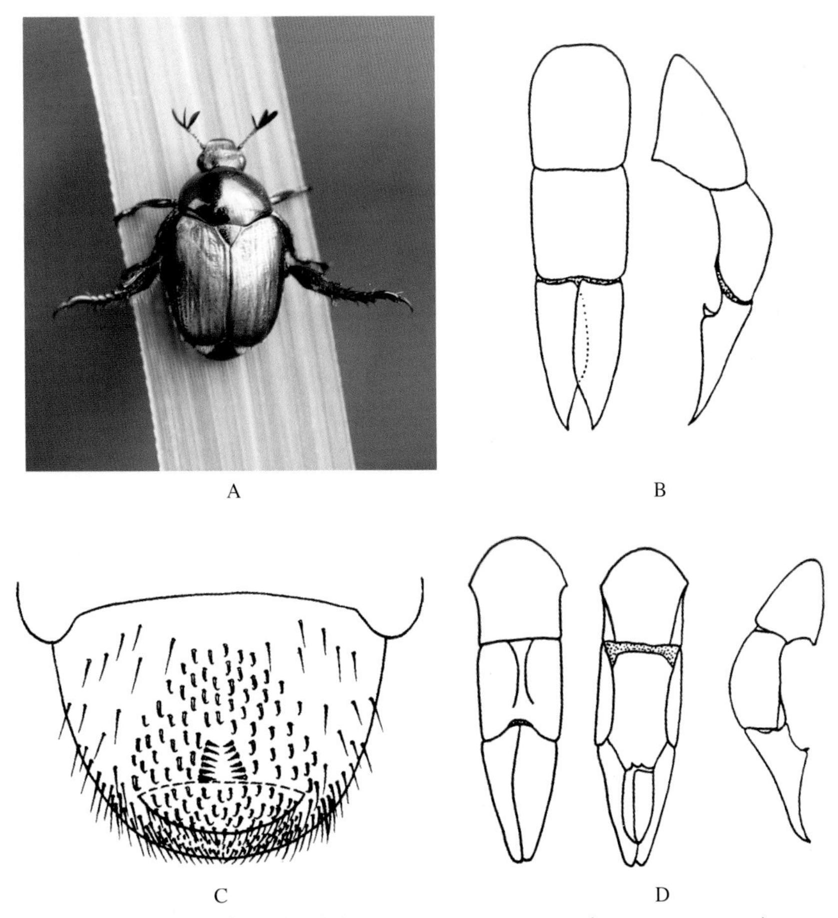

图 1-16　中华弧丽金龟 *Popillia quadriguttata*（Fabricius, 1787）
A. 成虫；B. 雄性外生殖器；C. 幼虫臀节腹面；D. 日本金龟子 *Popiliia japonica* 雄性外生殖器

板闪光最强。鞘翅黄褐色，沿缝肋部分为绿或墨绿色。头部刻点细而且密，唇基梯形，前窄后宽，前缘直而弯翘。触角鳃片部雌虫短而粗，雄虫长而大。前胸背板隆起，密布小刻点，两侧中段具一小圆形凹陷，前侧角突出，侧缘在中点处呈弧状外扩，后段平直，后缘沟线几与斜边等长，在中段（小盾片前方）向前呈弧形凹陷。小盾片三角形。鞘翅短宽，后方明显收窄，背面有 6 条近相平行的刻点沟，第二刻点沟基部刻点散乱，后方不达翅端，肩突发达，缘折约从中点起，直到合缝处，具膜质饰边。臀板外露，基部有两个白色毛斑。腹部 1~5 节侧面具由白色毛组成的白斑，前足胫节外缘 2 齿，中胸腹突短阔端部钝。

幼虫　中小型。在臀节背面后部，有稍微凹陷的、后边开口的圆形骨化环。臀节腹面复毛区中间的刺毛列呈“八”字形岔开，每列各由 5—8 根长扁锥状刺组成。

【寄主】葡萄、苹果、梨、杏、桃、梅、榆、杨、紫穗槐、稻、麦、麻、谷子、玉米、马铃薯、甘薯、高粱、花生、向日葵等。

【分布】中国山东、河北、河南、山西、陕西、黑龙江、吉林、辽宁、内蒙古、青海、宁夏、甘肃、江苏、安徽、浙江、湖北、江西、福建、台湾、广东、广西、四川、云南、贵州；朝鲜，越南。

【生活习性】在山东省1年1代，以幼虫越冬。第二年春季移至土表，为害小麦以及玉米、花生等春播作物的地下部分，6月上中旬，越冬幼虫老熟，在土中做土室化蛹。6月下旬，成虫出土活动，取食玉米、豆类等作物的叶片和棉花花蕊。成虫寿命26天。7月中、下旬为交尾产卵盛期，一雌产卵50粒左右，多喜在前茬大豆、花生的地块产卵。成虫白天活动，弱趋光。

曲带弧丽金龟 *Popillia pustulata* Fairmaire, 1887（图1-17）

【形态特征】

成虫　体长7~11mm，体宽5.5~7.5mm。体小型，长椭圆形，鞘翅基部稍后处最宽，除鞘翅外，体深铜绿、墨绿色，有强烈金属光泽，鞘翅黑褐或赤褐，中部有黄褐或赤褐折曲横带，每鞘翅横带有时断为2斑，亦有全体一色无黄色横带的个体；臀板基部有一对横大白色毛斑，斑宽与斑距近相等；腹部1~5节侧端有白色毛斑。唇基阔大梯形，前线近横直，前侧圆弧形，刻点挤皱，额部刻点粗大挤皱，头顶刻点甚稀。触角鳃片部长大。前胸背板十分隆拱，前侧布深大刻点，少数刻点互相融合，中、后部刻点甚浅稀，侧缘前段明显、收拢，后段近平行，后缘斜边沟线极短，中段向前弧弯。小盾片短阔三角形，散布少量刻点。鞘翅较短，后方收狭，背面较平，有6条深显刻点沟，刻点沟Ⅱ、Ⅲ靠近，前部刻点混乱，刻点沟Ⅱ不达端部，缘折止于转弯处。臀板短阔，密布刻点，盘区刻点稀。胸下被

A

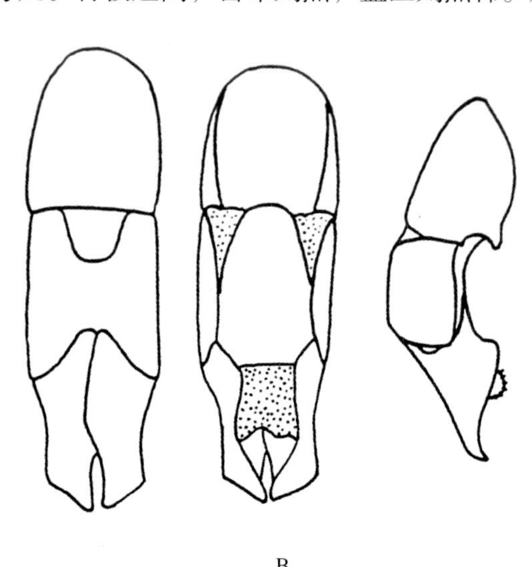

B

图1-17　曲带弧丽金龟 *Popillia pustulata* Fairmaire
A. 成虫；B. 雄性外生殖器

密毛，中胸腹突较长，侧扁，末端圆钝。

【寄主】成虫为害栎等林木的叶子。

【分布】中国山东、陕西、江苏、浙江、湖北、江西、湖南、广东、广西、四川、贵州、云南；越南。

苹毛丽金龟 *Proagopertha lucidula* Faldermann, 1835（图 1-18）

【形态特征】

成虫　体长 9~12.2mm，体宽 5.5~7.5mm，体小型，后方微扩阔，呈长卵圆形，背、腹面弧形隆拱。体除鞘翅外黑或黑褐色，常有紫铜或青铜色光泽，有时雌虫腹部中央有形状不规则的淡褐色区。鞘翅茶或黄褐，半透明，常有淡橄榄绿色泛光，四周颜色明显较深，具“V”字形影纹。唇基长大无毛，密布挤皱刻点，点间呈横皱，前侧圆弧形；头面刻点

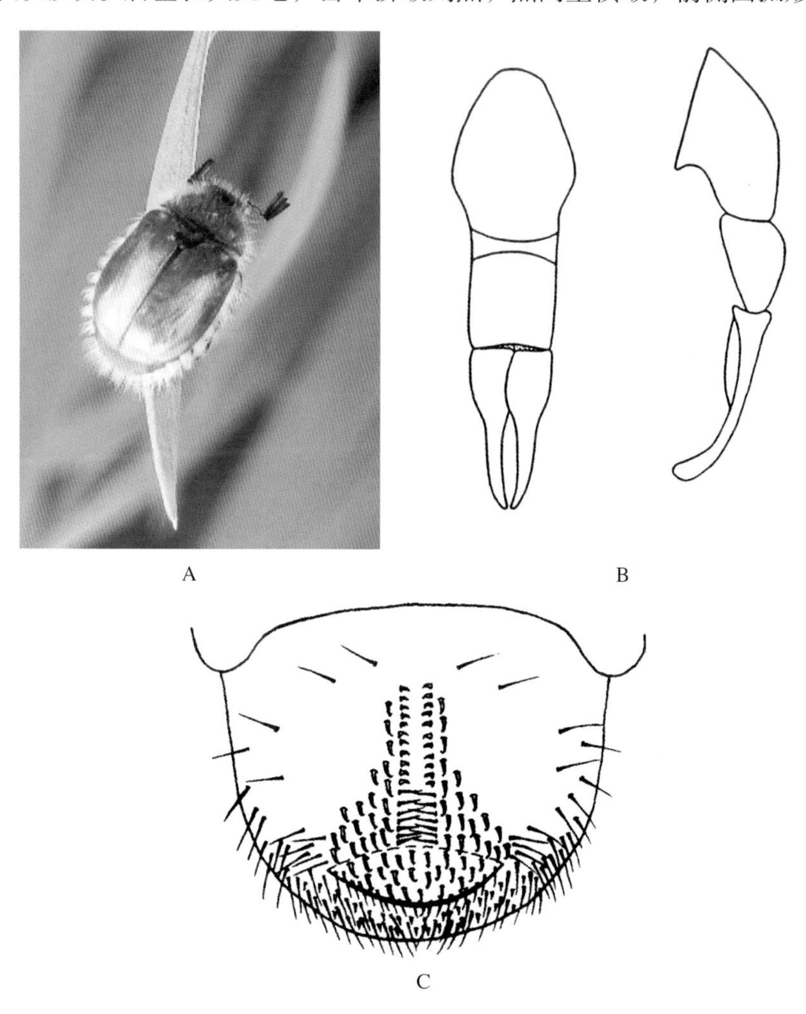

图 1-18　苹毛丽金龟 *Proagopertha lucidula* Faldermann
A. 成虫；B. 雄性外生殖器；C. 幼虫臀节腹面

较粗大，分布甚密，具长毛。触角 9 节，鳃片部 3 节组成。雄虫鳃片部十分长大，较额宽为长，雌虫只及额宽之半。前胸背板密布具长毛刻点，前、后侧角皆圆钝，后缘中段向后扩出。小盾片短阔，散布刻点。鞘翅油亮，有 9 条刻点列，列间尚有刻点散布。臀板短阔三角形，表面粗糙，雌虫尤甚，密布具长毛刻点。体下绒毛厚密，中胸腹突强大前伸，长短不一；后胸腹板中央宽深凹陷成纵沟。前足胫节外缘 2 齿，雄虫内缘无距。

幼虫　体长 10~22mm，中型，全身被黄褐色细毛。臀节腹面复毛区中央有刺毛列两列，每列前段为短锥状刺毛，一般为 6~12 根，后段长针状刺毛较多，每列 6~10 根，相互交错，刺毛列前缘伸出钩状刚毛区。

【寄主】成虫食性杂，其寄主达 11 个科 30 余种，喜食花和嫩叶、尤其嗜食苹果树的花，为苹果花期的重要害虫。幼虫以腐殖质及植物须根为食，一般为害不显著。

【分布】中国山东、河北、河南、山西、陕西、黑龙江、吉林、辽宁、内蒙古、甘肃、江苏、安徽；俄罗斯（远东）。

【生活习性】1 年发生 1 代，以成虫越冬。成虫 3 月下旬至 5 月中旬出土活动，为害盛期在 4 月中旬至 5 月上旬。幼虫于 8 月下旬潜入较深上层筑土室化蛹，9 月下旬羽化，成虫即于羽化处越冬，来年 3~4 月间出土为害。成虫白天活动，无趋光性。

毛喙丽金龟 *Adoretus hirsutus* Ohaus, 1914（图 1-19）

【形态特征】

成虫　体长 8.5~11mm，体宽 4.5~5.5mm。体小型，长卵圆形，后部微扩阔。体淡褐色，头面色最深，近棕褐色，鞘翅色淡，淡茶黄色，全体匀被细长针尖状毛。头阔大，唇基长大，半圆形，边缘近垂直折翘；眼鼓大，上唇“喙”部较长，无纵脊。触角 10 节，鳃片部 3 节组成，雄虫鳃片部长大，长于其前 6 节之和的 1/3，雌虫较短小，略长于前 6 节之和。前胸背板甚短阔，宽为其长的 2.3~3 倍；侧缘圆弧形，前侧角接近直角，略前伸，后侧角斜圆，后缘中段向后弧弯。小盾片小，狭长三角形，末端尖圆，明显低于翅平面。鞘翅狭长，4 条狭直纵肋可见。臀板隆拱，被毛更密更长。腹部侧端圆弧形，不呈纵脊。足较弱，前足胫节外缘 3 齿，内缘距正常，跗节短于胫节；后足胫节粗壮膨大，略似纺锤形。

幼虫　复毛区缺刺毛列，扁钩状刚毛较多，连同肛下叶刚毛，共约 70 根。

【寄主】花生、大豆、榆、杂草。

【分布】中国山东、河北、河南、山西、福建。

【生活习性】在山东 1 年 1 代，以 3 龄幼虫在土内越冬。成虫 6 月出现，取食豆类、树木及杂草叶片，趋光性不强。幼虫喜在花生、大豆、榆树下土内潜居取食。

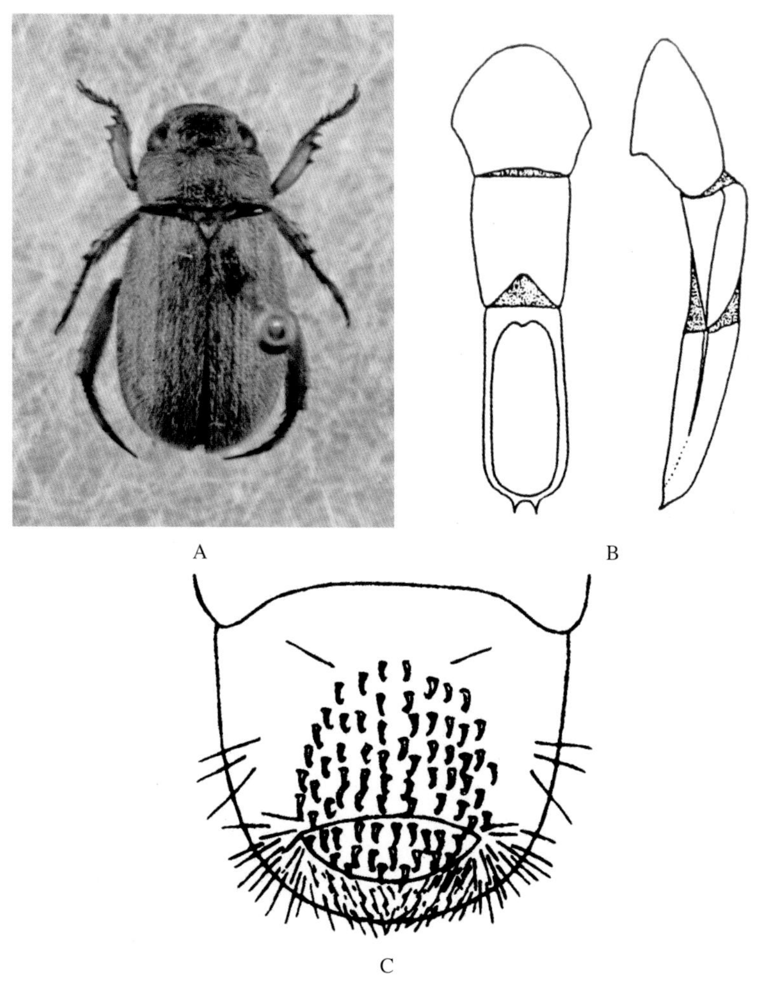

图 1-19　毛喙丽金龟 *Adoretus hirsutus* Ohaus
A. 成虫；B. 雄性外生殖器；C. 幼虫臀节腹面 引自《山西省金龟子图册》

（三）鳃金龟科 Melolonthidae

概述

鳃金龟科是鳃角类中最大的科，迄今记载已逾万种，我国已知种类达 500 余种。鳃金龟类型多样，体小到大型，以中型种类为多。体卵圆形或椭圆形，体色相对较为单调，多棕、褐至黑褐，或全体一色，或有各种斑纹，光泽有强有弱。头部口器位唇基之下，背面不可见。触角 8~10 节，鳃片部 3~8 节组成，以 3 节者为最多。前胸背板通常宽大于长，基部等于或稍狭于鞘翅基部，中胸后侧片于背面不可见。小盾片显著，多呈三角形。鞘翅发达，常有 4 条纵肋可见，后翅多发达能飞翔，亦有少数后翅退化不能飞翔的种类。臀板外露，不被鞘翅覆盖。腹部所有气门均位于腹板侧上部，末一对气门不为鞘翅盖住。前足胫节外缘有 1～3 齿，内缘多有距 1 枚，中足、后足胫节各有端距 2 枚，有基本相同的爪 1 对，亦有些种类其前足、中足 2 爪大小不一，但大爪不分叉，其后足则仅有爪 1 枚。

幼虫：上唇为后缘平截的心圆形，左右不对称；复毛区通常有刺毛列，纵向或弧形排列，仅由锥状刚毛组成；若缺，则具强的钩状刚毛或直扁刺毛；肛门孔通常三裂状，如纵裂不明显或缺，则横裂中央多少向腹部弯成钝角。

华北大黑鳃金龟 *Holotrichia oblita*（Faldermann, 1835）（图 1-20）

【形态特征】

成虫　体长 17～21.8mm，体宽 8.4～11mm。中型甲虫，长椭圆形。体背腹较鼓圆丰满，体色红褐至黑色，油亮光泽强。唇基短阔，前缘、侧缘向上弯翘，前缘中凹显。触角 10 节，

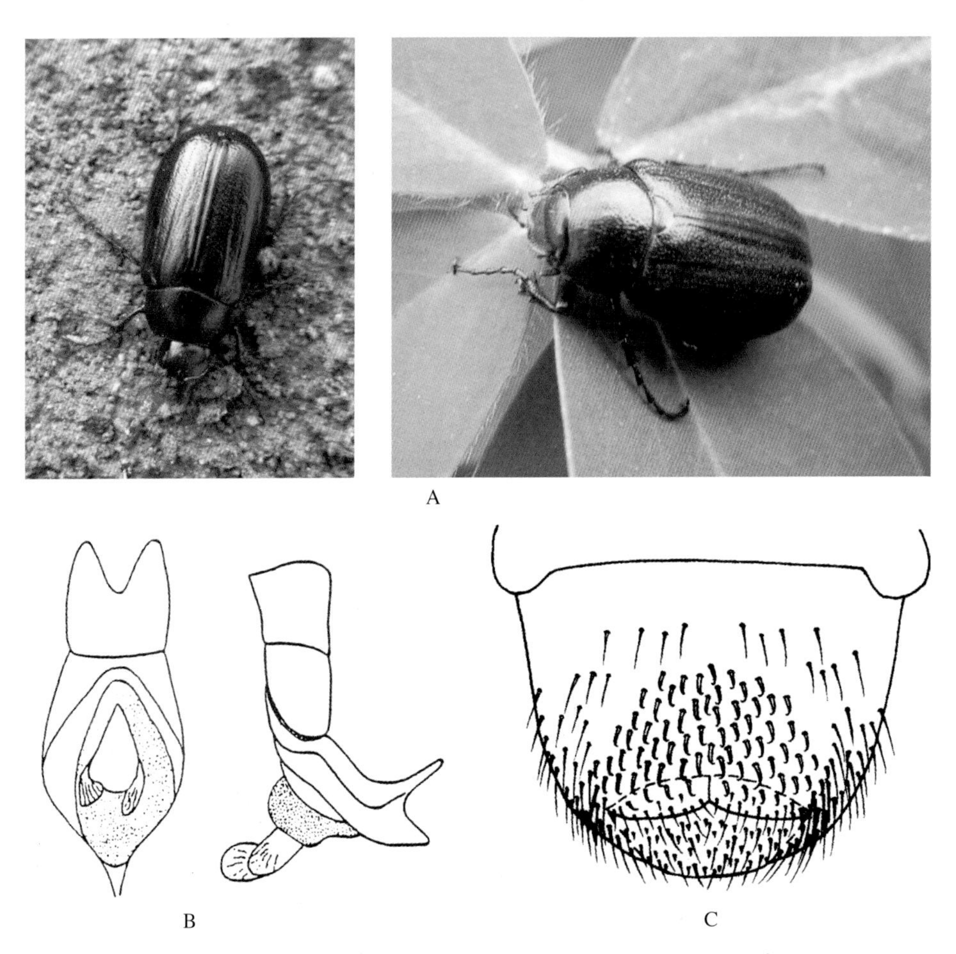

图 1-20　华北大黑鳃金龟 *Holotrichia oblita*（Faldermann）
A. 成虫；B. 雄性外生殖器；C. 幼虫臀节腹面

雄虫鳃片部约等于其前6节总长。前胸背板密布粗大刻点，侧缘向侧弯扩，中点最阔，前段有少数具毛缺刻，后段微内弯。小盾片近半圆形。鞘翅密布刻点微皱，纵肋可见。肩凸、端凸较发达。臀板下部强度向后隆凸，隆凸高度几及末腹板长之倍，末端平截，或中央稍凹；第5腹板中部后方有较深狭三角形凹坑。胸下密被柔长黄毛。前足胫节外缘3齿，后足胫节第一节略短于第二节，爪下齿中位垂直生。雄虫之阳基侧突下端分叉，上支齿状，下支短直。

幼虫　中型稍大，体长35~45mm。头部红褐色，前顶刚毛每侧3根（冠缝侧2根，额缝侧1根）。臀节腹面无刺毛列，只有钩状刚毛。

【寄主】成虫取食低矮的林木、果树嫩叶，如苹果、杏、杨、柳、槐等；也为害花生、大豆叶片。幼虫严重为害田间作物，如花生、大豆、小麦、薯类、玉米、谷子、高粱等。

【分布】中国山东、河北、河南、山西、陕西、内蒙古、宁夏、甘肃、江苏、安徽、浙江、江西；俄罗斯（远东地区）。

【生活习性】在山东2年1代，以成虫、幼虫越冬。越冬成虫于4月下旬开始出土，5月上中旬为盛期，8月上旬为末期。有趋光性，但由于飞行高度一般不超出2m，因而在诱虫灯上往往难以诱到。幼虫于11月上旬潜入25~60cm深土层中筑土室越冬。成虫发生年为害严重，因而也叫大年。越冬的幼虫于来年3月下旬开始上升到耕作层，为害春播作物，5月上中旬后，下潜化蛹，为害终止。由于幼虫发生年为害较轻，因而也叫小年。华北大黑鳃金龟的大小年现象非常普遍，而且在成虫、幼虫的发生年份上，各地几乎相同。

【近缘种】在我国与华北大黑鳃金龟在形态、习性上十分相似的还有东北大黑鳃金龟 *H.diomphalia* Bate，1888（图1-21）、华南大黑鳃金龟 *H.sauteri* Moser，1912（图1-22）和四川大黑鳃金龟 *H.szechuanensis* Zhang，1965（图1-23）。在成虫形态上，华南大黑鳃

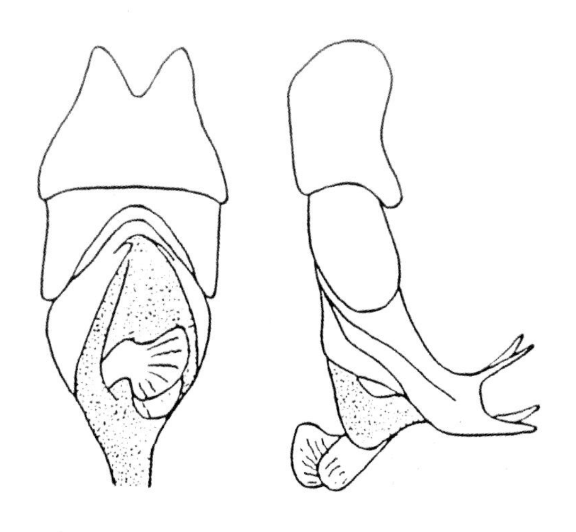

图1-21　东北大黑鳃金龟 *H.diomphalia* Bate 雄性外生殖器

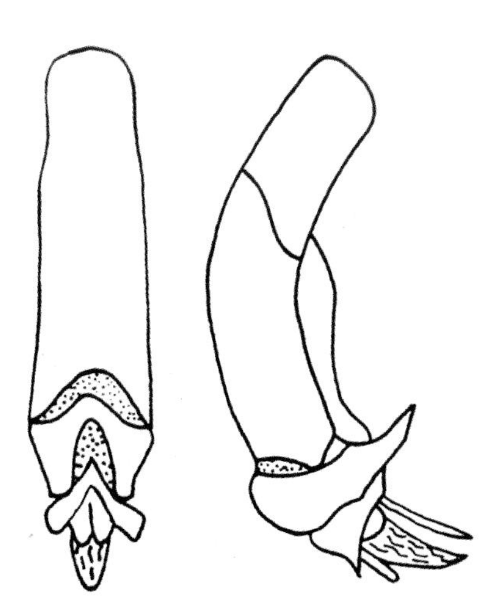

图1-22　华南大黑鳃金龟 *H.sauteri* Moser 雄性外生殖器

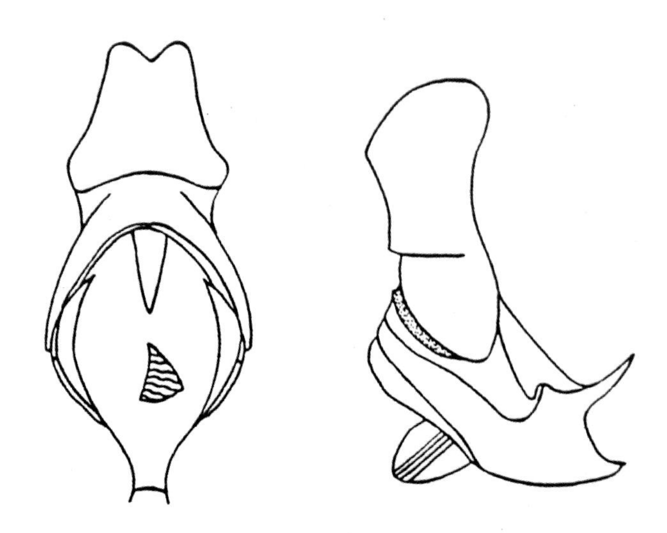

图 1-23　四川大黑鳃金龟 *H.szechuanensis* Zhang
雄性外生殖器

金龟臀板较狭小，臀板隆凸顶点位于上半部，前胸背板侧缘全为微小具毛缺刻所断，最阔点位于中点略前。末腹板后缘连续。鞘翅纵肋Ⅱ、Ⅲ较模糊。东北大黑鳃金龟臀板正常，隆凸顶点位于中部以下，接近后缘。臀板隆凸高度略超出末腹板之长，短宽，顶端横宽，为一纵沟平分为 2 个矮小的圆丘。末腹板后缘连续。华北大黑鳃金龟臀板正常，隆凸顶点位于中部以下，接近后缘。臀板隆凸顶端圆尖。末腹板后缘连续。四川大黑鳃金龟臀板正常，隆凸顶点位于近中部。臀板隆凸顶端横阔，但无 2 个圆丘，末腹板后缘于中点处间断。雄性外生殖器亦有差别。

作者于 1999 — 2002 年，对采自沈阳的东北大黑鳃金龟与采自胶东的华北大黑鳃金龟进行的杂交试验，试验结果显示，二者间无生殖隔离，应为同一物种。由于华北大黑鳃金龟发现在前，因此东北大黑鳃金龟应为前者的同物异名。

暗黑鳃金龟 *Holotrichia parallela* Motschulsky, 1854（图 1-24）

同物异名：*Holotrichia morose* Waterhouse, 1875

【形态特征】

成虫　体长 16~21.9mm，体宽 7.8~11.1mm。体色变化很大，有黄褐、栗褐、黑褐至沥黑色，以黑褐、沥黑个体为多，此与出土时间有关，刚出土的个体颜色较浅，后逐渐加深。体被铅灰状粉层，腹部粉层较厚，全体光泽较暗淡。体型中等，长椭圆形，两侧几近平行，后方常稍膨阔。头阔大，唇基长大，前缘中凹微缓，侧角圆形，密布粗大刻点；额头顶部微隆拱，刻点稍稀。触角 10 节，鳃片部甚短小，3 节组成。前胸背板密布深大椭圆刻点，前侧方较密，常有宽亮中纵带；前缘边框阔，有成排纤毛，侧缘弧形扩出，前段直，后段微内弯，中点最阔；前侧角钝角形，后侧角直角形，后缘边框阔，为大型椭圆刻点所断。小盾片短阔，近半圆形。鞘翅散布脐形刻点，4条纵肋清楚，纵肋Ⅰ后方显著扩阔，并与缝肋及纵肋Ⅱ相接。臀板长，几乎不隆起，掺杂分布深大刻点，末端尖。胸下密被绒毛。后足跗节第一节明显长于第二节。雄性外生殖器阳基侧突接近管状。

幼虫　中型，体长35~45mm，头部前顶刚毛每侧1根，位于冠缝侧。臀节腹面无刺毛列，仅具钩状刚毛，与华北大黑鳃金龟相同。

【寄主】成虫食性杂，嗜食榆叶，取食加杨和柳、槐、桑、梨、苹果等乔木、灌木的叶子，也取食大田的花生、玉米、大豆、甘薯、向日葵、马铃薯、高粱、麻类等之叶片。幼虫食性极杂，主要为害花生、大豆、甘薯、小麦秋苗等大田作物，常造成毁灭性灾害。

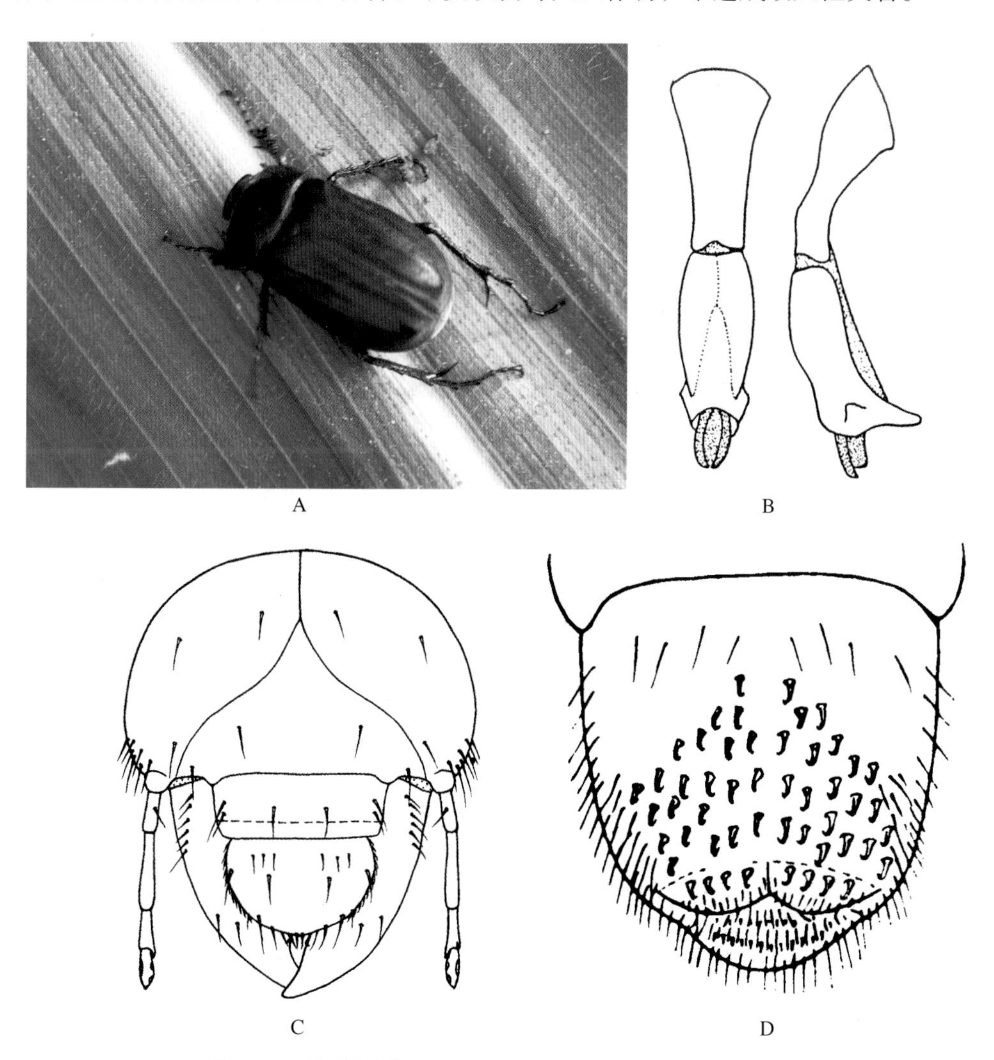

图1-24　暗黑鳃金龟 *Holotrichia parallela* Motschulsky

A. 成虫；B. 雄性外生殖器；C. 头部正面；D. 幼虫臀节腹面

【分布】中国山东、河北、河南、山西、陕西、黑龙江、吉林、辽宁、甘肃、青海、江苏、安徽、浙江、湖北、江西、湖南、福建、四川、贵州；俄罗斯（远东地区），朝鲜，日本。

【生活习性】暗黑鳃金龟为我国长江中下游及长江以北，直至黑龙江南部广大地区常发、多发，经常造成严重为害的主要地下害虫种类之一，成虫、幼虫都严重为害植物，造成农业、林业重大损失。1 年发生 1 代，以老熟幼虫和少数当年羽化的成虫越冬。成虫有隔日出土习性，风雨对其无多大影响；飞翔力强，有强烈的趋光性。

毛黄脊鳃金龟 *Holotrichia*（*Pledina*）*trichophora*（Fairmaire, 1891）（图 1-25）

【形态特征】

成虫　体长 14.2～16.6mm，体宽 7.6～9.5mm。体中型，近长卵圆形，体背面较平，体棕褐或淡褐色，头、前胸背板及小盾片色泽略深，呈栗褐色，腹下色泽稍淡，相当光亮。头较小，唇基密布深大刻点，前缘略成双波形，侧缘短直；头顶复眼间有高锐横脊，横脊

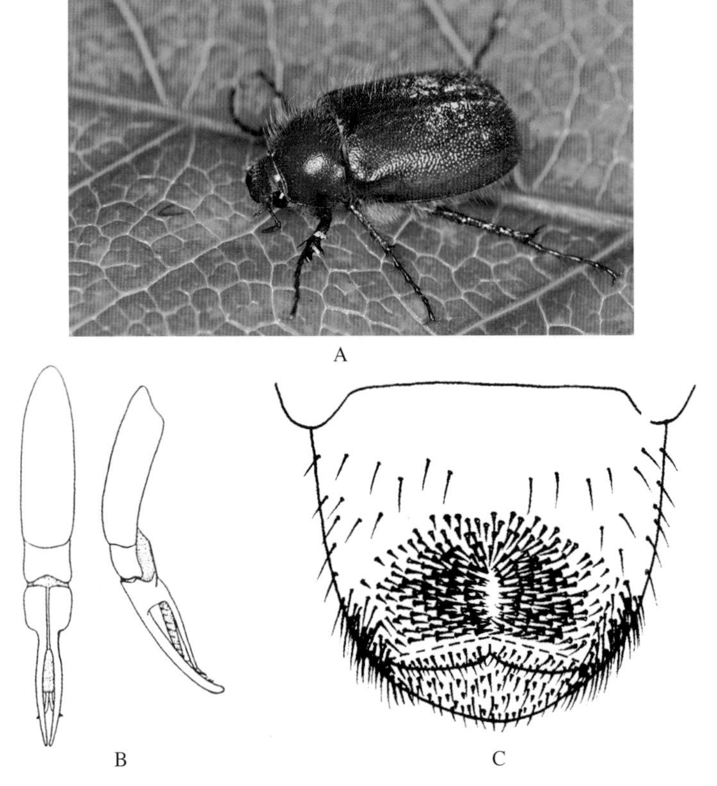

图 1-25　毛黄脊鳃金龟 *Holotrichia*（*Pledina*）*trichophora*（Fairmaire）
A. 成虫；B. 雄性外生殖器；C. 幼虫臀节腹面

有时中断，侧端伸达眼缘，横脊前部密布具长毛深大刻点，后部刻点细密具茸毛。触角 9 节，鳃片部 3 节组成。前胸背板刻点较稀，大小相间具长毛，前缘边框横脊状，侧缘钝角形扩阔，前段直而完整，后段微锯齿形，最阔点明显后于中点，前侧角钝角形，后侧圆弧形。小盾片短宽三角形，两侧散布无毛刻点。鞘翅具毛刻点，基部毛最长，与前胸背板的相似，缝肋清楚，纵肋缺如。臀板短阔三角形，布具毛刺点。胸下绒毛柔长。腹下刻点具毛。前足胫节外缘 3 齿，内缘距与基中齿间凹对生；后足胫节横脊完整或中断，外后棱具齿突 3～5 枚；后足跗节第一节略短于第二节；爪细长，爪下齿中位。

幼虫　体长 37mm，肛腹片复毛区无刺毛或钩毛，仅有斜向中央的锥状刚毛，外围较短，中央较长，在锥状刚毛的中央，有一椭圆形裸区。

【寄主】主要是幼虫为害，是多食性地下害虫，喜食小麦、高粱、谷子、玉米、花生、豆类、薯类、蔬菜等作物嫩根，成虫不取食。

【分布】中国山东、河北、河南、山西、陕西、内蒙古、安徽、江苏、浙江、湖北、江西、福建、四川。

【生活习性】本种在东北、华北均 1 年发生 1 代，以成虫和少数蛹、幼虫越冬。喜好在疏松的沙壤和轻壤地、保水性较差的丘陵坡地及部分土质疏松、通透性强、排水性好的平川水浇地生息繁殖。成虫昼伏夜出，活动力不强，趋光性弱。

棕狭肋鳃金龟 *Holotrichia*（*Eotrichia*）*titanis* Reitter, 1902（图 1-26）

曾用名：武功棕色金龟子

【形态特征】

成虫　体长 17.5～25.4mm，体宽 9.5～14mm。体大型，短阔，椭圆形。体棕褐至茶褐色，前胸背板茶褐泛红，体上面略显丝绒状闪光，腹面光亮。头较狭小，唇基宽于额，前缘中段显著凹缺，密布挤皱刻点；额高于唇基，表面粗糙不平，头顶横隆似脊凸。触角 10 节，鳃片部 3 节组成。前胸背板疏布刻点，有微凸光滑中纵带，侧缘弧形扩突，后缘边框似横脊，其后坡有成排具毛刻点，前、后侧角皆钝角形。小盾片两侧布少量刻点。鞘翅刻点散布，纵肋自内向外顺次递弱，纵肋 I 后方收窄。臀板似扇面形，圆隆似球面，散布刻点。胸下密被绒毛。后足第一附节显著短于第二节；爪长，爪下齿明显弱于爪端。

幼虫　中大型，体长 45～55mm。在肛腹片后部复毛区中间的刺毛列，每列由 16～24 根短锥状刺组成，少数刺毛列排列整齐，多数不整齐，彼此近于平行，且常具副列，刺毛列的长度明显超出复毛区的前缘。

【寄主】成虫不取食，幼虫危害玉米、谷子、高粱、马铃薯、甘薯、豆类、棉花、甜菜等，严重为害果树根系。

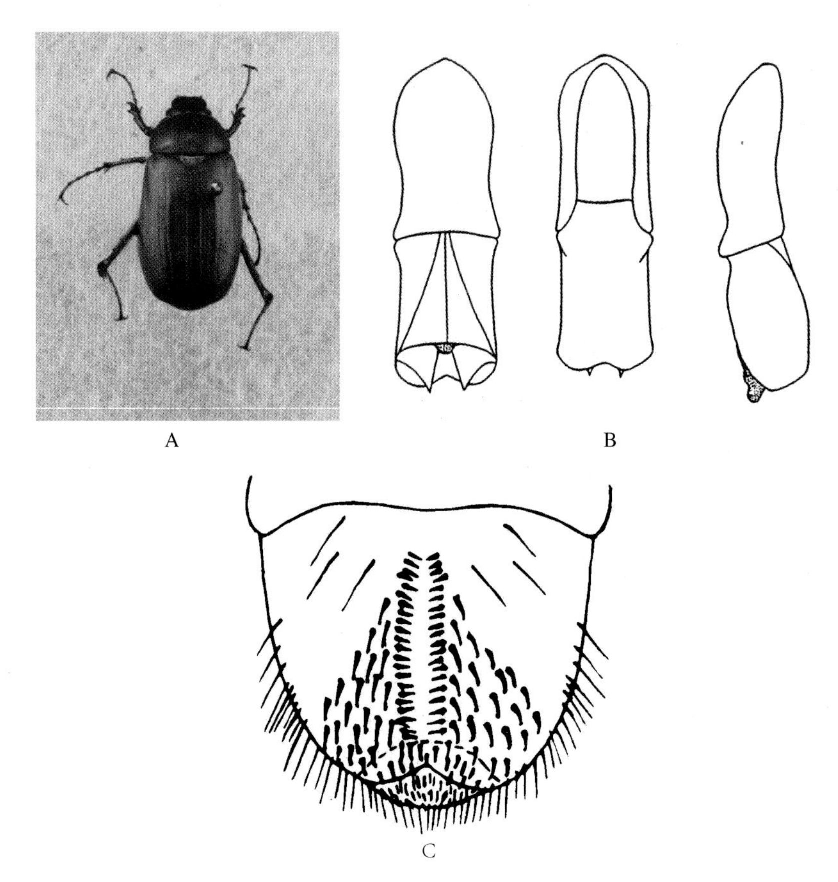

图 1-26 棕狭肋鳃金龟 *Holotrichia*（*Eotrichia*）*titanis* Reitter
A. 成虫；B. 雄性外生殖器；C. 幼虫臀节腹面

【分布】中国山东、河北、山西、陕西、吉林、辽宁、浙江；俄罗斯（远东地区），朝鲜。

【生活习性】在山东 2 年完成 1 代，以成虫和幼虫交替越冬。越冬成虫于苹果开花期，大约在 4 月上旬或 4 月中旬开始出土活动。成虫活动期较短，30~40 天。在果园中，成虫于傍晚出土，大量个体在地面交尾。卵期 15~20 天，幼虫期 26 个月，蛹期 20 天。

黑皱鳃金龟 *Trematodes tenebrioides*（Pallas, 1871）（图 1-27）

曾用名：无后翅金龟子

【形态特征】

成虫　体长 14~17.5mm，体宽 8.2~9.4mm。体中型，较短宽，前胸与鞘翅基部明显收狭，夹成钝角，全体黑色，比较晦暗。头大，唇基横阔，密布深大蜂窝状刻点，侧缘近平行，前缘中段微弧凹，侧角圆弧形；额唇基缝微陷，额头顶部刻点更大更密，后头刻点

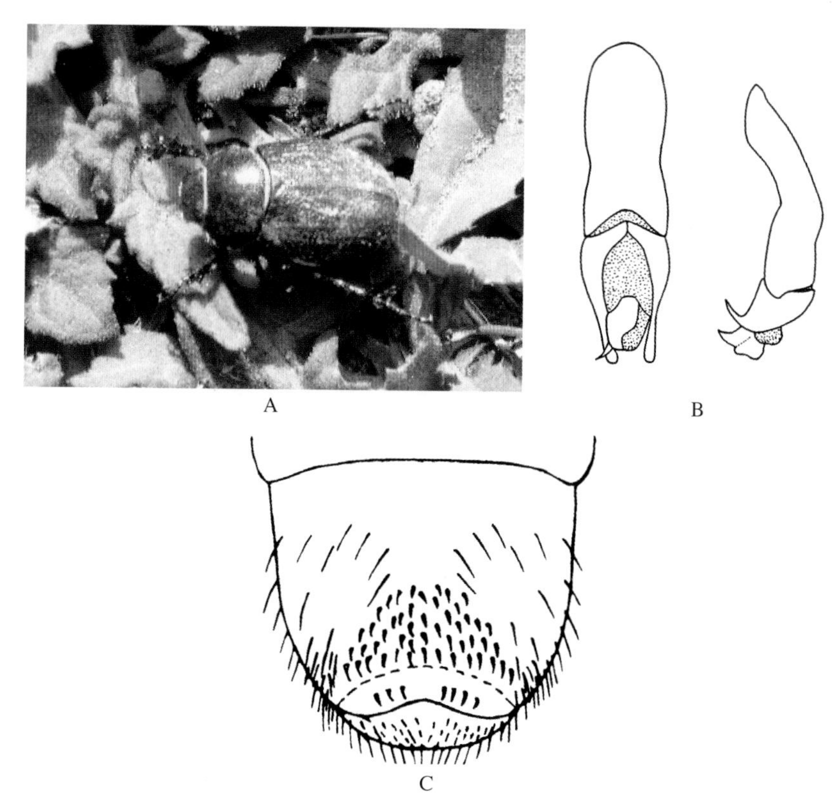

图 1-27 黑皱鳃金龟 *Trematodes tenebrioides*（Pallas）
A. 成虫；B. 雄性外生殖器；C. 幼虫臀节腹面

小。触角 10 节，鳃片部 3 节短小。下颚须末节长纺锤形。前胸背板短阔，宽为长之倍余，密布深大刻点；前缘侧缘有边框，侧缘弧形扩出，有具毛缺刻；后段近直，后侧角钝角形。小盾片短阔。鞘翅十分粗皱，纵肋几乎不可辨，肩凸、端凸不发达；后翅短小，略成三角形，长度只达或略超过第二腹节背板。臀板阔大，密布浅大皱形刻点。胸部腹面密布具毛刻点，腹下刻点细小具卧毛。足粗壮，前足胫节外缘 3 齿，前、中足内外爪大小差异明显。雄虫腹部中央深深凹陷，雌虫腹部饱满。雄性外生殖器阳基侧突较狭，中突突片粗壮，末端较复杂，可见有 3 脊，大致在同一端面上。

幼虫 其特征与华北大黑鳃金龟幼虫相似，仅肛腹片被钩状刚毛占据着的复毛区与肛门之间，有一条比较明显而整齐的无毛裸区。

【寄主】成虫早春先为害刺儿菜、灰菜、车前草等杂草之嫩芽、嫩叶和小麦；作物发芽后，取食玉米、谷子、高粱、马铃薯、甘薯、豆类、棉花及各种苗木之叶子。幼虫在土中为害各种植物地下部分。

【分布】中国山东、河北、河南、山西、陕西、宁夏、青海、吉林、辽宁、安徽、江西、湖南、台湾；蒙古，俄罗斯。

【生活习性】2 年完成 1 代，以成虫及幼虫交替在 20~30cm 土层中越冬。越冬成虫

4 月上旬开始出土活动，5 月至 7 月上旬为活动、取食、交尾、产卵盛期，7 月下旬至 8 月上旬为末期。成虫寿命 11~13 个月，为害约 3~4 个月。成虫白天活动，夜晚潜伏。幼虫期约 12 个月。

爬皱鳃金龟 *Trematodes potanini* Semenov, 1902（图 1-28）

【形态特征】

成虫　体长 13.4~18.8mm，体宽 7.5~10.3mm。体黑色或黑褐色，鞘翅和臀板有明显灰白表层，光泽晦暗。体中型，与黑皱鳃金龟十分近似。唇基较长，略似梯形，前缘中凹较明显，额唇基缝明显后弯；下颚须末节基部十分扩大。前胸背板侧缘后段多少明显内弯，后侧角向下侧延展成直角形或接近直角形。小盾片短小。鞘翅十分皱褶。后翅十分退化，长条形，长度达到或超过第四背板。雄虫腹面凹陷较浅，末腹板水平浮雕半圆形、三角形或圆尖三角形。雄性外生殖器阳基侧突较阔长，中突突片细长，末端尖细。

【寄主】寄主植物与黑皱鳃金龟相似。

【分布】中国山东、山西、河北、陕西、内蒙古、甘肃等。

【生活习性】本种发生量大，但分布不及黑皱鳃金龟广，只造成局部地区较重为害。发生规律与黑皱鳃金龟相似。

A

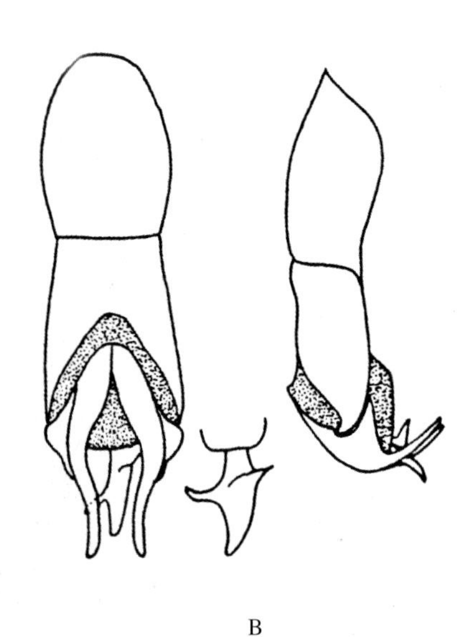

B

图 1-28　爬皱鳃金龟 *Trematodes potanini* Semenov
A. 成虫；B. 雄性外生殖器

大皱鳃金龟 *Trematodes gradis* Semenov, 1902（图 1-29）

【形态特征】

成虫　体长 18.5~21.3mm，体宽 10~12mm。体黑色，鞘翅无灰白表层，光泽较强。体中型偏大，体外形与黑皱鳃金龟、爬皱鳃金龟甚相似，唯本种明显较长大。头阔大，唇基长大，近梯形，边缘高高折翘，密布不完整的圆形刻点，侧缘近斜直，前缘微中凹；额头顶部平坦，刻点与唇基上相似。触角 10 节，鳃片部 3 节。下颚须末节较短粗。前胸背板侧缘后段微弯曲，后侧角略向侧下方延展，近直角形。小盾片短阔，基部两边散布刻点。鞘翅长大，4 条纵肋清晰可辨，均匀分布浅大刻点，肩凸较大，端凸无。后翅十分退化，长条形，可伸达第 4 背板。臀板十分短阔微皱，表面十分晦暗。雄虫腹下宽浅纵凹，末腹板中段水平浮雕半圆形或半椭圆形。中足、后足胫节有 2 道具刺横脊，上一道横脊甚短。各足跗节端部 2 爪大小差异明显；后足第一、二跗节长约相等。雄性外生殖器阳基侧突及中突突片与爬皱鳃金龟十分相似。

【寄主】紫穗槐、旱柳、柠条、油松、黑沙蒿、草木樨。

【分布】中国内蒙古、宁夏、甘肃、陕西。

【生活习性】本种是陕北沙区的重要地下害虫，在榆林沙区 2 年发生 1 代，以幼虫和成虫隔年在深层沙土中越冬。老熟幼虫于 7—8 月间羽化为成虫，不出土就地越冬，翌年早春上升地面，取食植物之芽、叶及嫩茎。幼虫食害植物根皮，截根，在地下为害可长达 400 余天。

A

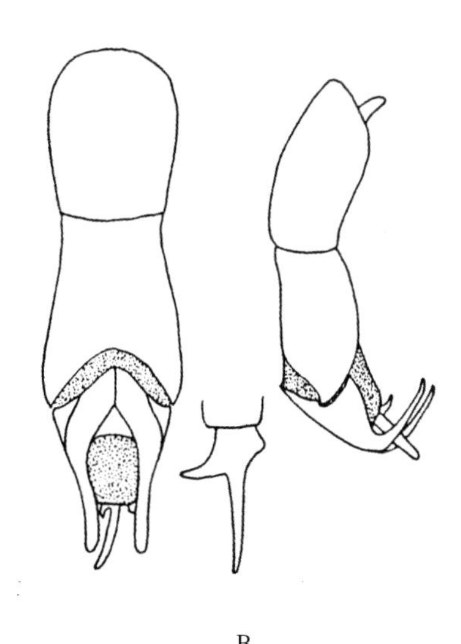

B

图 1-29　大皱鳃金龟 *Trematodes gradis* Semenov
A. 成虫；B. 雄性外生殖器

大云鳃金龟 *Polyphylla laticollis* Lewis, 1895（图 1-30）

曾用名：云斑鳃金龟

【形态特征】

成虫　体长 31～38.5mm，体宽 15.5～19.8mm。体栗褐至黑褐色，头、前胸背板及足色泽常较深，鞘翅色较淡，体上面被有各式白或乳白色鳞片组成的斑纹：头上鳞片披针形，前胸背板鳞片疏密不匀，在盘区大致呈“兴”形斑纹，其外侧各有 1 个环形斑；小盾片密被厚实鳞片；鞘翅鳞片多呈椭圆形或卵圆形，组成云纹状斑纹，大斑之间有游散鳞片。体大型，长椭圆形，背面相当隆拱。头中等，唇基阔大，前方微扩阔（雄）或略收狭（雌），密布具鳞片的皱形刻点，前缘十分翘升，俯视接近横直，侧端最高，中段微弧凸；头面刻点相似，密被灰黄或棕灰色绒毛。触角 10 节，雄虫鳃片部 7 节组成，十分宽阔长大，向

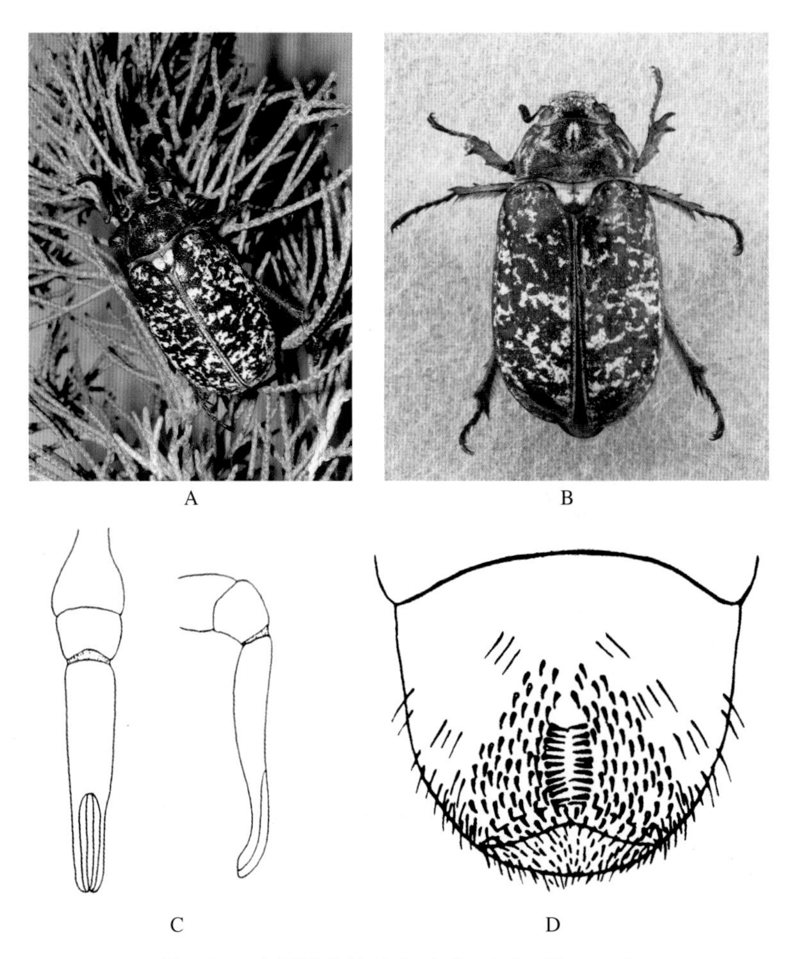

图 1-30　大云鳃金龟 *Polyphylla laticollis* Lewis
A. 雄性成虫；B. 雌性成虫；C. 雄性外生殖器；D. 幼虫臀节腹面

外侧弯曲，长达前胸背板长的 1.25~1.33 倍；雌虫鳃片部短小，6 节组成。前胸背板阔大，宽度常近长度之倍，密布粗大刻点，中后部刻点明显较疏；盘区略三角形隆凸，前侧部微凹陷；前缘有粗长纤毛，侧缘钝角形扩出，有具毛缺刻，前段直；前侧角钝角形，后段微内弯，多数个体后侧角微略翘，近直角形或锐角形，后缘边框近完整、无毛。小盾片大，中纵滑亮，两侧被白鳞。鞘翅无纵肋，有具鳞片刻点不匀分布，似云纹。臀板及腹下密被针状短毛。胸下绒毛厚密。雄虫腹下有宽纵凹沟，雌虫腹部饱满。前足胫节外缘雄虫 2 齿，雌虫 3 齿；爪发达对称。

幼虫　大型，体长 61~70mm，复毛区中间的刺毛列每列由 8~15 根（一般 10~12 根）小的较短扁锥状刺毛组成。两列刺毛列，多数排列整齐，几乎平行，仅前、后端少许靠近，无副列。少数排列不整齐，不平行，前后端靠近，中间远离，呈椭圆形，具副列。刺毛列的前端远没有达到复毛区的前部边缘处。

【寄主】成虫为害松、杉、杨、柳等树叶，幼虫为害树苗、大田作物、灌木及杂草的地下茎及根，常造成很大损失。

【分布】中国山东、河北、山西、陕西、黑龙江、吉林、辽宁、内蒙古；朝鲜，日本。

【生活习性】生活史较长。需 3~4 年完成 1 代，以幼虫越冬。越冬老熟幼虫于 6 月化蛹，5 月底出现成虫。成虫趋光性较弱，上灯者绝大多数为雄虫。

小云鳃金龟 *Polyphylla gracilicornis* Blanchard，1871（图 1-31）

【形态特征】

成虫　体长 26~28.5mm，体宽 13.4~14.2mm。体大型，长椭圆形；体栗褐至深褐色。头、前胸背板色较深，体颇光亮。体上面鳞片较稀，头、前胸背板鳞片狭长披针形，在唇基前部及头面两侧较多，额头顶部仅散布少数鳞片；前胸背板鳞片斑纹与大云鳃金龟相似，唯中纵纹常贯达全长。外侧环形成常较模糊；鞘翅云状斑小而较少，斑间基本无零星鳞片，鳞片纺锤形。头上自唇基后半至额被灰褐色长毛，唇基宽大，前缘中段微内弯（雄）、雌虫唇基短，前缘中央内弯明显，后方无具毛刻点，额部刻点粗大皱褶，头顶后头光滑。触角 10 节，鳃片部雄虫由 7 节组成，甚长大弯曲，雌虫 6 节组成，短小。前胸背板短阔，颇不平整，高凸处常光滑无刻点；前缘有许多粗毛，侧缘弧形扩出，锯齿形，缺刻中有毛；前、后侧角皆钝角形，后缘除中段外有呈排粗长纤毛。小盾片中间大部平滑无刻点。鞘翅较短，肩凸较发达。臀板近三角形，密布针尖状伏毛。胸下绒毛厚密，前足胫节外缘雄虫 1 齿，雌虫 3 齿。爪修长。

幼虫　大型，体长 55~56mm。复毛区后部钩状刚毛群中间的两行刺毛列多由 10~14 根较短扁锥状刺毛组成，多数 10~11 根，2 刺毛列多数平行、排列整齐，也有前端和后端 2 刺毛明显靠近者。刺毛列的前端远不达钩状刚毛群的前缘，无副列。

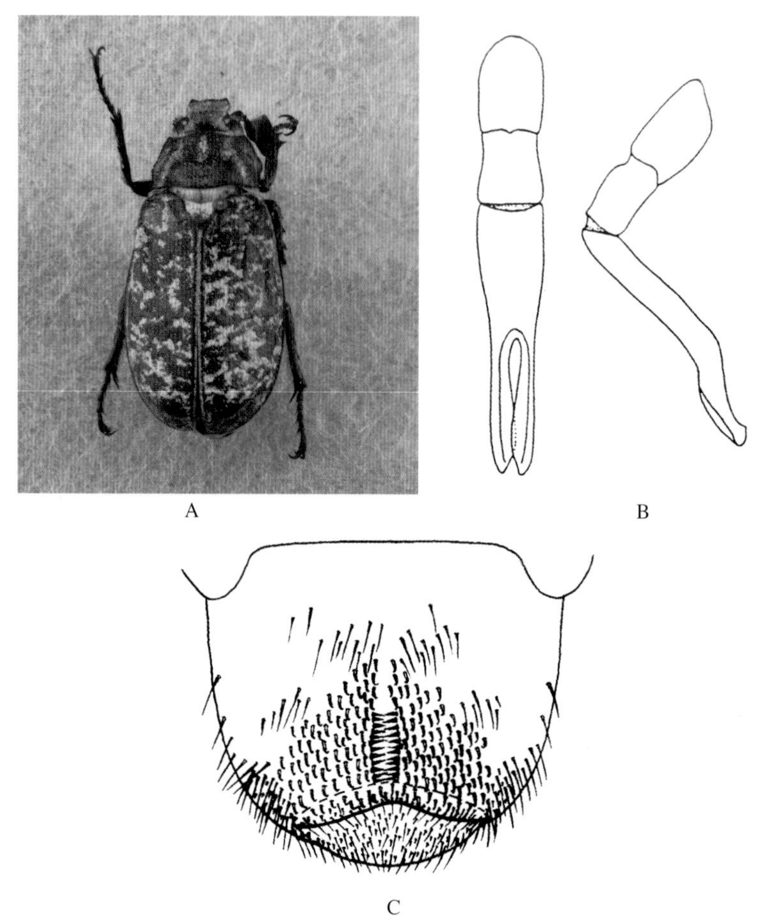

图 1-31　小云鳃金龟 **Polyphylla *gracilicornis* Blanchard**

A. 雄性成虫；B. 雄性外生殖器；C. 幼虫臀节腹面 引自《山西省金龟子图册》

【分布】中国河北、河南、山西、陕西、内蒙古、宁夏、青海、甘肃、四川。

【寄主】幼虫为重要地下害虫，为害麦类、豆类、油菜、山药、胡麻、瓜类、蔬菜及林木、果树之幼苗。

【生活习性】在青海 4 年完成 1 代，其中一二龄幼虫各历期 1 年，最后一年 3 龄幼虫化蛹、羽化、产卵，当年孵化出新一代幼虫。成虫不取食，多在草丛及土缝中交尾产卵，有趋光性，上灯者多为雄虫。

大栗鳃金龟 *Melolontha hippocastani mongolica* Menetries, 1954（图 1-32）

【形态特征】

成虫　体长 25.7~31.5mm，体宽 11.8~15.3mm。体黑、黑褐或深褐色，常有墨绿色金属闪光。鞘翅、触角及各足跗节以下棕色或褐色，鞘翅边缘黑或黑褐色。腹部 1~5 腹板两侧端有明显三角形乳白斑。体大型，雄虫狭长，雌虫较宽，后部微扩阔。头阔大，唇基长，与颜等宽，呈矩形，前缘直，侧角圆，布挤密具毛刻点；额头顶部中部刻点大而稀，四周刻点细密，毛向中心趋指似“旋”。触角 10 节，鳃片部雄虫由 7 节组成，长大弯曲，接近前胸侧缘之长，雌虫 6 节组成，十分短小。下颚须末节短阔，外侧端斜圆。前胸背板较长，盘区有浅宽中纵沟，沟底密生具长毛点如马鬃。沟侧几乎光滑，两侧刻点甚细密，刻点具毛，盘区后侧至后缘一三角区被毛特密；前缘多长毛，侧缘钝角形扩阔，有稀疏具毛缺刻；前侧角近直角形，后侧角向侧略出呈锐角形，小盾片半椭圆形。鞘翅Ⅰ、Ⅱ、Ⅳ纵肋明显，Ⅲ仅可辨或消失，密被乳白色针尖形毛，肩凸、端凸发达。臀板大，三角形，密布乳黄或灰白鳞毛，末端常明显柄状延突，雄虫长而宽窄不一，雌虫则短细或不见。前胸腹板有横弧形垂突，胸下密被绒毛。腹部密被细微乳白伏毛。前足胫节外缘 2 齿（雄），有时可见基齿痕迹，雌虫外缘 3 齿。雄性外生殖器阳基侧突末端扩大，后上方有 1 个微小齿突。

幼虫　大型。体长 43~51mm。头部浅栗色，胸腹部随着虫龄的增长，由乳白色逐渐

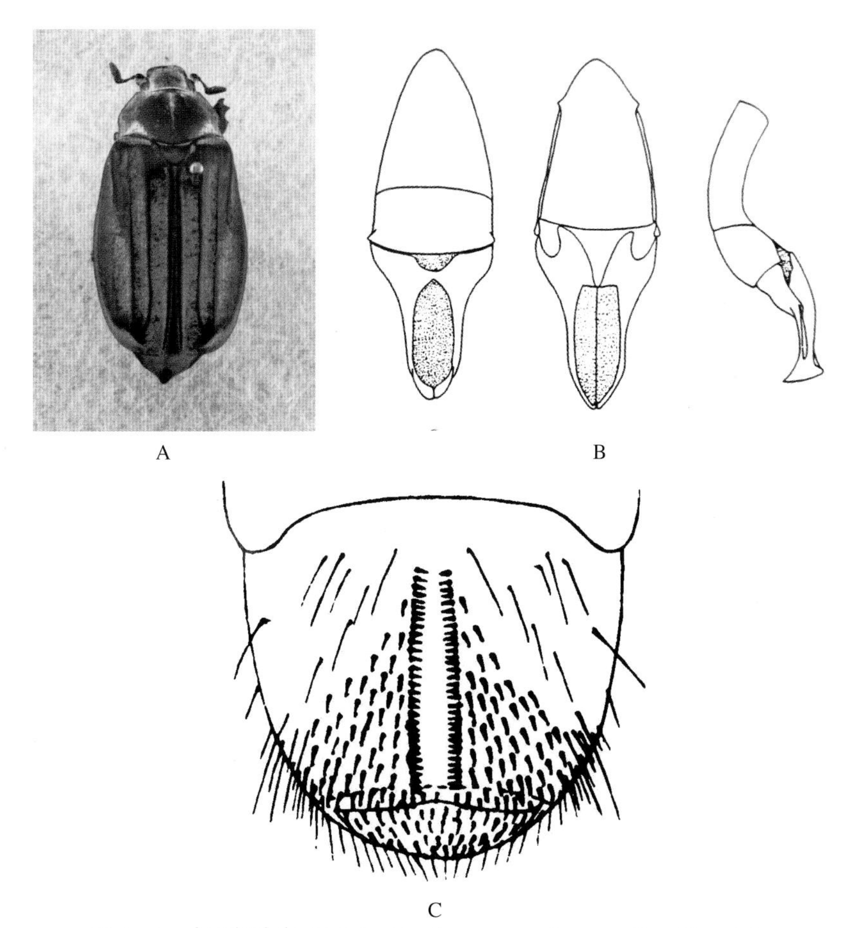

图 1-32　大栗鳃金龟 *Melolontha hippocastani mongolica* Menetries
A. 成虫；B. 雄性外生殖器；C. 幼虫臀节腹面 引自《山西省金龟子图册》

变为黄白色。前胸两侧各有1个多角形而不规则的褐色大斑。肛腹片的刺毛列短锥状刺毛较多，每列28~38根，相互平行，排列整齐，其前端略超出钩毛区的前缘。

【分布】中国河北、山西、陕西、内蒙古、甘肃、四川；蒙古，俄罗斯（东西伯利亚）。

【寄主】本种是我国重要地下害虫之一，可为害多种作物。

【生活习性】生活史很长。在四川甘孜每6年完成1代，幼虫越冬5次，成虫越冬1次。幼虫历期约58个月，成虫期约10个月。

弟兄鳃金龟 *Melolontha frater* Arrow, 1913（图1-33）

【形态特征】

成虫　体长22~26mm，宽11~13mm。体大型，长卵圆形，后部微扩阔。体淡褐色，有时鞘翅着色略淡。体表被乳白或灰白针尖形毛。唇基大，前侧角圆形，接近矩形，前缘横直，中段微弧升，黄褐色茸毛以前部中点为中心放射状排布，头上茸毛中疏侧密，作向心方向排列。触角10节，鳃片部雄虫由7节组成，较短壮，微外弯，明显短于前胸之长，

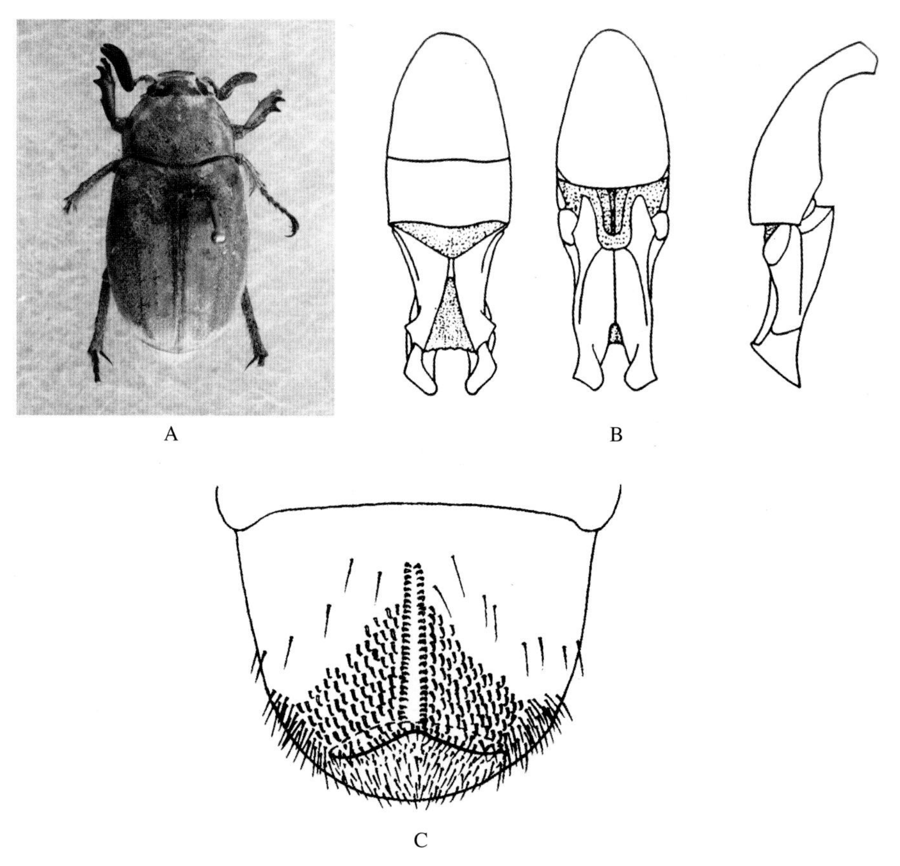

图1-33　弟兄鳃金龟 *Melolontha frater* Arrow

A. 成虫；B. 雄性外生殖器；C. 幼虫臀节腹面　引自《山西省金龟子图册》

雌虫 6 节组成，十分短小。前胸背板布致密微小刻点，盘区有个连贯浅纵沟，前缘有成排纤毛，前侧角甚钝，后侧角直角形或近直角形。小盾片近半圆形。鞘翅 4 条纵肋清楚，纵肋Ⅱ最弱，纵肋间带散布粗大刻点。臀板三角形，有明显中纵沟，末端圆尖暗延伸（雄），雌虫臀板较宽。胸下密被棕色长绒毛。中足基节之间前方有短小锥形突；前足胫节外缘 2 齿（雄）或 3 齿明显而钝（雌）；爪下齿小而接近基部。雄性外生殖器阳基侧突近端部侧上方有 1 个明显齿突（图 1-33）。

幼虫　复毛区的刺毛列由尖端微向中央弯曲的短锥状刺毛组成，每列 14~23 根，多数为 17~18 根，两侧刺毛近相平行，刺毛列前端超出钩毛区（图 1-33）。

【寄主】弟兄鳃金龟是山西北部高寒山区为害大秋作物的重要地下害虫。

【分布】中国河北、山西、黑龙江、吉林、辽宁、内蒙古、宁夏；朝鲜半岛，日本。

【生活习性】在山西 4 年完成 1 代，以幼虫越冬，1~2 龄幼虫越冬各 1 次，3 龄幼虫越冬 2 次。于第四年的 6 月下旬至 7 月上旬羽化为成虫。成虫白天潜伏土中，傍晚活动。主要发生在干旱地带，水浇地偶尔也有，但数量很少。

灰胸突鳃金龟 *Hoplosternus incanus* Motschulsky, 1853（图 1-34）

【形态特征】

成虫　体长 24.5~30mm，体宽 12.2~15mm。体深褐或栗褐色，鞘翅色泽略淡。全体密被灰黄或灰白色短匀针尖形绒毛，腹部腹板侧端有三角形乳黄色斑。体大型，略近卵圆形。头阔大，唇基前方略收狭，边缘上折，前缘中段微内弯并隆升，头上绒毛向头顶中心趋聚。触角 10 节，鳃片部雄虫由 7 节组成，长大微弯，雌虫 6 节组成，直而短小。前胸背板短阔，比较平整，由于绒毛粗细、色泽略有差异，常可见有 5 条纵宽条纹，中央及两侧条纹色常较深，前侧角钝角形，后侧角直角形或钝角形，后缘中段弓形后弯。小盾片大。鞘翅肩凸、端凸发达，纵肋Ⅰ、Ⅱ及Ⅳ明显。臀板三角形，侧缘微波浪形弯曲，末端圆钝，常见微弱中凹。胸下密被绒毛。中足基节间有发达中胸腹突，伸达前足。前足胫节外缘 2~3 齿（雄），雌虫 3 齿明显；足端 2 爪不完全对称，以雄虫前足 2 爪差异最显，内大外小。

幼虫　大型，体长 50~60mm。在肛腹片复毛区中间的刺毛列每列由 18~24 根短锥形刺毛所组成，由尾端开始的 3~5 对，少许向后岔开，两列彼此靠近且平行，刺毛列前端远远超出了钩毛区的前缘。

【寄主】成虫食害各种果树、林木的叶子，蛴螬为害苗木及各种作物的地下根、茎，对花生及薯类为害更重。

【分布】中国山东、河北、河南、山西、陕西、黑龙江、吉林、辽宁、内蒙古、浙江、湖北、江西、四川、贵州；俄罗斯（远东地区），朝鲜半岛。

【生活习性】本种是东北、华北常见种类之一。1 年 1 代，以 3 龄和 2 龄幼虫越冬，

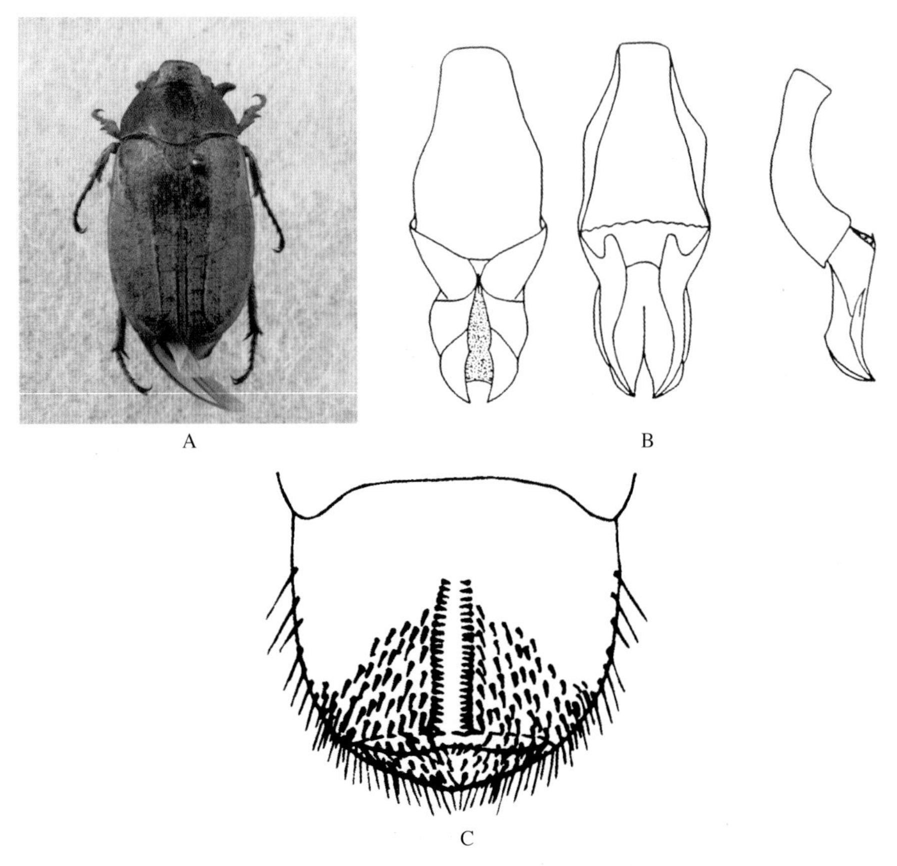

图 1-34 灰胸突鳃金龟 *Hoplosternus incanus* Motschulsky
A. 成虫；B. 雄性外生殖器；C. 幼虫臀节腹面 引自《山西省金龟子图册》

幼虫期 326 天。成虫羽化一般在 5 月下旬至 6 月上旬。雄虫有较强的趋光性，雌虫趋光性较弱。

福婆鳃金龟 *Brahmina faldermanni* Kraatz, 1892（图 1-35）

曾用名：毛棕鳃金龟

【形态特征】

成虫 体长 9~12.2mm，体宽 4.3~6mm。体长卵圆形，栗褐或淡褐，鞘翅色泽常略淡，全体被毛。唇基梯形，密布深大刻点，前部刻点具毛，前缘近横直，额头顶粗糙，粗大刻点皱密，头顶约略可见皱褶状横脊。触角 10 节，雄虫鳃片部较长大，约等于其前 6 节之总长，雌虫则短小。前胸背板密布大小浅圆具长毛刻点，侧缘钝角形扩阔，锯齿形，齿刻中有长毛，前后侧角皆钝角形。小盾片三角形，布许多具竖毛刻点。鞘翅密布深大具毛刻点，基

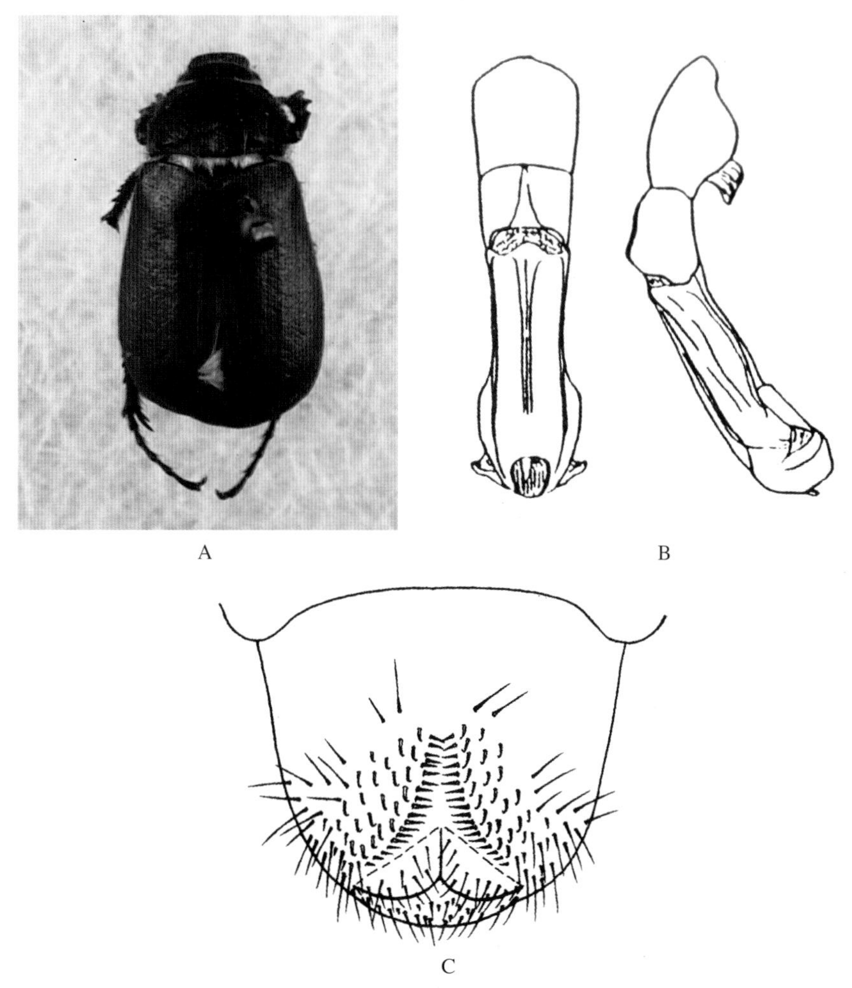

图 1-35　福婆鳃金龟 ***Brahmina faldermanni*** **Kraatz**
A. 成虫；B. 雄性外生殖器；C. 幼虫臀节腹面

部毛明显较长，纵肋 I 可辨。臀板具毛刻点密布。胸下被毛柔长，腹下密布具毛刻点，后足跗节第一节略短于第二节，爪端部深裂，下支末端斜切。

幼虫　复毛区的刺毛列由扁锥状刺毛组成，每列 17~21 根，刺毛列后端岔开呈“八”字形。

【寄主】成虫主要为害桃、李、杏、荆条等植物叶子。

【分布】中国山东、河北、山西、辽宁。

【生活习性】成虫于 6—7 月间为害植物，夜出活动，略具趋光性。1 年 1 代，以 3 龄幼虫越冬，第二年 5 月化蛹，6 月上旬羽化为成虫，6 月中旬出土交配产卵，7 月上旬孵出幼虫，幼虫期 265 天。

鲜黄鳃金龟 *Metabolus tumidifrons* Fairmaire, 1887（图 1-36）

【形态特征】

成虫　体长 13~14mm，宽 7.3~7.5mm。体中型，椭圆形，体上光滑无毛，鲜黄色，头部黑褐有光泽；腹面淡黄褐色，光滑无毛，有光泽。唇基新月形，黄褐色，前侧缘弯翘。两复眼间明显隆起，其头面中央具一近“凸”形中间被对开的隆脊。触角 9 节，鳃片部 3 节，雄虫鳃片部长而略弯曲，长度约等于其他各节之和；雌虫鳃片部短小，卵圆形。前胸背板具边框，前、后侧角均为钝角，但前角稍尖，后角呈弧形，侧缘锯齿状，具稀疏细长毛。小盾片略呈半圆形，其上分布少数刻点。鞘翅最宽处位于鞘翅后端。臀板略呈三角形，末端较圆。前足胫节外缘 3 齿，内缘距与中齿对生。爪在中部深裂，下叶大于上叶；中、后足胫节中段有一完整的具刺横脊。

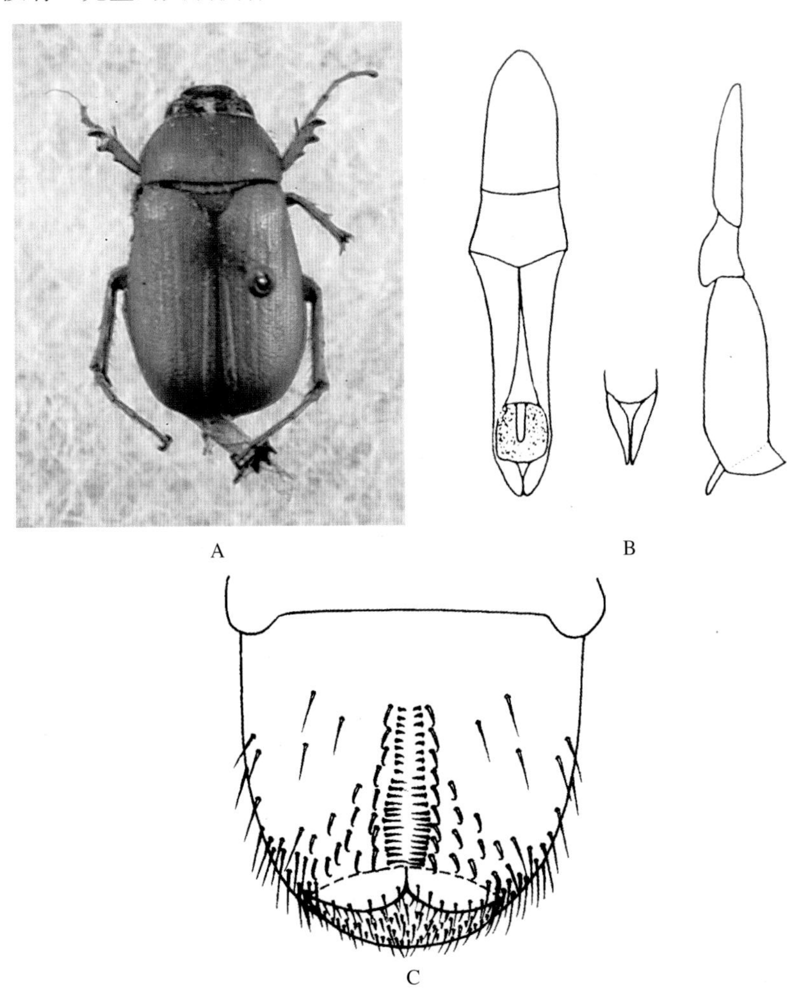

图 1-36　鲜黄鳃金龟 *Metabolus tumidifrons* Fairmaire

A. 成虫；B. 雄性外生殖器；C. 幼虫臀节腹面　引自《山西省金龟子图册》

幼虫　中型偏小，体长 23~26mm。在肛腹片有长的刺毛列，呈长颈瓶状，刺毛列由长短两种刺毛组成，前部有短锥状刺毛 7~8 对，后部有长锥状刺毛 13~15 对。刺毛列两侧各有钩状刚毛 8~9 根。

【寄主】幼虫为害花生、大豆等豆科作物、禾本科、棉花、麻类等地下部分。

【分布】中国山东、河北、北京、山西、吉林、辽宁、浙江、江西；朝鲜等。

【生活习性】在山东省 1 年发生 1 代，以 3 龄幼虫在 20~40cm 土层中越冬。幼虫期长达 10 个月，3 龄幼虫春秋两季为害冬小麦。成虫活动始于 6 月上旬，历时 30 余天。成虫不取食。成虫昼伏夜出，有趋光性，雌虫不活跃，趋光性弱，出土交尾后即潜入土中。多数分布于沿河两岸、水库周围低洼下湿的红黏土地区。远离河流、水库的平川、丘陵、山区和近河流的丘陵、梯田分布较少。

小黄鳃金龟 *Metabolus flavescens* Brenske, 1892（图 1-37）

【形态特征】

成虫　体长 11~13.6mm，体宽 5.3~7.4mm。体中型偏小，较狭长，体浅黄褐色，头、前胸背板色泽最深，呈淡栗褐色，鞘翅色最浅而偏黄，全体被匀密短毛。头大，唇基密布大型具毛刻点，前缘中凹明显，额唇基缝几乎不凹陷；头面密布挤密粗大刻点，额有明显中纵沟，两侧丘状隆起。触角 9 节，鳃片部短小，3 节组成，雄虫较长。下颚须末节细狭。前胸背板具毛刻点颇匀密，前缘边框有成排粗大具长毛刻点，侧缘前段直，后段微内弯，前后侧角皆大于直角。小盾片短阔三角形，散布具毛刻点。鞘翅刻点密，仅纵肋 I 明显可见。胸下密被绒毛。前足胫节外缘 3 齿，内缘距粗长；爪圆弯，爪下有小齿。

幼虫　复毛区的刺毛列由两种刺毛组成，前段为尖端略弯的短锥状刺毛，每列 7~11 根，后段为长锥状刺毛，每列 10~15 根，前段短锥状刺毛与后段长锥状刺毛相接处的刺毛，常呈介于两者间的过渡类型，长度不全相等，两种刺毛每列共 18~25 根，前后端略微向中央靠拢，后半段中部略向两侧扩张，整个刺毛列形似长颊花瓶状，前端约达到或略微超过钩毛区的前沿，约达复毛区的 2/3 处，沿刺毛列各有一排列较整齐的钩状刚毛。

【寄主】成虫取食苹果、梨、海棠、核桃、丁香等树木的叶片，幼虫取食花生、大豆、玉米或果树的嫩根。

【分布】中国山西、河北、陕西、山东、河南、江苏、浙江。

【生活习性】在山东 1 年发生 1 代，以 3 龄幼虫在 30~50cm 的土层中越冬，翌年 5 月下旬上移到 10cm 以上的土层中作土室化蛹，蛹期 12 天。6 月中旬至 7 月下旬为成虫盛发期，一般在傍晚出土取食和交配。成虫寿命 31 天。雌虫多选择在有机质丰富的疏松土壤中产卵，卵期 11 天。10 月下旬，幼虫入蛰。

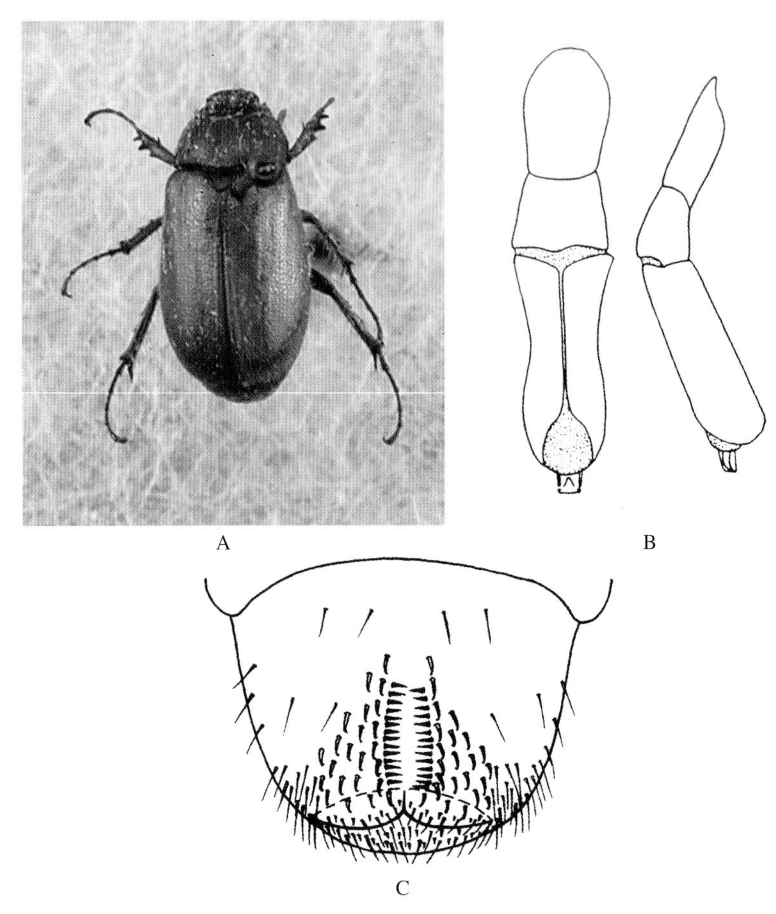

图 1-37 小黄鳃金龟 *Metabolus flavescens* Brenske
A. 成虫；B. 雄性外生殖器；C. 幼虫臀节腹面

马铃薯鳃金龟东亚亚种 *Amphimallon solstitialis sibiricus* Rritter, 1902（图 1-38）

【形态特征】

成虫 体长 13.5～18.6mm，体宽 7～9.5mm。雌虫稍大于雄虫。体呈灰污黄色。头部、前胸背板黑褐色，鞘翅汇合缝狭暗色，腹部是黑褐色。唇基横宽，前缘强烈上卷，中间凹入。前角和两侧缘均呈弧形。下颚须末节基部相当膨大，顶端似呈梨状收缢，其上凹窝长椭圆形大而深。触角 9 节，鳃片部 3 节，雌、雄异型有光泽，具毛。前胸背板密生黄色长毛，两侧及中纵部由毛聚集呈 3 条黄褐纵带，有 2 条灰白色斜带相间其间，雌虫前胸背板长毛极少。小盾片大，弧三角形，被灰黄细毛；雄虫的毛密而长，雌虫的毛稀而短。鞘翅每侧有 4 条明显纵肋，被密毛，前半部较密，后半部较稀，特别雌虫更明显。前足胫节外缘具 2 齿。爪发达，爪下缘近基部具 1 后钩状小齿。臀板具大而密的锉状刻点（雌虫尤甚）和细而短的灰色毛与稀而粗长的竖立的褐色毛。腹板可见 6 节，上生黄色细毛。

幼虫 中型，体长 25～35cm。在肛腹片的刺毛列由短锥状刺毛所组成，两列刺毛不同，

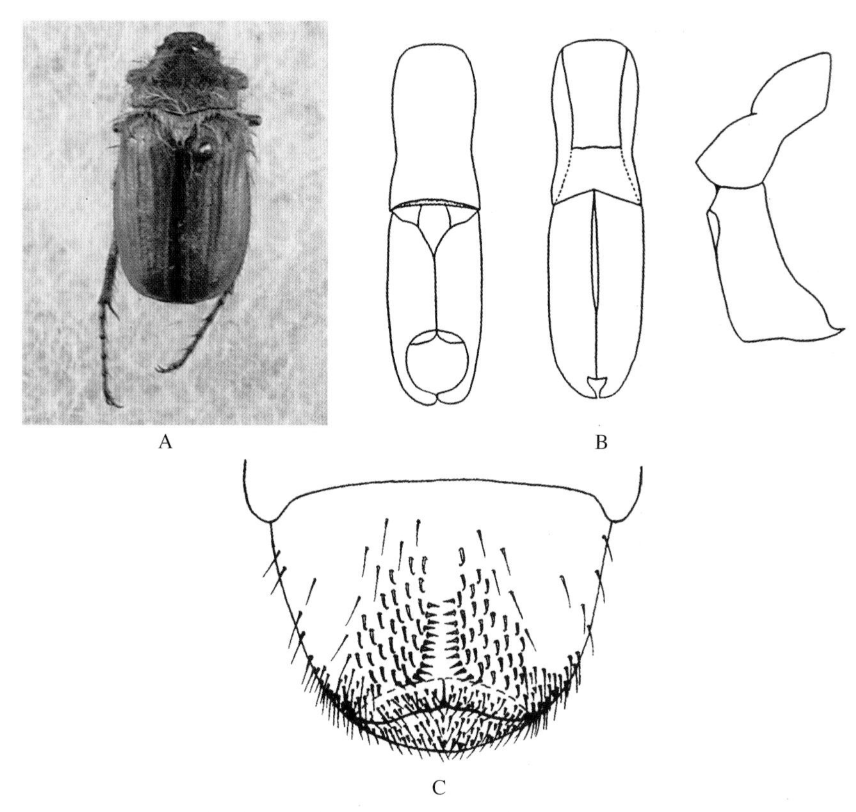

图 1-38　马铃薯鳃金龟东亚亚种 *Amphimallon solstitialis sibiricus* Rritter

A. 成虫；B. 雄性外生殖器；C. 幼虫臀节腹面 引自《山西省金龟子图册》

一列为 11 根，一列为 13 根，刺毛列后端与肛门孔侧裂缝平行，故呈“八”字形岔开，而且越向后尖刺越短小，刺毛列的前端超出了钩状刚毛群的前缘。

【寄主】幼虫主要为害马铃薯，也喜食胡麻、豆类、油菜等作物的根。

【分布】中国河北、山西、黑龙江、吉林、辽宁、内蒙古、青海、新疆；蒙古，俄罗斯（阿尔泰山脉）。

【生活习性】在河北坝上 2 年发生 1 代，以幼虫越冬。成虫于 6 月中下旬出现，7 月中旬开始出现初龄幼虫，9 月上旬幼虫进入 3 龄，深入 130cm 深土层内越冬。

黑阿鳃金龟 *Apogonia cupreoviridis* Kolbe, 1886（图 1-39）

【形态特征】

成虫　体长 8~10.5mm，体宽 4.6~6.2mm。体多呈黑褐色，少数红褐色，体表甚亮。体小型，长椭圆形。头宽大，唇基短宽，略似梯形，密布深大扁圆刻点，点间横皱，边缘折翘，前缘近直，侧缘斜直。额唇基缝下陷，中段后弯，额头顶部较不平坦，密布深大刻点，沿额唇基缝陡隆，前中部凹陷。触角 10 节，鳃片部 3 节组成，短小。前胸背板布脐形刻点，

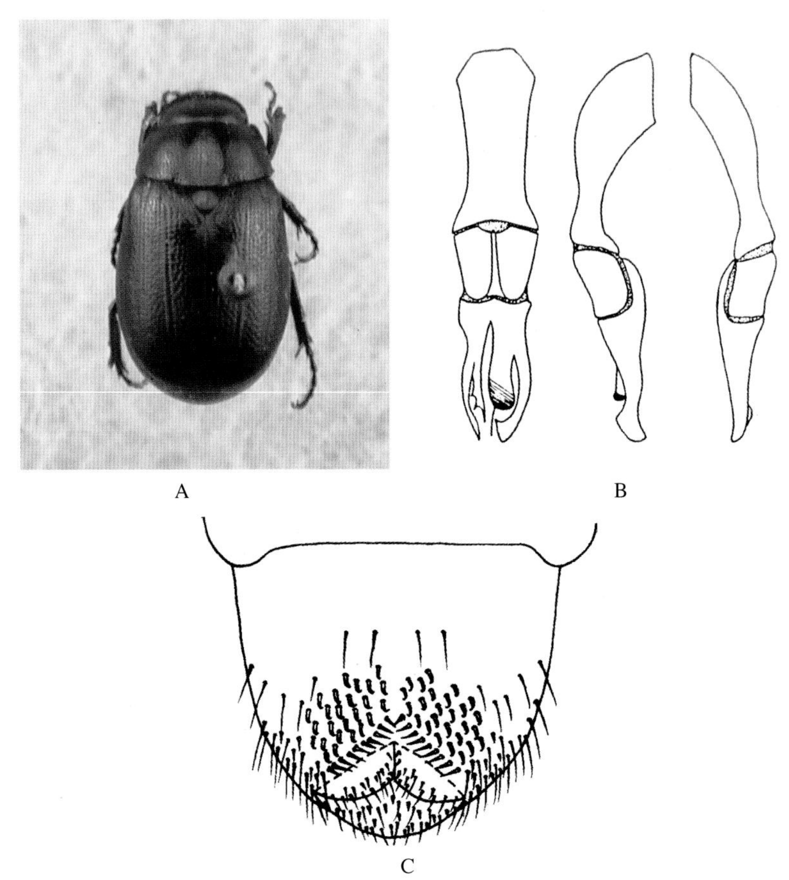

图 1-39　黑阿鳃金龟 *Apogonia cupreoviridis* Kolb

A. 成虫；B. 雄性外生殖器；C. 幼虫臀节腹面

前侧角锐角形前伸，后侧角钝角形。小盾片三角形，布少量刻点。鞘翅平坦，缝肋及 4 条纵肋清楚，侧缘前段明显钝角形扩阔，缘折宽，有膜质边饰。臀板小而隆拱，中纵常呈脊状，布深大具毛刻点。胸下具微毛，刻点密布，后胸腹板盘区滑亮。腹部具毛，刻点浅稀。前足胫节外缘 3 齿。

幼虫　复毛区的刺毛列由直扁锥状刺毛组成，一般每列 8~11 根，由肛门孔纵裂的前端开始，即急剧向两侧岔开，两列间夹角呈钝角，钩毛区前缘不达复毛区的 1/2 处，前半部中央常有较明显的裸区；肛门孔纵裂略微长于一侧横裂的 1/2。

【寄主】成虫取食大麦、小麦、玉米、大豆、杨、柳、高粱、棉、红麻、小灌木等的叶片，还取食灰菜、酸模等杂草。幼虫为害花生、大豆等大田作物及榆、杨等树林之根。

【分布】中国山东、河北、河南、山西、黑龙江、辽宁、安徽、江苏；俄罗斯（远东），朝鲜，日本。

【生活习性】在河北、辽宁通常 2 年完成1代，以成虫幼虫交替越冬。成虫多在黄昏大量出土活动，飞翔力弱，趋光性不强，多爬行活动。

东方绢金龟 *Serica orientalis* MotschuIsky, 1857（图 1-40）

曾用名：黑绒金龟

【形态特征】

成虫　体长 6~9mm，体宽 3.4~5.5mm。体小型，近卵圆形，体黑褐或棕褐色，亦有少数淡褐色个体，体表较粗而晦暗，有天鹅绒般闪光。头大，唇基油亮，无丝绒般闪光，布挤皱刻点，有少量刺毛，中央微隆凸，额唇基缝钝角形后折；额上刻点较稀较浅，头顶后头光滑。触角 9 节，少数 10 节，有左右触角互为 9 节、10 节者，鳃片部 3 节组成，雄虫触角鳃片部长大，约为其前 5 节长之倍。前胸背板短阔，后缘无边框。小盾片长大三角形，密布刻点。鞘翅有 9 条刻点沟，沟间带微隆拱，散布刻点，缘折有成列纤毛。臀板宽大三角形，密布刻点。胸部腹板密被绒毛，腹部每腹板有 1 排毛。前足胫节外缘 2 齿；后

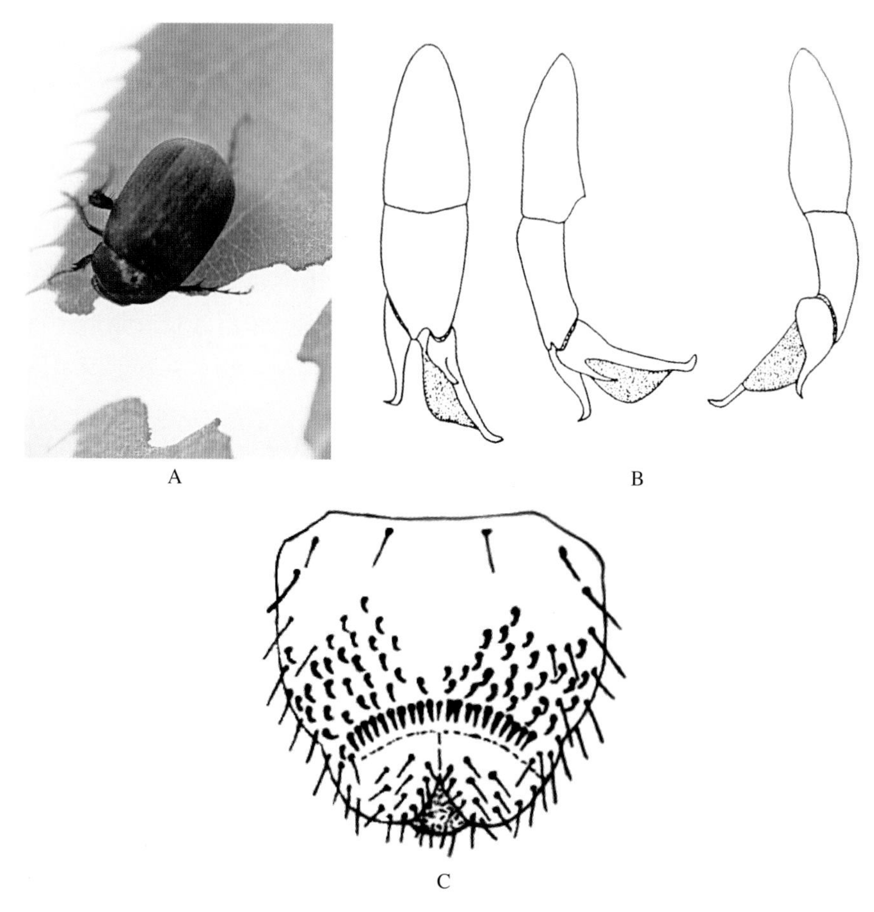

图 1-40　东方绢金龟 *Serica orientalis* MotschuIsky
A. 成虫；B. 雄性外生殖器；C. 幼虫臀节腹面

足胫节较狭厚，布少数刻点，胫端2端距着生于跗节两侧。

幼虫　复毛区的刺毛列呈单列横弧状，每列约16~22根直扁刺毛，刺毛排列较均匀，近中部刺毛排列不显较两侧紧密，并于中央形成明显中断，刺毛列前方复毛区的刚毛明显呈扁形，但尖端较尖锐，略微弯成钩状；肛门孔纵裂约等于或略长于一侧横裂的一倍。

【寄主】成虫食性杂，可取食植物149种，分属于45科、116属，主要喜食榆叶、杨叶及柳叶，是防护林、果树、苗圃的大害虫。也为害大田作物及蔬菜，尤其是春播作物。幼虫以腐殖质和嫩根为食，一般对作物危害不大。

【分布】该种在我国分布广泛，北方各地几乎均有分布，如山东、河北、河南、山西、陕西、黑龙江、吉林、辽宁、内蒙古、甘肃、宁夏、江苏、安徽；蒙古，俄罗斯（远东地区），朝鲜，日本。

【生活习性】本种在华北、东北地区均为1年完成1代，以成虫越冬。越冬成虫于4月上、中旬出土活动，4月下至5月上旬为活动盛期，有“雨后出土”习性。成虫性活跃，飞翔力很强，傍晚即出而飞翔觅偶交配，有趋光性和假死性。

阔胫玛绢金龟 *Maladera verticalis* Fairmaire, 1888（图1-41）

【形态特征】

成虫　体长6.7~9mm，体宽4.5~5.7mm。体小型，长卵圆形，体浅棕或棕红色，体表颇平，刻点浅匀，有丝绒般闪光。头阔大，唇基近梯形，布较深但不匀刻点，有较明显纵脊；额唇基缝弧形，额上布浅细刻点。触角10节，鳃片部3节组成，雄虫鳃片部长大，长于柄节之倍。前胸背板短阔，侧缘后段直，后缘无边框。小盾片长三角形。鞘翅有9条清楚刻点沟，沟间带弧隆，有少量刻点，后侧缘有较显折角。胸下杂乱被有粗短绒毛。腹部每腹板有1排短壮刺毛。前足胫节外缘2齿，后足胫节十分扁阔，表面几乎光滑无刻点，2端距着生在跗节两侧。

幼虫　复毛区的刺毛列形状与东方绢金龟相似，但刺毛数量略多，通常每列24~27根。

【寄主】成虫食性杂，主要取食紫穗槐、榆、柳、杨、梨、苹果等叶片，幼虫为害杂草和花生、大豆等作物的细根，但为害不大。

【分布】中国山东、河北、河南、山西、陕西、辽宁、黑龙江、吉林；朝鲜。

【生活习性】本种在山东1年发生1代，以幼虫在土内越冬。成虫于6月下旬出土活动，7月上旬达活动高峰。成虫活泼，善于飞翔，有假死性，有较强趋光性。

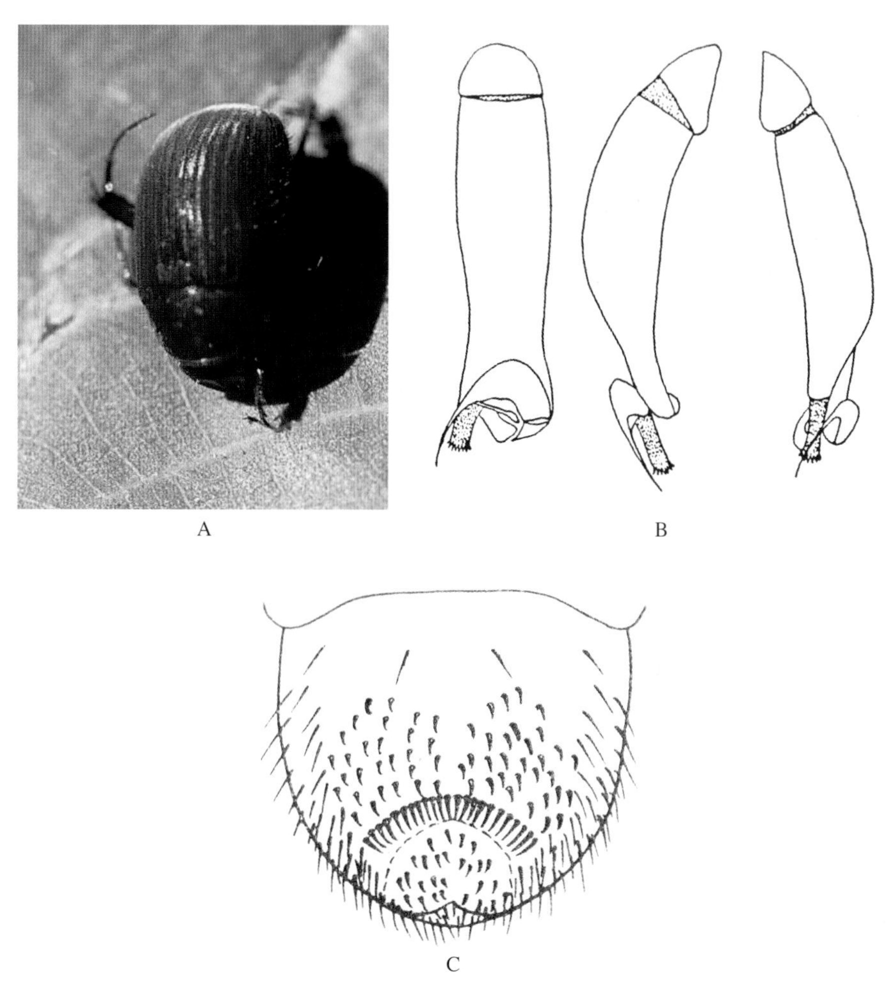

图 1-41 阔胫玛绢金龟 *Maladera verticalis* Fairmaire
A. 成虫；B. 雄性外生殖器；C. 幼虫臀节腹面

小阔胫玛绢金龟 *Maladera ovatula*（Fairmaire, 1891）（图 1-42）

【形态特征】

成虫 体长 6.5~8mm，体宽 4.2~4.8mm。体小型，近长椭圆形，体淡棕色，额头顶部深褐色，前胸背板红棕色，触角鳃片部淡黄褐色。体表较粗糙，刻点散乱，有丝绒般闪光。头较短阔，唇基滑亮，密布刻点，纵脊不显，侧缘微弧形，额唇基缝弧形，仅极少个体略呈折角；额部疏布浅刻点，常见光滑中纵带。触角 10 节，鳃片部 3 节组成，雄虫鳃

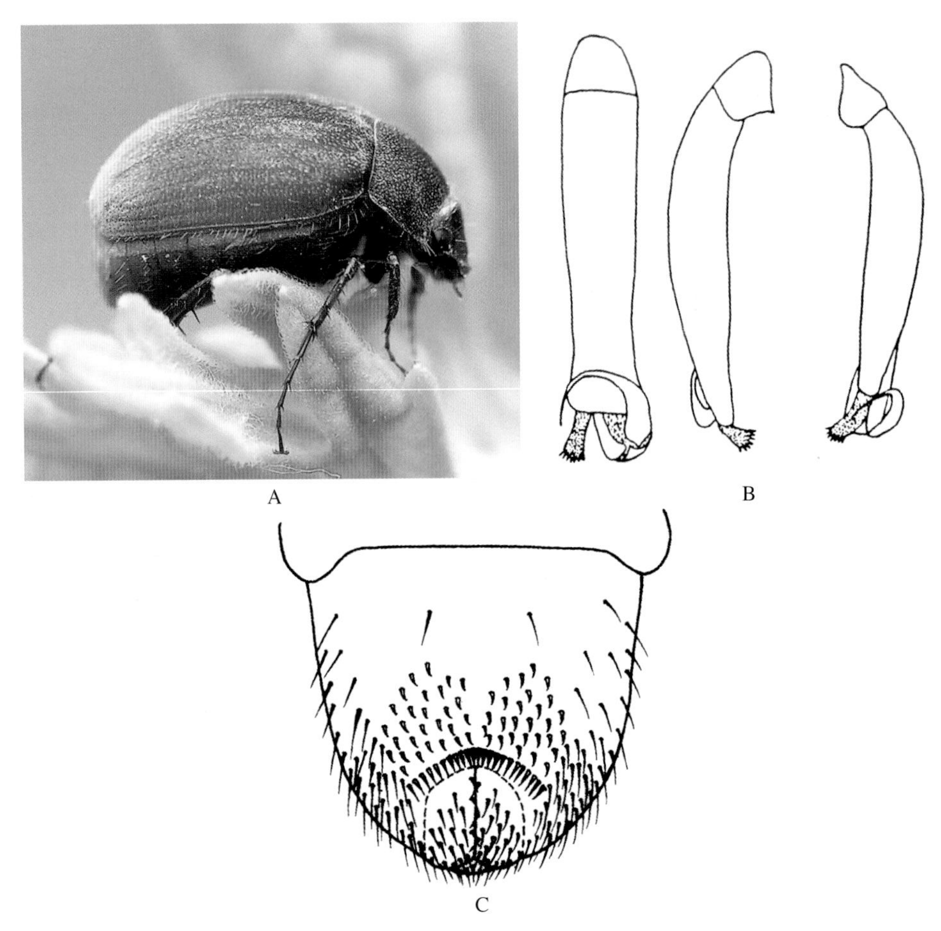

图 1-42　小阔胫玛绢金龟 *Maladera ovatula*（**Fairmaire**）
A. 成虫；B. 雄性外生殖器；C. 幼虫臀节腹面

片部甚长大，约与柄部等长。前胸背板颇短阔，密布刻点，侧缘后段多少内弯，接近弧形。胸下被毛甚少，腹部每腹板有一排整齐刺毛。前足胫节外缘 2 齿，后足胫节甚扁阔，光滑，几乎无刻点，2 端距着生于胫端两侧。本种与阔胫玛绢金龟极为相似，从外型上几乎无法区别，惟依据雄性外生殖器可以区别。

幼虫　复毛区刺毛列与阔胫玛绢金龟相似，但每列 20~24 根。

【分布】中国山东、河北、河南、山西、黑龙江、吉林、辽宁、内蒙古、江苏、安徽、广东、海南。

【生活习性】1 年 1 代，以幼虫越冬，习性与阔胫玛绢金龟相似。

（四）花金龟科 Cetoniidae

概述

花金龟科昆虫是一个多具艳丽色彩日出性类群。主要特征为：多为中型到大型甲虫，背面平展，头部唇基发达，基侧在眼之前方内凹，使触角基部于背面可见。触角 10 节，鳃片部 3 节组成。前胸背板前狭后阔，梯形或略近椭圆形，侧缘夹角间可见。小盾片发达，三角形。鞘翅前阔后狭，于中部收缢，背面常有 2 条强直纵肋，多数种类之缘折于肩后向内弯凹，致中胸后侧片及后足基节侧端于背面可见。臀板发达，多约略呈短阔三角形。中足基节之间有各式中胸腹突。足常较短壮，也有各足较细长的种类，前足胫节外侧 1~3 齿，跗节多为 5 节，少数属为 4 节，爪成对，简单。

幼虫上唇三叶状（图 1-43）。复毛区缺钩状刚毛，有刺毛列，或缺，刺毛列常由尖端钝的短扁刺毛组成，肛门孔横弧状。

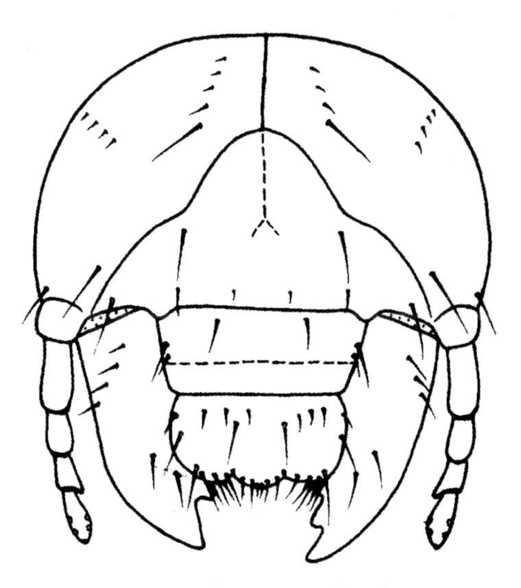

图 1-43　花金龟科幼虫头部

白星花金龟 *Potosia*（*Liocola*）*brevitarsis*（Lewis，1879）（图 1-44）

【形态特征】

成虫　体长 18~22mm，体宽 11~12.5mm。体型中到大型，狭长椭圆形；古铜色、铜黑色或铜绿色，光泽中等，前胸背板及鞘翅布有众多条形、波形、云状、点状白色绒斑，大致呈左右对称排列。唇基俯视近六角形，前缘近横直，弯翘，中段微弧凹，两侧隆棱近直，左右几近平行，布挤密刻点刻纹。触角10节，雄虫鳃片部明显长于其前6节长之和，棕黑色。前胸背板前狭后阔，前缘无边框，侧缘略呈“S”形弯曲，侧方密布斜波形或弧形刻纹，散布甚多乳白绒斑，有时沿侧缘有带状白纵斑。小盾片长三角形。鞘翅侧缘前段内弯，表面多绒斑，较集中的可分为6团，团间散布小斑。臀板有绒斑6个。前胫节外缘3锐齿，内缘距端位。跗节短壮，末节端部一对爪近锥形。腹部腹板被白色短毛。中胸腹突基部明显缢缩，前缘微弧弯或近横直，中央无凹坑。腹板两侧具条纹状斑。

幼虫　中等偏大，3龄幼虫头宽4.1~4.7mm，体短粗，头小。复毛区密布短直刺和长针状刺，二刺毛列呈长椭圆形排列，每列由14~20根扁宽锥状刺毛组成。

【寄主】成虫取食玉米、大麻、苹果、梨、桃、杏、李、樱桃、葡萄、海棠、榆、甜瓜等，尤喜吃腐烂果实及玉米花丝。

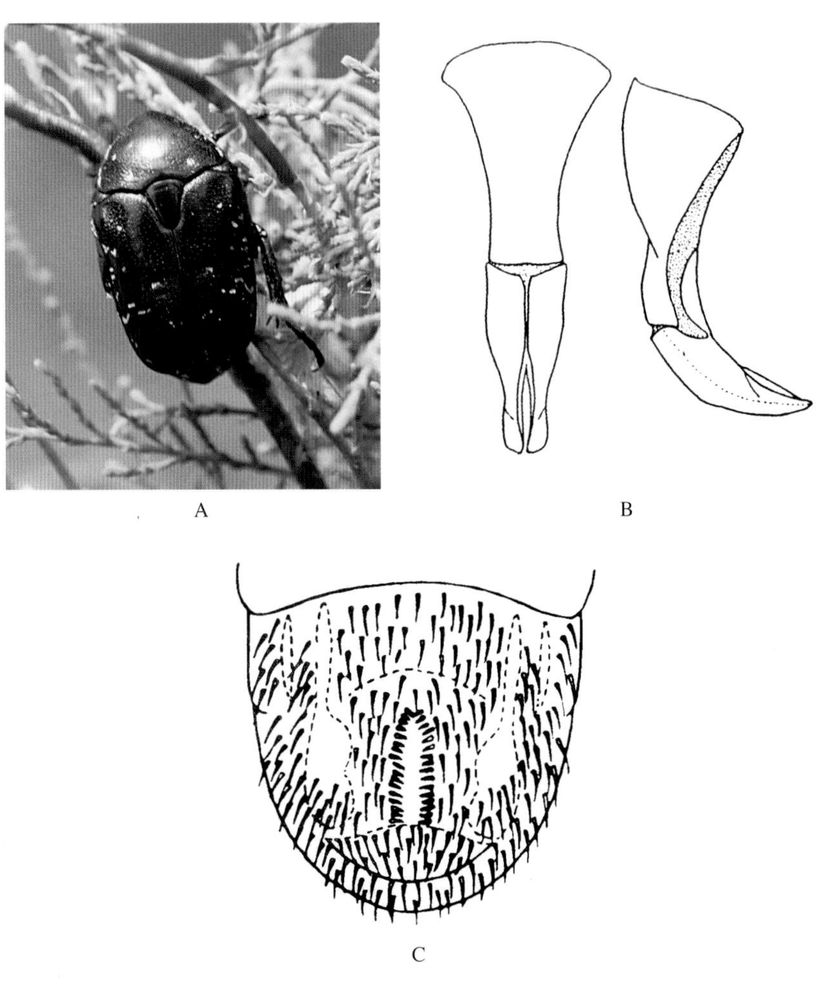

图1-44　白星花金龟 *Potosia*（*Liocola*）*brevitarsis*（Lewis）

A. 成虫；B. 雄性外生殖器；C. 幼虫臀节腹面　引自《山西省金龟子图册》

【分布】该种在我国分布广泛，各地几乎均有分布，如山东、河北、河南、陕西、山西、黑龙江、吉林、辽宁、内蒙古、青海、江苏、安徽、浙江、湖北、江西、湖南、四川、福建、台湾、云南、西藏；蒙古，俄罗斯（远东），朝鲜，日本。

【生活习性】1年1代，以老熟幼虫在生息处越冬。成虫发生期5月初到10月中旬，成虫喜食成熟的果子，如桃、李、梨等，玉米的雌穗中也可找到。成虫白天活动。幼虫多群居在腐殖质丰富的松土或腐熟的堆肥中，不为害植物。

褐锈花金龟 *Poecilophilides rusticola*（Burmeister, 1842）（图1-45）

【形态特征】

成虫　体长16~21mm，体宽8.9~11.6mm。体中型，长椭圆形；体背面赤褐色，散布许多大小不等黑色斑纹，但排列基本呈左右对称，腹面黑而光亮，但触角、前足基节、中胸腹突、中胸后侧片、后胸后侧片、后足基节侧端、腹部腹板侧端常为赤褐色，足色黑。

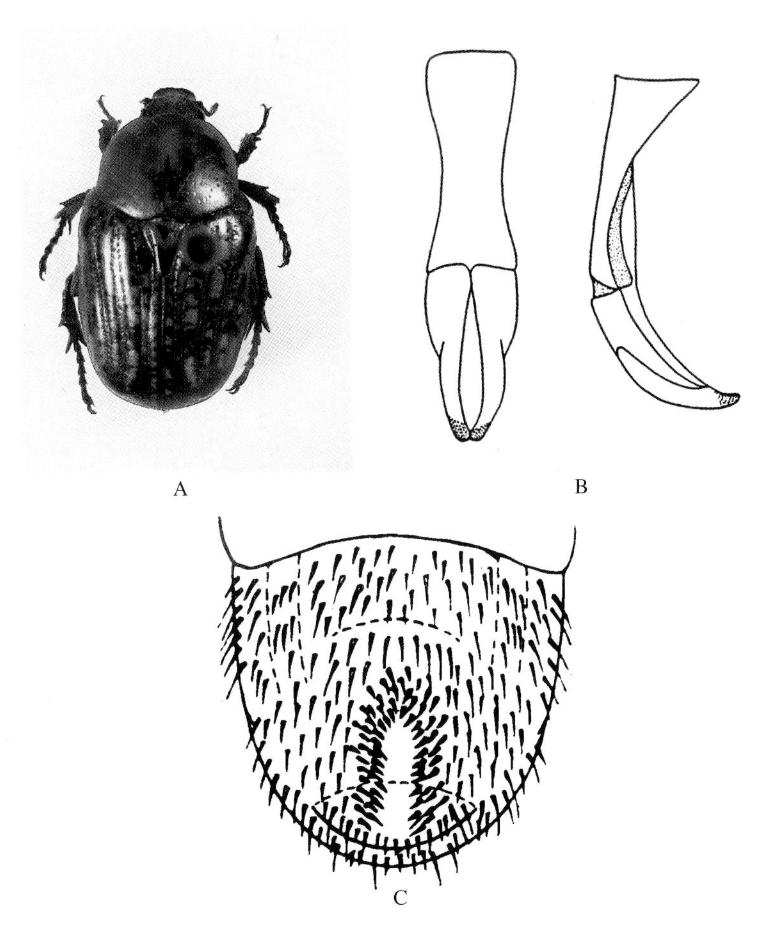

图1-45　褐锈花金龟 *Poecilophilides rusticola*（Burmeister）
A. 成虫；B. 雄性外生殖器；C. 幼虫臀节腹面　引自《山西省金龟子图册》

头面略呈“凸”字形，唇基前缘近横直，近垂直折翘，凌乱散布圆或长椭圆大刻点。触角短壮，鳃片部第二节较短于另2节。前胸背板前缘、侧缘有边框，隆拱甚缓，凌乱疏布形状不一的深大刻点。侧缘弧形，后缘侧段斜直，中段向前弧弯。小盾片长三角形。端圆钝。鞘翅缝肋阔，背面2条纵肋可辨，缘折于肩后缓弧形内凹。臀板甚扁阔，端缘弧形，疏布弧形刻纹，具短毛。腹面刻纹具毛。中胸腹突前方略扩阔，略呈五角形。前足胫节外缘3齿发达，距短壮端位。

幼虫　刺毛列由尖端纯的短扁刺毛组成，排列不整齐，副列常较多，前端刺毛较接近，两侧常分开较宽，后端延伸至肛下叶，复毛区散生较多短刺毛及夹杂其间的长针状毛，缺钩状毛。

【寄主】成虫喜食榆、栎类、栗树伤口之溢液，还食农作物、林木的花器。幼虫栖息发育于朽木。

【分布】中国山东、河北、河南、山西、黑龙江、吉林、辽宁、内蒙古、江苏、浙江、江西、福建、台湾、广西、四川；俄罗斯（远东），朝鲜半岛，日本。

小青花金龟 *Oxycetonia jucunda* Faldermann, 1835（图1-46）

【形态特征】

成虫　体长12~14mm，体宽7~7.5mm。体中型，体色有古铜、暗绿、青黑、铜红等色，光泽中等，背面布有大小不等的银白绒斑，全体密被绒毛。头部黑褐，唇基前缘深深中凹，密布刻点（中部）及皱刻（两侧）。触角鳃片部长于其前6节长之和。前胸背板前狭后阔，有白绒斑，侧缘弧形外扩，后缘中段内弯，绒毛密长。小盾片三角形，末端圆钝。鞘翅疏布弧形至马蹄形刻纹，毛疏，有多个银白色斑散布，每鞘翅主要有近缝肋3个，近外缘3个，其中中部1个最大，有时紧挨缘折有纵行条斑。臀板有4个白斑横列。中胸腹突前突，较狭，端圆钝。体腹面及足均黑色，密被黄褐绒毛。前足胫节外缘3齿，内缘距与中齿对生。

【寄主】棉、苹果、梨、海棠、葱、胡萝卜、甜菜、锦葵、玉米、大豆、桃、杏、葡萄等之花器。

【分布】该虫广布中国，山东、河北、河南、山西、陕西、黑龙江、吉林、辽宁、江苏、浙江、湖北、江西、湖南、福建、台湾、广东、海南、广西、四川、贵州、云南；俄罗斯（远东），朝鲜，日本，印度，尼泊尔，孟加拉国等。

【生活习性】1年1代，多以成虫越冬。成虫于4月上旬至6月间出现，取食植物的花瓣、花蕊，损伤子房，影响授粉与结果。幼虫以腐殖质为食。

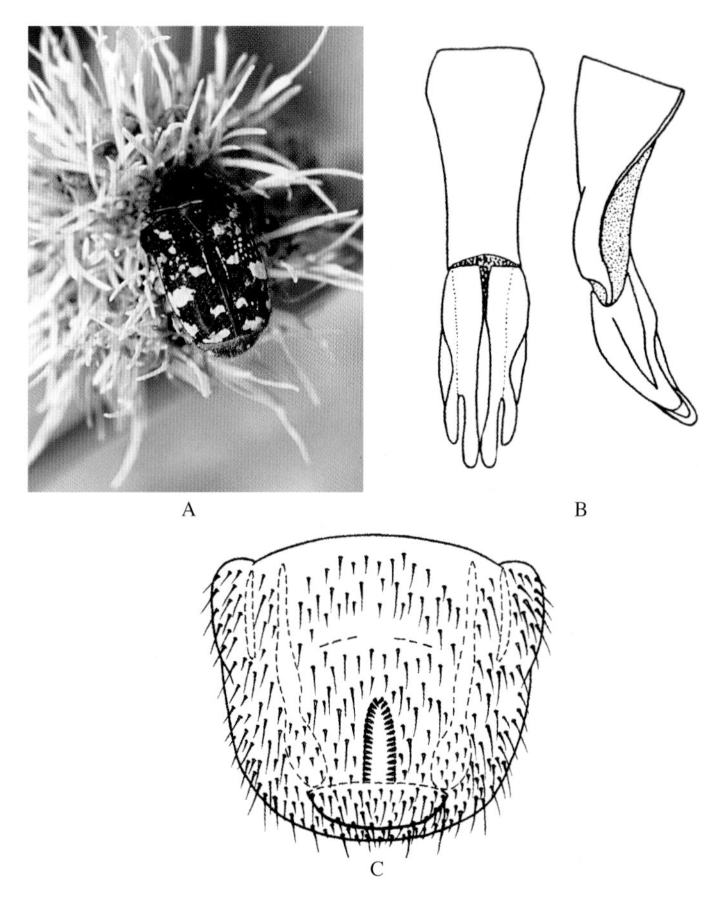

图 1-46　小青花金龟 *Oxycetonia jucunda* Faldermann

A. 成虫；B. 雄性外生殖器；C. 幼虫臀节腹面　引自《山西省金龟子图册》

参考文献

雷朝亮，荣秀兰 . 2003. 普通昆虫学 [M]. 北京：中国农业出版社 .

林苹 . 1988. 中国弧丽金龟属志（鞘翅目、丽金龟科）[M]. 杨陵 : 天则出版社 .

刘广瑞，章有为，王瑞 . 1997. 中国北方常见金龟子彩色图鉴 [M]. 北京 : 中国林业出版社 .

山东省农林主要病虫图谱编绘组 . 1977. 山东主要粮食作物病虫图谱 [M]. 济南 : 山东人民出版社 .

山西省金龟子协作组 . 1983. 山西省金龟子图册 [M]. 太原 : 山西省农业区划委员会 .

张芝利 . 1984. 中国经济昆虫志 第二十八册 鞘翅目 金龟总科幼虫　[M]. 北京 : 科学出版社 .

钟觉民 . 1990. 幼虫分类学 [M]. 北京：农业出版社 .

周尧 . 2001. 周尧昆虫图集 [M]. 郑州：河南科学技术出版社 .

Sheffield N C，Song H，Cameron S L，et al. 2008. A comparative analysis of mitochondrial genomes in Coleoptera（arthropoda: insecta）and genome descriptions of six new beetles[J]. Mol. Biol. Evol.，25 (11): 2499-2509.

二、叩头甲科 Elateridae

概述

叩甲科 Elateridae，亦称叩头虫科，作为一个传统的地下害虫类群，长期以来受到应用昆虫工作者的重视。叩甲科是一个大科，至 2013 年，在我国已记录有 1300 余种。其幼虫大多营地下生活，并在土中化蛹，羽化为成虫后要从土中拱出，而形成了成虫独特的叩头习性，与之相适应的是，前胸腹板向后突出成为前胸腹板突，中胸腹板内陷成为中胸腹窝，二者组成了能够上下拱动的“叩头”关节，仰卧时也可依靠这一关节弹跳而起，使身体顺正过来，外加前胸后角锐尖，大多触角锯齿状等特征，极易与其他甲虫区别。

叩甲科的幼虫通称金针虫，因具有三对胸足，无腹足，被划归为寡足型幼虫，又因其胸足较短，身体细长，圆筒形，口器发达，第 9 腹节骨化程度高，又特定为其中的金针虫型幼虫或叩甲型幼虫。

叩甲科多是以其幼虫为害农林植物的根部，过去的报道多集中在北方为害较为严重的 10 余种农田叩甲种类，并对它们的生物学和防治方法进行了较多的研究。我们试图在农田中采集这些种类的成虫标本进行鉴定，来验证它们仍然是现今农田中的常见种或优势种，但未能收到预期的效果。我们也收到了采自农田（玉米地）和果园（板栗园）的成虫标本，以及多年积累的大量采自农田的成虫标本，但在种类上和数量上与过去的报道均有许多不同。是农田叩甲种类发生了演替，还是过去鉴定有误，都还需要进一步考证。但金针虫对农林植物的严重为害，仍是目前农林生产中急需要解决的一个突出问题。

这里需要说明的是，叩甲科的幼虫也有一些捕食性的种类，对其经济意义的明确，首先需要观察其食性，然后饲养至成虫，进行分类鉴定，统一幼虫和成虫的特征，便于生产中的应用。但由于叩甲科幼虫生活史较长，饲养花费时间较多，给饲养鉴定带来了较大困难，但可通过饲养老熟幼虫解决这一难题，这都需要应用昆虫工作者的大量参与。我国叩甲科的种类之多，这都来自于分类研究的成果，可以估计，作为农林地下害虫的种类，其数目也将十分庞大。但由于其生物学方面研究的匮乏，这里只对一些过去有过生物学研究的地下害虫种类，或邻近国家近缘属种明确为地下害虫的种类进行记述。

全文按分类系统共记述我国叩甲科地下害虫种类 34 种，其中幼虫 24 种，它们大多都是第一次以成虫和幼虫相结合的形式记述，全部附有成虫图片，幼虫图片大多附有，并按照分类系统编制了相关种类的成虫和幼虫分类检索表。成虫的描述、检索表及分布记录来自标本和早期文献；幼虫的描述及检索表主要来自张履鸿（1990），张丽坤（1994，1996），罗益镇（1995）等，部分尚无幼虫记述的优势种类仅记述成虫；寄主的记录主要来自周明詳（1980）、张丽坤（1994）、周云娥（2008）等；图片和绘图除来自本课题组成员绘制和拍摄外，部分来自网络和其他作者。

这里还需要说明的是，由于国内外叩甲科分类的深入，一部分传统的地下害虫种类，由于发生了属的转移，或被定为它种异名，其学名发生了变化，应用昆虫工作者引用时须特别注意。这里我们对每一种学名的变化情况均加以了说明，以便应用时与过去学名对照。中名则沿用了作者过去所出版的相关专著中按照中名命名规则所命名的中名，并对过去的中名也加以了对应说明。

成虫分类检索表

1.	爪基部具有刚毛；或全身被有鳞片状扁毛（槽缝叩甲亚科 Agrypninae）……………………	2
	爪基部无刚毛；全身被有茸毛 ……………………………………………………	6
2.	前胸腹侧缝成槽状，以容纳触角；跗节简单（槽缝叩甲族 Agrypnini）……………………	3
	前胸腹侧缝不成槽状，触角不容纳其中；第 4 跗节腹面具有膜质叶片（大胸叩甲族 Oophorini）……	5
3.	体朱红色或泥红色，鳞片状扁毛红色 ……………	**1. 泥红槽缝叩甲 *Agrypnus argillaceus* (Solsky)**
	体黑色或褐黑色，鳞片状扁毛褐色或灰白色 ……………………………………	4
4.	前胸背板后部具有细的中纵沟 ……………………	**3. 灰色槽缝叩甲 *Agrypnus murinus* (Linnaeus)**
	前胸背板无中纵沟 ……………………………	**2. 双瘤槽缝叩甲 *Agrypnus bipapulatus* (Candèze)**
5.	鞘翅上斑纹线状 …………………………………	**5. 枝斑贫脊叩甲 *Aeoloderma brachmana* (Candèze)**
	鞘翅上斑纹角状 …………………………………	**4. 角斑贫脊叩甲 *Aeoloderma agnata* (Candèze)**
6.	中足基节窝外侧向中胸后侧片开放 ………………………………………………	7
	中足基节窝外侧完全被中、后胸腹板包围，外侧不向中胸后侧片开放 ……………………	33
7.	头扁平，前口式（齿胸叩甲亚科 Dendrometrinae, =Denticollinae）……………………	8
	头背面前部上凸，下口式 ………………………………………………………	17
8.	额脊和额槽中部完全（齿胸叩甲族 Dendrometrini, =Denticollini）……………………	9
	额脊和额槽中部无（辉叩甲族 Prosternini, =Ctenicerini）…………………………	13
9.	跗节简单（山叩甲亚族 Dendrometrina, =Athouina）………………………………	10
	有 2 节以上的跗节具有叶片或扩宽（直缝叩甲亚族 Hemicrepidiina） …………………………………………	**10. 兴安田叩甲 *Megathous dauricus* (Mannerheim)**
10.	跗节第 1 节等于或略长于第 2 节，体小于 7mm ……	**9. 林小古叩甲 *Limonius minutus* (Linnaeus)**
	跗节第 1 节等长于第 2、3 节之和，体大于 7mm…………………………………	11

11. 鞘翅二种颜色，每一鞘翅中央具有一条黄色或棕红色纵带
…………………………………………………… **8. 条纹山叩甲 *Athous vittatus* (Fabricius)**
鞘翅一种颜色，无条带和斑纹 …………………………………………………… **12**
12. 体黑色，鞘翅褐色，体大于 12mm…………… **6. 红缘山叩甲 *Athous haemorrhoidalis* (Fabricius)**
体棕色，鞘翅棕红色，体小于 9mm …………………… **7. 红棕山叩甲 *Athous subfuscus* (Müller)**
13. 触角栉齿状（♂），鞘翅黄色，端部 1/4 铜紫色 … **11. 紫铜辉叩甲 *Ctenicetа cuprea* (Fabricius)**
触角锯齿状，整个鞘翅同色，非黄色 …………………………………………………… **14**
14. 体晦暗，褐色，具有铜色光泽 …………**15. 宽背金叩甲 *Selatosomus (Selatosomus) latus* (Fabricius)**
体光亮，黑色，具有青绿、蓝绿光泽 …………………………………………………… **15**
15. 前胸背板两侧向后波入 …………… **14. 朝鲜金叩甲 *Selatosomus (Selatosomus) coreanus* (Miwa)**
前胸背板两侧向后不波入 …………………………………………………… **16**
16. 前胸背板长宽相等，后角长尖 …… **12. 铜光金叩甲 *Selatosomus (Selatosomus) aeneus* (Linnaeus)**
前胸背板宽大于长，后角粗短 ……**13. 混色金叩甲 *Selatosomus (Selatosomus) confluens* (Gebler)**
17. 前胸腹板前缘平截；触角线状（♂）（线角叩甲亚科 Pleonominae，线角叩甲族 Pleonomini）
…………………………………………… **32. 沟线角叩甲 *Pleonomus canaliculatus* (Faldermann)**
前胸腹板前缘突出呈弓形；触角锯齿状 …………………………………………………… **18**
18. 爪简单（叩甲亚科 Elaterinae） …………………………………………………… **19**
爪梳状（梳爪叩甲亚科 Melanotinae） …………………………………………………… **28**
19. 额脊完全（锥胸叩甲族 Ampedini） …………………………………………………… **20**
额脊不完全 …………………………………………………… **22**
20. 鞘翅红色，但端部 1/3 黑色……………**22. 朽根锥胸叩甲 *Ampedus (Ampedus) balteatus* (Linnaeus)**
整个鞘翅红色 …………………………………………………… **21**
21. 鞘翅被毛黑色 …………………………**23. 白桦锥胸叩甲 *Ampedus (Ampedus) pomonae* (Stephens)**
鞘翅被毛红色 ………………………… **24. 椴锥胸叩甲 *Ampedus (Ampedus) pomorum* (Herbst)**
22. 触角第 2 节仅为第 3 节的 1/2 长或更短；前胸腹侧缝前端关闭（叩甲族 Elaterini）
…………………………………………… **25. 暗足双脊叩甲 *Ludioschema obscuripes* (Gyllenhal)**
触角第 2 节长于第 3 节的 1/2；前胸腹侧缝前端沟状（锥尾叩甲族 Agriotini） ………………… **23**
23. 额脊前伸，和唇基缘愈合…………………………………………………… **24**
额脊不和唇基缘愈合 …………………………………………………… **25**
24. 整个身体黑色，被毛暗褐色 ……………………… **20. 黑色筒叩甲 *Ectinus aterrimus* (Linnaeus)**
头和前胸黑褐色，鞘翅砖红色或栗红色，被毛黄色 …**21. 棘胸筒叩甲 *Ectinus sericeus* (Candèze)**
25. 鞘翅条纹间隙形成暗褐和栗褐两种颜色相间的条纹
…………………………………………… **16. 条纹锥尾叩甲 *Agriotes (Agriotes) lineatus* (Linnaeus)**
鞘翅条纹间隙颜色相同 …………………………………………………… **26**
26. 体黑色 ………………………………… **17. 暗色锥尾叩甲 *Agriotes (Agriotes) obscurus* (Linnaeus)**
体红褐色或茶褐色 …………………………………………………… **27**
27. 体红褐色，前胸背板长大于宽，体小、体长小于 7mm
…………………………………………… **18. 农田锥尾叩甲 *Agriotes (Agriotes) sputator* (Linnaeus)**
体茶褐色，前胸背板宽大于长，体略大，体长大于 10mm
…………………………………………… **19. 细胸锥尾叩甲 *Agriotes (Agriotes) subvittatus* Motschulsky**

28. 前胸腹后突和前胸腹板处于同一水平 ………………………… **31. 筛胸梳爪叩甲** ***Melanotus (Sphenscosomus) cribricollis*** **(Faldermann)**
前胸腹后突向内倾斜或弯曲 …………………………………………………………………… **29**
29. 触角第 3 节明显长于第 2 节 …………………………………………………………………… **30**
触角第 3 节等长或略长于第 2 节 ……………………………………………………………… **31**
30. 体黑褐色，体长大于 20mm，被毛灰色…… **27. 伟梳爪叩甲** ***Melanotus (Melanotus) regalis*** **Candèze**
体栗红色，体长小于 18mm，被毛黄白色 ………………………………………… **28. 根梳爪叩甲** ***Melanotus (Melanotus) tamsuyensis*** **Bates**
31. 体黑色，腹部红色 ……………………………………………………………………………… 32
体黑色至栗红色，腹部颜色与体色相同 ………………………………………… **30. 红足梳爪叩甲** ***Melanotus (Melanotus) villosus*** **(Geoffroy)**
32. 体 11-13mm，触角黑色，腹部朱红色 ………………………………………… **29. 朱腹梳爪叩甲** ***Melanotus (Melanotus) ventralis*** **Candèze**
体 8.5-9mm，触角红褐色，腹部暗红色 ………………………………………… **26. 褐纹梳爪叩甲** ***Melanotus (Melanotus) fortnumi*** **Candèze**
33. 前胸背板无基沟；前胸腹后突狭长；小盾片非心形（小叩甲亚科 Negastriniinae，小叩甲族 Negastriini） ……………………………… **33. 四纹齿盾叩甲** ***Oedostethus quadripustulatus*** **(Fabricius)**
前胸背板有基沟；前胸腹后突短、截形；小盾片标准心形（心盾叩甲亚科 Cardiophorinae，心盾叩甲族 Cardiophorini） ……………………………… **34. 钝角心跗叩甲** ***Cardiotarsus rarus*** **Miwa**

幼虫分类检索表

1. 第 9 腹节具叉状尾突，2 叉突之间有凹缺………………………………………………………… **2**
第 9 腹节圆锥形、钝圆形或锹形，无叉状尾突和凹缺 …………………………………… **14**
2. 肛肢突（第 9 腹节下方的节状突起）两侧各有一钩状刺 ………………………………… **3**
肛肢突两侧无钩状刺 ………………………………………………………………………… **5**
3. 第 9 腹节末端凹缺圆形 ………………… **32. 沟线角叩甲** ***Pleonomus canaliculatus*** **(Faldermann)**
第 9 腹节末端凹缺楔形 ……………………………………………………………………… **4**
4. 唇基前缘两侧有浓密刚毛 ………………………… **3. 灰色槽缝叩甲** ***Agrypnus murinus*** **(Linnaeus)**
唇基前缘仅 4 对刚毛 ……………………………… **4. 角斑贫脊叩甲** ***Aeoloderma agnata*** **(Candèze)**
5. 第 9 腹节端部凹缺开口小，常被叉突向内弯曲封闭一半以上，如缺口全宽开放，则叉突外枝细长，向后直伸，端部向前上方弯曲 ……………………………………………………………… **6**
第 9 腹节端凹缺开口大，其开口常为凹缺最宽处的一半以上，叉突外枝较短，不向后伸，只向上弯 ………………………………………………………………………………………… **10**
6. 叉突外枝尖，等于或长于内枝 ……………………………………………………………… **7**
叉突外枝圆锥形，端部钝，内枝很小，仅为外枝长度的 1/2 ……………………………… **9**
7. 第 9 腹节端部凹缺开口大，几乎全宽开放，叉突内枝尖，向内前方钩状弯曲 ………………………………………………… **8. 条纹山叩甲** ***Athous vittatus*** **(Fabricius)**
第 9 腹节端部凹缺开口小，几乎关闭，仅有一点点开口，叉突内枝粗，强烈向内稍向下弯曲 ………………………………………………………………………………………… **8**

8. 叉突外枝在基部外侧有 1 个不大的带刚毛的结节；内枝在背面内边为刀刃状，在后缘有 1 个大的结节 ………………………………………… **6. 红缘山叩甲 *Athous haemorrhoidalis* (Fabricius)**
叉突外枝基部无结节，向内稍向前弯曲；内枝向内弯曲成喙状，于背面内边变圆弧形，有时刀刃状，在后缘有一勉强可见的结节 ……………………… **7. 红棕山叩甲 *Athous subfuscus* (Müller)**
9. 第 9 腹节平台侧缘具 3~4 个小结节；叉突外枝小，呈节结状
…………………………………………………………… **9. 林小古叩甲 *Limonius minutus* (Linnaeus)**
第 9 腹节平台侧缘的结节大；叉突外枝发达 … **10. 兴安田叩甲 *Megathous dauricus* (Mannerheim)**
10. 第 9 腹节末端凹缺开口小，背面平台平坦，叉突外枝向内弯曲，稍短于内枝，内观其顶端远落后于内枝基部 ……………………………………………… **11. 紫铜辉叩甲 *Cteniceta cuprea* (Fabricius)**
第 9 腹节末端凹缺开口为凹缺宽度的一半或更大，额片后缘截断 ……………………………… **11**
11. 第 9 腹节末端凹缺开口为凹缺宽度的一半
…………………………………………**15. 宽背金叩甲 *Selatosomus (Selatosomus) latus* (Fabricius)**
第 9 腹节末端凹缺开口大于凹缺宽度的一半 ……………………………………………………… **12**
12. 额片从紧束处向后的部分其长明显大于其宽；第 9 腹节末端凹缺延长，其长大于其宽
…………………………………………**13. 混色金叩甲 *Selatosomus (Selatosomus) confluens* (Gebler)**
额片从紧束处向后的部分其长不大于其宽，甚至小于其宽，后缘呈宽幅截断，有时稍有凹陷，第 9 腹节末端凹缺宽，其长短于其宽……………………………………………………………………… **13**
13. 第 9 腹节背面平台基部无明显的角（圆形），向前与勉强可见的脊状饰边相接；头前缘通常不为黑色，只是唇基突的齿为红棕色或黑棕色
………………………………………… **12. 铜光金叩甲 *Selatosomus (Selatosomus) aeneus* (Linnaeus)**
第 9 腹节背面平台基部有明显的脊角，其前缘与发育良好的非常明显的饰边相接；头前缘棕黑色
………………………………………… **14. 朝鲜金叩甲 *Selatosomus (Selatosomus) coreanus* (Miwa)**
14. 第 9 腹节圆锥形，或半圆柱形，端部锥状，腹部 2~3 节腹板基部无脊纹边 …………………… **15**
第 9 腹节背板端部成锹形，有 1~3 齿，腹部 2~3 节腹板基部有脊纹边 ………………………… **21**
15. 腹部各节中背片的后部有 2 根不成对的刚毛 ……………………………………………………… **16**
腹部各节中背片的后部有横列成对的 4 对以上刚毛 ………………………………………………… **18**
16. 腹部前 4 节上的压凹内缘几乎达到中线，两内缘间点刻不多于 1~2 个；第 1、2 腹节背板两侧的侧纵向小条带几乎是压凹长度的 1/2；第 9 腹节的内部纵向斜的小条带勉强可见，有时几乎看不见；额片中截后面椭圆形加宽，后端宽圆…… **24. 椴锥胸叩甲 *Ampedus (Ampedus) pomorum* (Herbst)**
腹部前 4 节上的压凹内缘远不达中线，两内缘间点刻不少于 3~4 个；第 1、2 腹节背板两侧的侧纵向小条带的长是压凹的 2/3 ……………………………………………………………………… **17**
17. 第 9 腹节背板压凹前面的点刻密，相互接近，其间隙小于点刻直径；第 1 腹节背板两侧的侧纵向小条带明显短于压凹；腹部各节上的气门长形，两侧几乎平行
………………………………………… **22. 朽根锥胸叩甲 *Ampedus (Ampedus) balteatus* (Linnaeus)**
第 9 腹节背板压凹前面的点刻稀，其间隙大于点刻直径；第 9 腹节背板两侧的压凹发育良好，其长度明显大于两侧的纵向小条带间距和压凹内缘间距
…………………………………………**23. 白桦锥胸叩甲 *Ampedus (Ampedus) pomonae* (Stephens)**
18. 第 9 腹节基部两侧有 2 个大形的气门窝 …………………………………………………………… **19**
第 9 腹节基部两侧无气门窝，端部具大形骨化角突…… **20. 黑色筒叩甲 *Ectinus aterrimus* (Linnaeus)**
19. 第 9 腹节光亮，其背板端部有细的皱纹或小刻点，气门窝的长度不大于其宽度 ………………… **20**

第 9 腹节色暗，其背板端部刻点密，深，成皱状，中部具有 1 对纵向沟纹仅达中部，端刺细长
………………………………………… **18. 农田锥尾叩甲 *Agriotes (Agriotes) sputator* (Linnaeus)**

20. 第 9 腹节基部 2/3 呈圆柱形，两侧几成直线，端部呈钝圆锥形，背面有稀疏纹，端刺短，小于它的宽度，气门窝短卵圆形，上颚端齿尖，端部二齿成锐角
………………………………………… **16. 条纹锥尾叩甲 *Agriotes (Agriotes) lineatus* (Linnaeus)**

第 9 腹节端部 1/2 为尖圆锥形，布满皱纹；端刺长，约等长于其宽度，气门窝长卵圆形，其长约为宽的 1.5 倍；上颚端齿钝，端部二齿成直角或钝角
………………………………………… **17. 暗色锥尾叩甲 *Agriotes (Agriotes) obscurus* (Linnaeus)**

第 9 腹节背面布满细刻点，端刺粗短，中央 1 对褐色纵沟超过该节中部
………………………………………… **19. 细胸锥尾叩甲 *Agriotes (Agriotes) subvittatus* Motschulsky**

21. 第 9 腹节背面平台压凹状，有明显的脊边，平台两侧边上各有 2 个大的圆形结节，末端三齿的端部圆钝 ………………………………………… **30. 红足梳爪叩甲 *Melanotus (Melanotus) villosus* (Geoffroy)**

第 9 腹节背面无明显的脊边，两侧侧边也无结节，末端三个齿小而尖，第 9 腹节背面前半部有 4 条纵纹，后半部有褐纹，并密布粗大而深的刻点
………………………………………… **26. 褐纹梳爪叩甲 *Melanotus (Melanotus) fortnumi* Candèze**

（一）槽缝叩甲亚科 Agrypninae

槽缝叩甲族 Agrypnini

泥红槽缝叩甲 *Agrypnus argillaceus* (Solsky, 1871)（图 1-47）

该种是 Solsky（1871）以俄罗斯东部的符拉迪沃斯托 (Vladivostok，海参崴) 产标本为模式和学名 *Lacon argillaceus* 最先记述的，后来被不同分类学者先后移入 *Paralacon*、*Adelocera*、*Archnotas*、*Agrypnus* 等属中，在我国是一个广布种，南北均有分布，过去称之为血红叩头虫。

【形态特征】

成虫　体长 11.7 ~ 16mm，体宽 3.9 ~ 5mm。体狭长，朱红色或泥红色，前胸背板底色黑色，鞘翅底色红褐色，小盾片底色黑色；触角、足及腹面黑色；全身密被有茶色、红褐色或朱红色的鳞片状扁毛。额前缘拱出，中部向前略低凹，分散有刻点。触角短，不达前胸基部；第 2 节筒形，大于第 3 节；第 3 节最小，球形；第 4 节以后各节三角形，锯齿状；末节椭圆形，近端部凹缩成假节，顶端钝。前胸背板长不大于宽；中间纵向低凹，后部更明显；两侧拱出，向前渐宽，近前角明显变狭，近后角波状；侧缘后部为细齿状边；后角端部狭，平截，明显转向外方，背面有脊或不明显。小盾片两侧基半部平行，然后突然膨大，向后变尖，呈盾状，端部拱出。鞘翅宽于前胸，两侧平行，端部 1/3 处开始向后变狭，端部完全；表面有明显的粗刻点，排列成行，直至端部，但未形成凹纹。腹面均匀地被有鳞片毛和刻点，前面刻点更强烈；前胸侧板和后胸侧板无跗节槽；后基片从内向外渐狭。

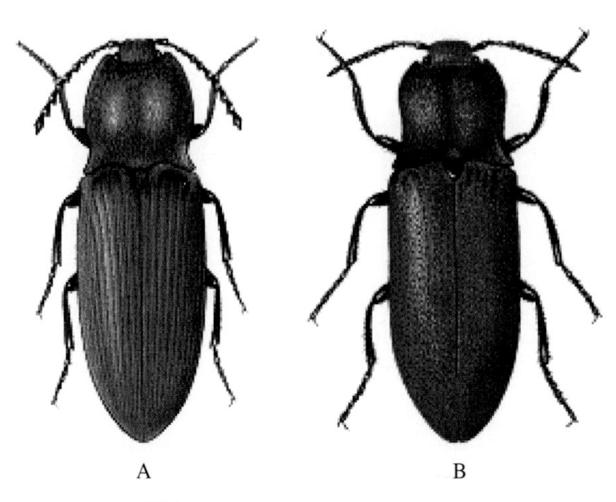

图 1-47 泥红槽缝叩甲 *Agrypnus argillaceus* (Solsky, 1871)
A. 雄成虫背面观；B. 雌成虫背面观

【寄主】华山松、核桃。

【分布】中国吉林、辽宁、内蒙古、北京、河南、陕西、甘肃、湖北、福建、台湾、海南、广西、重庆、四川、贵州、云南、西藏；蒙古，俄罗斯（远东，西伯利亚），朝鲜，日本，越南，柬埔寨，缅甸。

双瘤槽缝叩甲 *Agrypnus bipapulatus* (Candèze, 1865)（图 1-48）

该种是 Candèze（1865）以我国产标本为模式和学名 *Lacon bipapulatus* 最先记述的，Ôhira（1966）将其移至现属中，是我国的一个优势种，在我国南北均有分布。

【形态特征】

成虫 体长 14~17.5mm，体宽 4.75~5.25mm。体黑色，密被有褐色和灰白色的鳞片状扁毛，几乎形成一些模糊的云状斑，尤其是在鞘翅上。额中央向前呈敞开的三角形低凹。触角红色，基部几节红褐色；第 1 节粗，棒状；第 2、3 节细，近等长，锥状；第 4~10 节三角形，锯齿状，前几节长宽近相等，向端部明显变为长大于宽，末节近菱形，近端部狭缩，顶端呈圆形突出。前胸背板侧缘长大于中宽；侧缘光滑，微弱拱出呈弧形，向前变狭，向后近后角处波状，前缘明显向后呈半圆形凹入；前角倾斜突出，拱出成圆形；前胸背板不太凸，中部有二个横瘤，后部倾斜，正对小盾片前方的后缘中央上凸；后角宽大，向二侧分叉，端部明显截形，背面外侧拱起，近外缘有一条短脊，几乎和外缘重合。小盾片自中部向基部狭缩，向端渐尖。鞘翅等宽于前胸基部，自基部向中部逐渐地、微弱地扩宽，二侧弯曲呈弧形；背面相当凸，基角向前倾斜，后部向端部倾斜变狭，端部完全。腹面具有和背面相同的颜色和鳞片状扁毛；刻点明显，前部强烈。足红褐色，跗节腹面密集有灰白色的垫状绒毛。

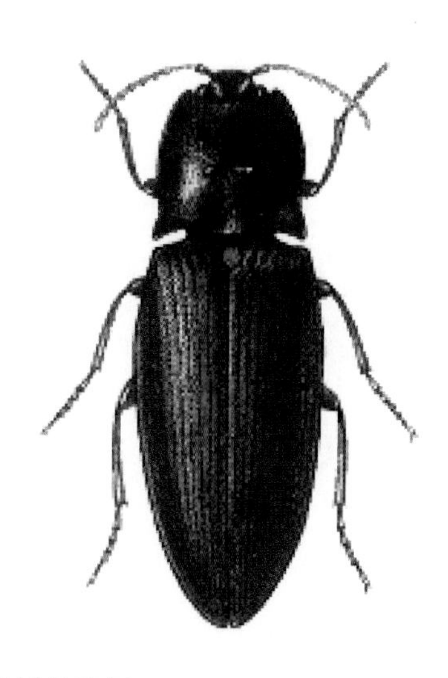

图 1-48　双瘤槽缝叩甲 *Agrypnus bipapulatus* (Candèze, 1865)
成虫背面观

【寄主】花生、甘薯、麦类、水稻、棉花、玉米、大麻。

该种在山地的高海拔处和低海拔处均能发现，成虫多栖息在树林中，常可在柞树、榆树及土中采到，有明显的趋光性。

【分布】中国黑龙江、吉林、辽宁、内蒙古、河南、陕西、甘肃、江苏、湖北、江西、福建、台湾、广西、四川、贵州、云南；日本，朝鲜。

灰色槽缝叩甲 *Agrypnus murinus* (Linnaeus, 1758)（图 1-49）

该种是 Linnaeus（1758）以欧洲产标本为模式和学名 *Elater murinus* 最先记述的，先后被移至 *Lacon*、*Agrypnus* 等属中，在我国过去多以中名灰色金针虫记述其幼虫。

【形态特征】

成虫　体长 10~17mm。体褐黑色；足同体色，但跗节略显棕红色；触角第 1 节同体色，其他节棕红色。全身密被卧伏的暗褐色略显黄色，以及灰白色的鳞片状长形扁毛，灰白色鳞毛形成星状分布的白色毛斑。头部中央低凹，侧缘弧拱。触角短，向后仅达前胸背板中部；第 1 节粗长，倒锥形，略弯曲；第 2、3 节球形，第 2 节明显大于第 3 节；第 4~10 节横扁，齿突明显；末节宽卵圆形，近端部略收狭。前胸背板宽略大于长，密被强烈刻点；背面略凸，后部具细的中纵沟，两侧形成隆突；前缘中部向前宽拱，两侧向后波入；侧缘明显弧拱，近前端向内略显突然地变狭，近后角明显内波；后角短宽，明显分叉，端部截形，背面似有短脊。小盾片基部两侧平行，近基部 1/3 处向后突然膨扩后呈弧形收狭变尖。鞘翅略宽于前胸，背面凸，具明显的刻点条纹；基部两侧平行，向后微弱膨扩后弧弯收狭，端部完全。

幼虫　末龄幼虫体长 30mm，黄色，两侧颜色较淡，前胸背板和第 9 腹节棕褐色至棕

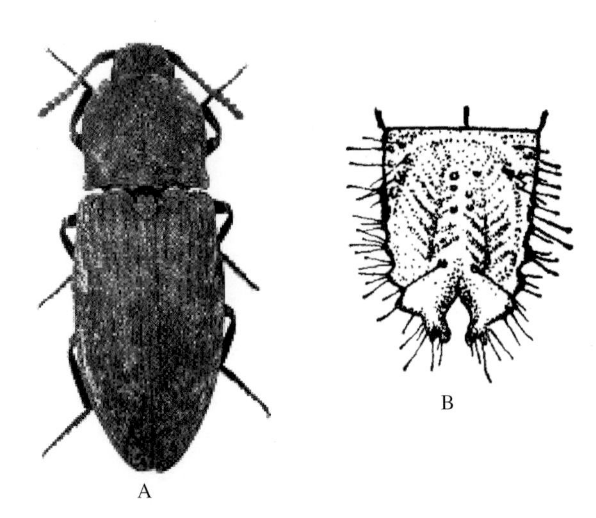

图 1-49　灰色槽缝叩甲 *Agrypnus murinus* (Linnaeus, 1758)
A. 成虫背面观 (引自 httpp://elateridae.co.uk)；B. 幼虫第 9 腹节背面观 (引自张履鸿等 , 1990)

黄色；肛支柱两侧各有一钩状刺；第 9 腹节凹缺楔形，背面平台表面有一小结节、深皱或折痕，两侧缘各有 5~7 个结节；上颚内缘平整，无中齿。

【寄主】小麦、玉米、棉花、牧草、人参。

【分布】中国东北、新疆；俄罗斯（高加索，西伯利亚），伊朗，哈萨克斯坦，土耳其，欧洲，北美。

大胸叩甲族 Oophorini (=Conoderini)

角斑贫脊叩甲 *Aeoloderma agnata* (Candèze，1873)（图 1-50）

该种是 Candèze（1873）以日本产标本为模式和学名 *Aeolus agnatus* 最先记述的，后来先后被移至 *Heteroderes*、*Monocrepidius*、*Conoderus*、*Aeoloderma* 等属中，其种名随属名的阴阳性有相应变化，目前也有学者将其放在 *Drasterius* 属中的，在我国过去曾以中名暗斑小叩甲记述，以学名 *Heteroderes rossii* 和中名赤纹金针虫所记述的种类应该也属此种。

【形态特征】

成虫　体长 4.5mm，体宽 1.3mm。体小，黄红色至栗红色，头黑色，前胸背板中央具有黑色纵中带；鞘翅基部包括小盾片在内成为三角形的黑斑，鞘翅端部 1/3 处有“M”形黑色斑带，有时后胸腹面和腹部两侧颜色较暗；触角和足同体色。绒毛细密，黄白色，有金属光泽。额均匀上凸，刻点细，较密，均匀；两侧向内微弱弧凹，前缘向前拱出呈半圆形，帽沿状，额脊完全；额槽完全，深狭。触角向后伸达前胸后角端部；第 1 节长，圆筒状；第 2、3 节小，等长，倒锥形，之和略长于第 4 节；第 4~10 节倒锥形，近丝状；末节菱形，

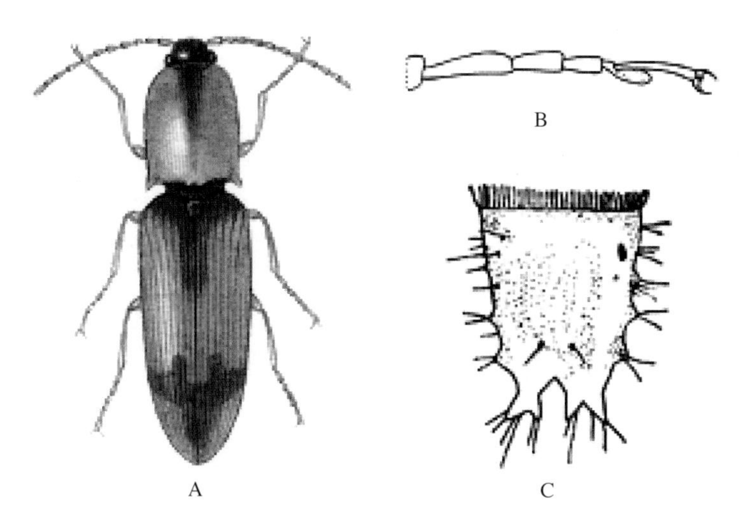

图 1-50　角斑贫脊叩甲 *Aeoloderma agnata* (Candèze，1873)
A. 成虫背面观；B. 成虫后足跗节；C. 幼虫第 9 腹节背面观 (引自罗益镇等，1995)

端部似有假节，突出。前胸背板长宽近相等，向前微弱变狭，基部两侧几乎直，平行；背面凸，一种刻点，细密，均匀，有微弱纵中凹，后部陡斜；后角突出，伸向后方，表面无脊；后缘基沟明显，短。小盾片相当隆凸，近长方形，前缘微弱弧拱，两侧几乎直，端部弧拱。鞘翅短，两侧平行，中部后开始变狭，端部完全；表面有明显的刻点沟纹，其间隙略凸，刻点不明显。前胸腹板向前逐渐变宽；腹前叶中等大，向前弧拱；腹后突向后明显倾斜；腹侧缝直，单条，完全关闭。鞘翅缘折较后胸侧片宽，内缘后部弧弯。后基片内半部相当宽大，内端有钩突，外半部相当狭。腹面刻点在前胸腹板和侧板上明显，向后变弱，腹部不明显。跗节第 4 节具有叶片；爪简单。

该种成虫前胸背板上的纵中带、鞘翅基部的三角斑和端部的“M”形斑，在宽窄、大小以及颜色上均有一些变化。

幼虫　唇基前缘具 4 对刚毛，鼻突具 3 齿，两侧有齿 1~2 对，外颚叶 2 节，下唇颏节长三角形；第 9 腹节平台无小结节，两侧有 3~4 个结节，后部有 1 对刚毛，尾突分叉。

【寄主】稻、粟、棉、高粱、大豆、甘蔗、蔬菜、小麦。

【分布】中国东北、辽宁、甘肃、湖北、江西；俄罗斯（远东），朝鲜，日本。

枝斑贫脊叩甲 *Aeoloderma brachmana* (Candèze, 1859)（图 1-51）

该种是 Candèze（1859）以印度北部 (Hindoustan) 产标本为模式和学名 *Aeolus brachmana* 最先记述的，后来被移入至 *Heteroderes*、*Aeoloderma* 等属中。

【形态特征】

成虫　体长 5mm，体宽 1.25mm。体小，黄红色至栗褐色，前胸背板具有一个黑色锚状斑，鞘翅上具有许多黑色线斑，基部线斑愈合；头、小盾片黑色；前胸腹面同背面同色，中后胸腹面和腹部暗褐色；触角和足黄红色至栗红色。全身密被同体色相同的茸毛，有金属光泽。头均匀上凸，两侧微弱弧凹，刻点大小相等，细弱，均匀；额前缘向前弧拱；额脊完全，额槽宽，浅，完全。触角向后伸达前胸后角，第 1 节长，筒状；第 2、3 节小，等长，倒锥形，之和略与第 4 节等长；第 4-10 节倒锥形，丝状；末节狭长，端部突出。前胸背板长宽相等，两侧微弱弧拱，向前向后微弱变狭；背面凸，刻点细弱，大小相等，均匀，密；后角小，细，略分叉，表面无脊；后缘基沟明显，短。小盾片近三角形，较横宽，前部隆，向后和两侧逐渐倾斜。鞘翅等宽于前胸，是前胸长度的 2.3 倍；两侧直，向后微弱变狭，端部 1/3 处弧弯变狭，端部完全；表面有刻点沟纹，沟纹间隙略凸，刻点不明显。前胸腹板向前变宽；腹前叶狭，弧拱；腹侧缝直，完全关闭；腹后突向后强烈倾斜；前胸侧板后缘中部呈齿状突出。鞘翅缘折前部和后胸侧片等宽，向后逐渐变狭；后胸侧片直，两侧平行。后基片内侧强烈膨大，相当宽，外侧相当狭，内侧宽度约为外侧宽度的 6 倍。跗节第 4 节具有明显的叶片；爪简单，基部外侧有刚毛。

该种前胸背板和鞘翅上的斑纹有变化，与地域和寄主无关，属种类个体变异。常见的变异有：前胸背板锚斑向两个方向变化，一是锚臂向下延伸和锚柄愈合，其间围绕而留下两个栗色圆斑；二是锚臂基部断裂，左右形成两个小黑斑或黑点，甚至完全消失，而使得锚斑成一条纵中带。鞘翅除有许多线状斑纹外，在端部以外也有线状斑愈合成“M”形斑的个体。该种分布于亚洲及我国南部，而前一种角斑贫脊叩甲 *Aeoloderma agnata* (Candèze) 分布于北方，在长江流域处于一个混合带，二者具明显的替代分布现象。

【寄主】甘蔗、甘薯。

【分布】中国湖北、江西、福建、台湾、广东、广西、四川；日本，越南，老挝，柬埔寨，印度，斯里兰卡，缅甸，孟加拉国，印度尼西亚，菲律宾。

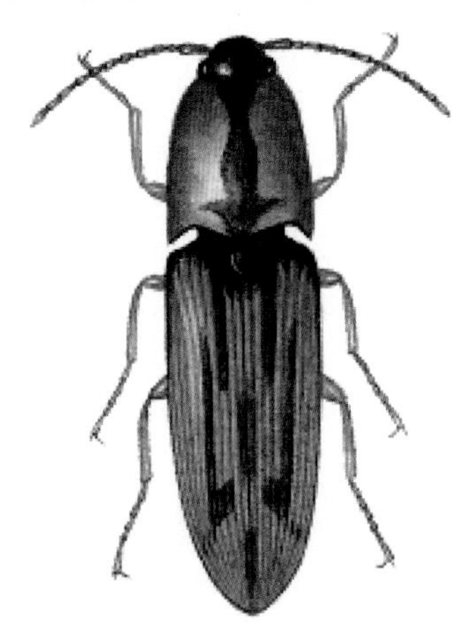

图 1-51　枝斑贫脊叩甲 *Aeoloderma brachmana* (Candèze, 1859)
成虫背面观

【生活习性】该种是我国农田中的一个优势种，多见于稻田、小麦等农田中，成虫有趋光性。

（二）齿胸叩甲亚科 Dendrometrinae（=Denticollinae）

齿胸叩甲族 Dendrometrini (=Denticollini）
山叩甲亚族 Dendrometrina (=Athouina)

红缘山叩甲 *Athous haemorrhoidalis* (Fabricius, 1801)（图 1-52）

该种是 Fabricius（1801）以学名 *Elater haemorrhoidalis* 最先记述的，后被移入现属中，是欧洲和西西伯利亚的一个常见种。过去在我国对其幼虫记作红缘金针虫。

【形态特征】

成虫　体长 12~14mm，体宽 2.75~3.25mm。体黑色；鞘翅黑色、黑褐色、或红褐色，全身密被灰黄色长绒毛，随底色有些变化。额近正方形，前部低凹，具明显刻点。触角褐色，第 3 节长锥形，长于第 2 节。前胸长大于宽，向前不太变狭，两侧微弱弧拱；背面凸，刻点密，后角端部极微弱分叉，无脊。小盾片子弹形，基部两侧直，向后微膨后收狭。鞘翅宽于前胸，两侧平行至中部后向后收狭，端部拱出，有点凹缘；表面具明显刻点条纹，其间隙略凸，分散有细刻点。身体腹面褐色，整个腹部或节间红色，鞘翅缘折红色。足红褐色。雌性较雄性触角更短，前胸更凸，更宽，两侧更拱，后角不分叉，鞘翅向端部变狭没有雄性那么明显。

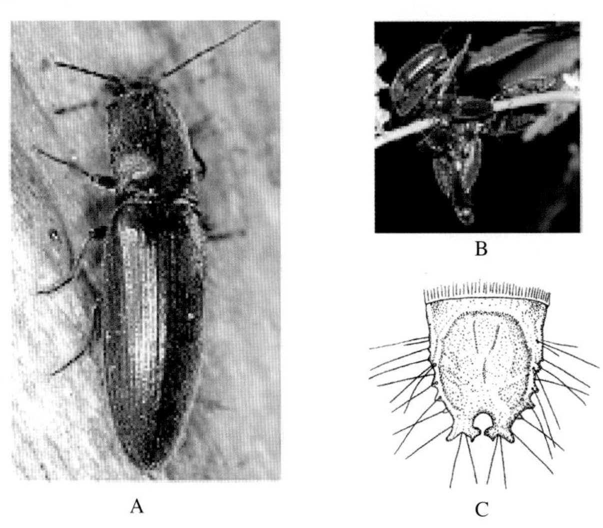

图 1-52　红缘山叩甲 *Athous haemorrhoidalis* (Fabricius, 1801)
A. 成虫背面观；B. 成虫群集；C. 幼虫第 9 腹节背面观
（A、B 引自 httpp:// en.wikipedia.org；C 引自张丽坤等，1994）

幼虫　末龄幼虫体长 23~26mm，第 9 腹节端部叉突外枝相当短，在基部外侧有 1 个不大的带刚毛的结节，内枝在背面内边为刀刃状，在后缘有 1 个大结节。

【寄主】人参。

【分布】中国东北；塞浦路斯，哈萨克斯坦，土耳其，欧洲。

红棕山叩甲 *Athous subfuscus* (Müller, 1767)（图 1-53）

该种是 Müller（1767）以学名 *Elater subfuscus* 最先记述的，后被移入现属中，广布于中欧和北欧，在我国过去对其幼虫记作红棕金针虫。

【形态特征】

成虫　体长 7~9mm，体宽 1.75~2.25mm。体光亮，头和前胸棕褐色，前胸四周边缘及鞘翅棕红色，绒毛灰色。头略凸，具刻点。触角向后超过前胸后角，基部几节棕红色，其他节暗褐色，第 2 节略小于第 3 节。前胸背板长略大于宽，两侧微弱弓拱，向前向后微弱变狭；背面略凸，分散有细的刻点，后部有基沟；后角向后伸出，分叉，无脊。小盾片五边形。鞘翅宽于前胸，肩部拱出，两侧平行至后部 1/3 处，表面具细的刻点条纹，其间隙略凸，分散有小刻点。身体腹面褐色，但腹部端部和足棕红色。雌虫较雄性触角为短，前胸更宽，体色更暗。

幼虫　末龄幼虫体长 20~23mm，第 9 腹节叉突外枝长，尖，平坦，基部无结节，向内稍向前弯曲；内枝向内弯曲成喙状，于背面内边变圆弧形，有时刀刃状，在后缘有一勉强可见的结节。

A

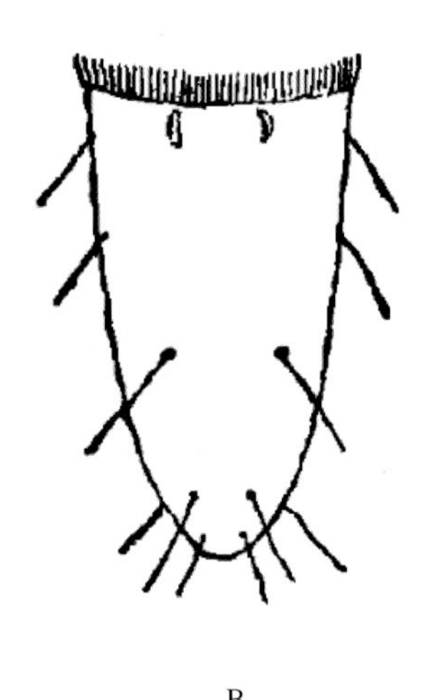

B

图 1-53　红棕山叩甲 *Athous subfuscus* (Müller, 1767)
A. 雄成虫背面观（引自 httpp://www.biolib.cz）；B. 幼虫第 9 腹节背面观（引自张履鸿等，1990）

【寄主】人参。

【分布】中国东北；俄罗斯，伊朗，土耳其，欧洲。

条纹山叩甲 *Athous vittatus* (Fabricius, 1792)（图 1-54）

(=*Athous niger* Fiori, 1899)

该种是 Fabricius（1792）以学名 *Elater vittatus* 最先记述的，先后被移入 *Anathrotus*、*Athous* 属中，过去在我国对其幼虫是以其异名 *Athous niger* 记述的，中名记作黑色金针虫。

【形态特征】

成虫　体长 9~11mm，体宽 2.75~3mm。漆黑色；光亮，狭长；绒毛灰色，不太密。前胸背板四周除后缘外棕红色；每一鞘翅中央有 1 条黄色或棕红色的约占 3~4 个条纹宽度的纵带，鞘翅外缘棕红色。额平，具明显刻点，尤其是在前部和两侧。触角褐色，基部第 1 节，甚至触角一半长度棕红色；第 3 节略长于第 2 节，较第 4 节短。前胸长略是宽的 1.5 倍，两侧微弱弧拱，向前不太变狭，刻点不太密；后角短，不分叉，无脊。鞘翅宽于前胸，肩部向前拱出，两侧平行至中部后逐渐收狭；表面刻点条纹深，其中有相当强烈的刻点，其间隙相当平，分散有小刻点。腹面暗褐色，但腹端、鞘翅缘折和足棕红色。雌性身体较雄性为宽，更凸，尤其是身体前部；前胸两侧更拱，基部略收狭，有时后部有微弱中纵沟。

幼虫　末龄幼虫体长 23~25mm，第 9 腹节端部凹缺大，几乎完全开放；叉突内枝尖，向内前方钩状弯曲；额片后缘直，截断状。

【寄主】人参。

【分布】中国东北、陕西、甘肃；俄罗斯（高加索），欧洲。

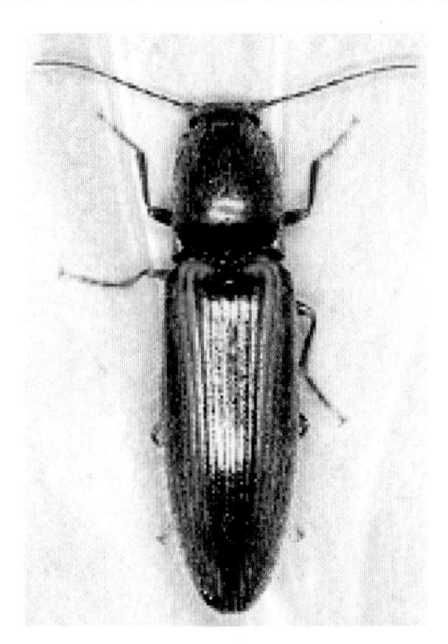

图 1-54　条纹山叩甲 *Athous vittatus* (Fabricius, 1792)
成虫背面观（引自 httpp://www. kerbtier.de)

林小古叩甲 *Limonius minutus* (Linnaeus, 1758)（图 1-55）

该种是 Linnaeus（1758）以学名 *Elater minutus* 最先记述的，是欧洲的一个常见种和广布种，先后被不同学者移入 *Athous*、*Kibunea*、*Limonius* 等属中，在我国曾以中名林小金针虫、小古叩甲、小丘胸叩甲记述。

【形态特征】

成虫　体长 6~7mm，体宽 1.67~1.75mm。体狭，黑色，略显蓝铜色光泽，相当光亮，被有不太密的灰褐色茸毛。额前缘略拱出，表面中央有一个三角形低凹。触角黑色，基部褐色，略显铜色；触角第 2、3 节小，两节之和等长于第 4 节；雄性触角较长，向后伸过前胸背板后角，第 4 节开始三角形，强烈锯齿状，齿尖突出；雌性触角较短，向后仅达前胸背板后角端部，各节近倒锥形，锯齿较雄性弱。前胸近长方形，长明显大于宽，从基部向前极微弱地逐渐变狭，二侧缘直；表面凸，中部刻点深，稀，四周较密；后角无脊；小盾片矩圆形，具中纵脊。鞘翅基部略宽于前胸，雄性从基部向后极微弱地逐渐变狭，雌性两侧近平行；背面略凸，有粗刻点组成的条纹，其间隙平，但基部略凸，有小刻点。足褐色，但跗节颜色略浅；爪中部具齿。

幼虫　末龄幼虫体长 10mm，小型。第 9 腹节平台几成圆形，侧缘具 3~4 个小结节，尾突外枝小，呈结节状，鼻突 3 齿，等长。

【寄主】竹。

【分布】中国黑龙江、北京、河北、山西、陕西、甘肃；俄罗斯，哈萨克斯坦，亚美尼亚，伊朗，叙利亚，土耳其，欧洲。

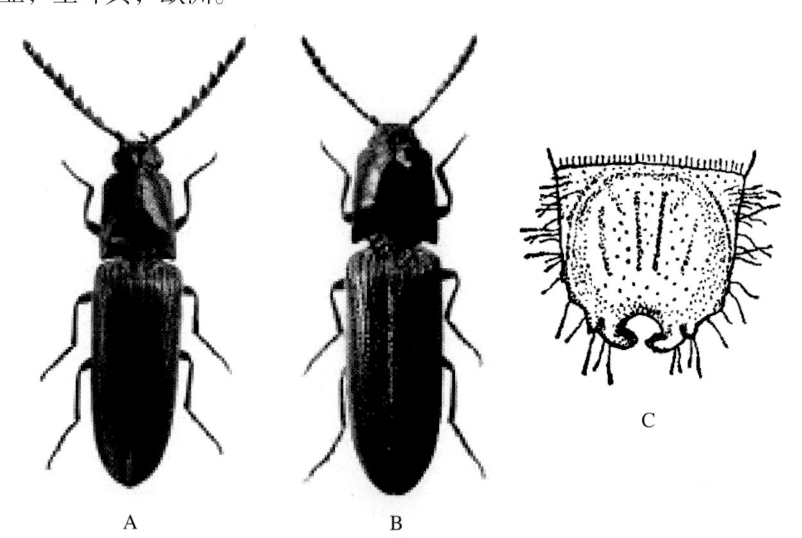

图 1-55　林小古叩甲 *Limonius minutus* (Linnaeus, 1758)

A. 雄成虫背面观；B. 雌成虫背面观；C. 幼虫第 9 腹节背面观

（A，B 引自 Mertlik, 2008；C 引自张履鸿等，1990）

直缝叩甲亚族 Hemicrepidiina

兴安田叩甲 *Megathous dauricus* (Mannerheim, 1852)（图 1-56）

该种是 Mannerheim（1852）以学名 *Athous dauricus* 最先记述的，后来曾被其他学者放在 *Megathous*、*Harminius*、*Hemicrepidius* 等属中，过去在我国农业生产上多以兴安叩头虫或兴安金针虫的中文名称记述的，使用的学名是 *Harminius dahuricus* (Motschulsky)，这里要说明的是其种名有笔误（多一字母 h），命名人有错，今后引用时要特别注意。

【形态特征】

成虫　体长 15mm，体宽 4.5mm。栗褐色，不太凸，被灰色细毛。额被强烈刻点，有 3 条纵沟。触角向后超过前胸后角，第 4~10 节逐节变细变长，各节三角形，略近四边形，基部褐色，端部砖红色。前胸背板长大于宽，向前变狭，侧缘微弱弓形，凸边，后缘内凹；表面有不太密的刻点；后角指向后方，背面有脊，脊的内侧有沟纹，其后缘内凹。小盾片较大。鞘翅不太凸，向基部 1/3 处微弱膨扩，端部拱出；表面有细的沟纹，沟纹中有微弱的椭圆形刻点，其间隙较平，有刻点。腹面和足栗红色，相当光亮。雌虫背面更凸，颜色更为红亮。

幼虫　腹部背板有粗刻点，第 9 腹节背面平台宽，二侧缘的结节大；末端分为二个叉突，其间的缺口近圆形；每一叉突又分为内枝和外枝，内枝向内弯曲，外枝发达。

【寄主】小麦、大豆。

【分布】中国黑龙江、吉林、内蒙古；蒙古，俄罗斯（远东）。

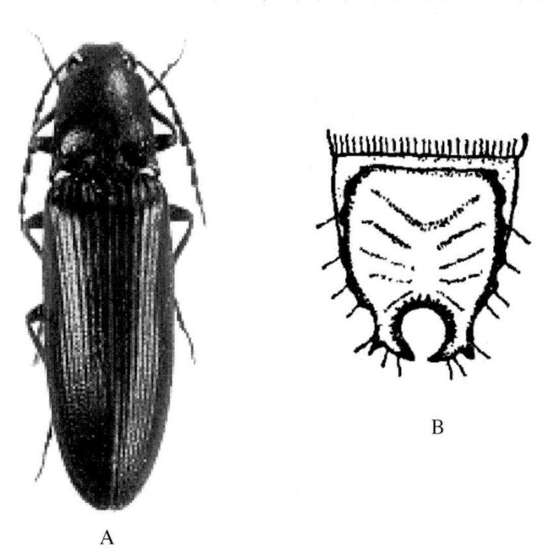

图 1-56　兴安田叩甲 *Megathous dauricus* (Mannerheim, 1852)
A. 成虫背面观 (引自 http://www.elateridae.com) B. 幼虫第 9 腹节背面观 (引自罗益镇等 , 1995)

辉叩甲族 Prosternini（=Ctenicerini）

紫铜辉叩甲 *Cteniceta cuprea* (Fabricius, 1781)（图 1-57）

该种是 Fabricius（1781）以英格兰产标本为模式和学名 *Elater cupreus* 最先记述的，先后被移至 *Ludius*、*Corymbites*、*Ctenicera* 等属中，而种名根据属名的阴阳性而发生了相应变化。过去在我国多是以学名 *Corymbites cupreus* (Fabricius) 记述幼虫，中名称之为铜绿金针虫。

【形态特征】

成虫　体长 13~15mm，体宽 3.5~4.5mm。头、前胸背板、鞘翅端部铜紫色，相当光亮，鞘翅（除端部外）黄色，绒毛灰黄色。额略凸，具强烈刻点，额脊中部缺乏。触角黑色，第 2 节最小，第 3 节大小和形状相似于第 4 节，第 3~10 节强烈锯齿状；雄性 3~10 节栉齿状，栉齿短。前胸背板长大于宽，仅前端 1/3 变狭；背面凸，中部具有宽和深的纵中沟；表面刻点强烈，两侧较中域密很多；前缘两侧波状，侧缘凸边；基沟明显；后角长尖，分叉，具脊。小盾片卵圆形，基缘微弱弧拱，两侧膨扩，端部收狭。鞘翅略宽于前胸，肩部圆拱，两侧向后弯曲变狭变尖；具明显的刻点条纹，其间隙平，略凸，具细弱刻点皱。腹面紫铜色，足青铜色，胫节和跗节黑色，爪栗红色。

幼虫　末龄幼虫体长 28~30mm。第 9 腹节末端缺口开放小，背面平台平坦，叉突外枝向内弯曲，稍短于内枝，内观其顶端远落后于内枝基部。

【寄主】人参。

【分布】中国东北、新疆；俄罗斯（东西伯利亚，远东），蒙古，哈萨克斯坦，欧洲。

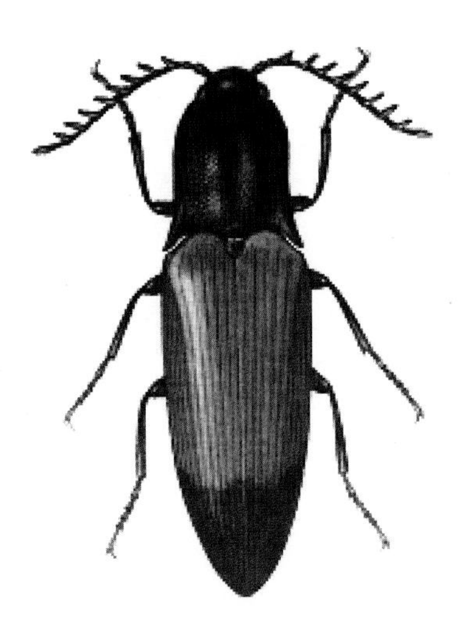

图 1-57　紫铜辉叩甲 *Cteniceta cuprea* (Fabricius, 1781)
雄成虫背面观

铜光金叩甲 *Selatosomus (Selatosomus) aeneus* (Linnaeus, 1758)（图 1-58）

该种是 Linnaeus（1758）以欧洲产标本为模式和学名 *Elater aeneus* 最先记述的，后来被其他学者移至 *Selatosomus* 属中。该种有 20 个左右的同物异名，广布于欧洲的大部分地区及西伯利亚和高加索，在我国主要分布在东北地区。过去在我国农业生产上多是以铜光叩头虫或铜光金针虫的中文名称记述。

【形态特征】

成虫 体长 12~20mm，体宽 4~6.5mm。鞘翅青绿铜色，有蓝色光泽，光亮；前胸黑褐色；触角、足褐色，或红褐色。额扁平，中央低凹。前胸背板长宽相等，不太凸，密被刻点，二侧更为粗密，中央常有一条铜紫色背中线；侧缘凸边，弧形，向前向后变狭；前缘两侧波状，前角不太尖；后角长，分叉，尖端略下弯，背面有 1 条明显的脊。小盾片向后渐尖。鞘翅基部略宽于前胸，两侧扩宽至中部 1/2 处，然后变狭；鞘翅有明显的刻点沟纹，其间隙凸，有细小刻点。腹面颜色与背面相同。

幼虫 末龄幼虫体长 20~26mm。头前缘非黑色，仅唇基突齿红棕色或黑棕色；额片从紧束起的后半部强烈变宽，其宽大于长，后缘呈宽幅截断或稍有凹陷。第 9 腹节末端分叉为二个大的叉突，其间的缺口宽，其口径大于其长度的 1/2；背面平台基部呈圆形，无明显角突，向前与两侧的脊状饰边相接；脊状饰边微弱，隐约可见。

【寄主】大豆、小麦、树苗、人参。

【分布】中国黑龙江、吉林、华北、新疆；俄罗斯（西伯利亚，高加索），欧洲。

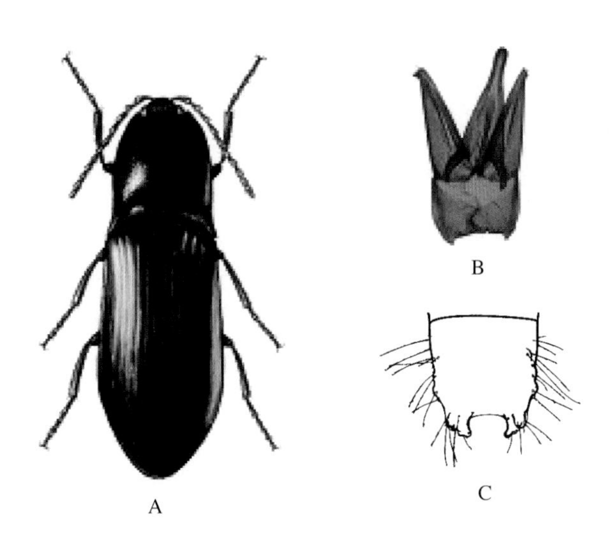

图 1-58 铜光金叩甲 *Selatosomus (Selatosomus) aeneus* (Linnaeus, 1758)
A. 成虫背面观；B. 雄外生殖器；C. 幼虫第 9 腹节背面观 (引自张丽坤等 , 1996)

混色金叩甲 *Selatosomus (Selatosomus) confluens* (Gebler, 1830)（图 1-59）

该种是 Gebler（1830）以学名 *Elater confluens* 最先记述的，后被移至现属。目前该种具有 2 个亚种：*Selatosomus (Selatosomus) confluens confluens* (Gebler)，*Selatosomus (Selatosomus) confluens rugosus* (Germar)，前者分布在蒙古、西伯利亚、哈萨克斯坦，后者分布在欧洲各国，在我国过去多以 *Selatosomus rugosus* 记述其幼虫，中名称之为多皱金针虫，从地理区系判断，应属于前一亚种。

【形态特征】

成虫　体长 15mm，体宽 4.5mm。黑色，光亮，几乎无毛，鞘翅紫铜色及蓝绿色。额平，具二个椭圆形低凹，但较为模糊。触角短，褐色，各节三角形。前胸宽大于长，背面略凸，两侧低凹，具不明显的中纵隆，表面刻点密集，前缘直，两侧弧拱，侧缘凸边，后缘波状；后角粗，分叉，具脊。小盾片圆形。鞘翅等宽于前胸基部，肩部圆拱，两侧扩宽至中部后向端部变狭变尖；具强烈的条纹，基部更为强烈；条纹中常有小的横隆使其间断；条纹间隙凸，多皱纹和刻点，第 3 间隙在基部较其他更宽更凸。腹面黑褐色，足同体色。

幼虫　末龄幼虫体长 23~25mm，额片从紧束处向后的部分其长明显大于宽；第 9 腹节节凹缺延长，其长度大于其宽度。

【寄主】人参。

【分布】中国东北；蒙古，俄罗斯（东西伯利亚，西西伯利亚），哈萨克斯坦，奥地利，德国，意大利，法国，波兰，斯洛伐克，斯洛文尼亚，瑞士。

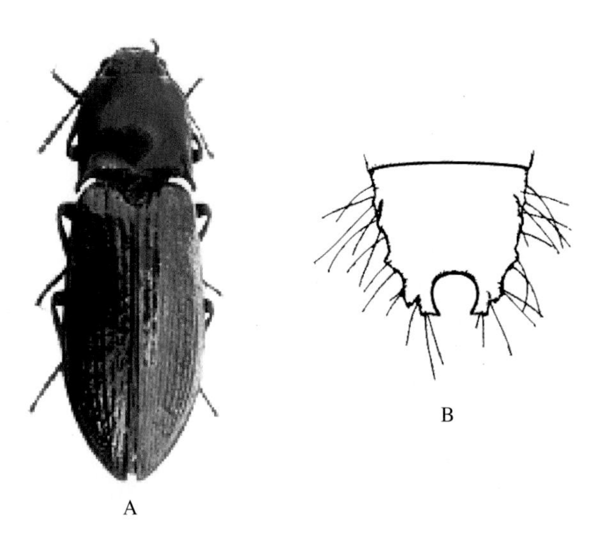

图 1-59　混色金叩甲 *Selatosomus (Selatosomus) confluens* (Gebler, 1830)
A. 成虫背面观 (引自 http://www.elateridae.com)；B. 幼虫第 9 腹节背面观 (引自张丽坤等 , 1996)

朝鲜金叩甲 *Selatosomus (Selatosomus) coreanus* (Miwa, 1928)（图 1-60）

异名：*Selatosomus reichardii* Denisova, 1948

该种是 Miwa（1928）以朝鲜半岛产标本为模式和学名 *Corymbites coreanus* 最先记述的，现在的属名是由过去的亚属上升而来。以往在我国多以其异名 *Selatosomus reichardii* Denisova 记述幼虫，中名称之为里查金针虫。

【形态特征】

成虫　体长 17.5mm，体宽 5.5mm。黑色，具金绿色光泽，被有金灰色短毛。头在复眼间微弱开掘，刻点粗密。触角黑色，第 3 节长于和细于第 4 节，第 2 节最小，球形。前胸凸，两侧弧拱，中部最宽，向前弧弯变狭，向后波入；后角分叉，各具 1 条锐脊；背面两侧刻点密，中域细和稀，并具有 1 条纵中线；小盾片低凹，近卵圆形，具细刻点。鞘翅具有明显刻点组成的条纹，其间隙凸，具皱状刻点。足褐色。

幼虫　末龄幼虫体长 25~28mm，第 9 腹节节背面平坦，基部有明显的脊；头前缘棕黑色。

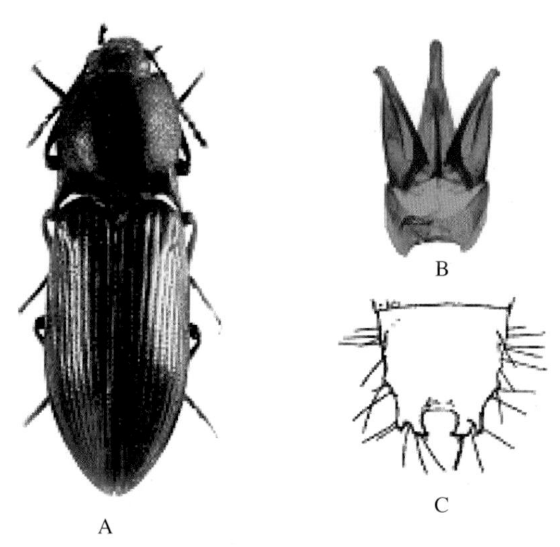

图 1-60　朝鲜金叩甲 *Selatosomus (Selatosomus) coreanus* (Miwa, 1928)
A. 成虫背面观 (引自 http://www.elateridae.com)；B. 雄外生殖器 C. 幼虫第 9 腹节背面观 (引自张丽坤等, 1996)

【寄主】人参。

【分布】中国黑龙江、吉林、辽宁、内蒙古；蒙古，俄罗斯，朝鲜。

宽背金叩甲 *Selatosomus (Selatosomus) latus* (Fabricius, 1801)（图 1-61）

该种是 Fabricius（1801）以欧洲产标本为模式和学名 *Elater latus* 最先记述的，后来被其他学者移至 *Selatosomus* 属中。过去在我国农业生产上，多是以宽背叩头虫或宽背金针虫的中名记述。

【形态特征】

成虫 体长 15mm，体宽 5mm。体粗短，铜褐色，不太光亮；腹面、触角、足和背面同样颜色。绒毛黄色，在前胸背板和腹面较密。额扁平，刻点明显，前部及两侧较密。触角短，向后不达前胸背板基部，从第 4~10 节呈锯齿状。前胸背板横宽，宽大于长，两侧圆弧形拱出；侧缘凸边，向前内弯，向后微弱波状；前缘呈宽凹形，前角短，不尖；后缘波状；中纵沟明显，从基部到达前缘附近；背面凸，刻点密；后角长，分叉，背面有一条明显的脊。小盾片宽，两侧拱出呈弧形。鞘翅宽，基部宽于前胸，两侧向中部扩宽，然后变狭，左右鞘翅端部合并呈浑圆形，卷边；鞘翅表面相当凸，有明显沟纹，沟纹基部凹，其中有刻点线；沟纹间隙平，有小刻点。

幼虫 末龄幼虫体长 20~22mm，体宽扁，棕褐色，有光泽，腹部背面不太凸，隐约可见背中线。额片后缘通常截断。第 9 腹节向端部变窄，背面扁平略凸；二侧缘明显凸边，每侧各有 4 个齿结；表面有 2 条向后逐渐靠近的纵沟；末端分叉为二个大的叉突，其间的缺口深，横卵形，开口约为宽径之半；每一叉突又分为内枝和外枝；内枝向内上方弯曲，外枝较短，如钩状上弯；在分枝的下方有两个大的结节，一个在外枝和内枝的基部，一个在内枝的中部。

【寄主】小麦、大豆、树苗、人参。

【分布】中国黑龙江、吉林、内蒙古、山西、宁夏、新疆；蒙古，俄罗斯（西伯利亚及欧洲部分），伊朗，哈萨克斯坦，土耳其，叙利亚，欧洲。

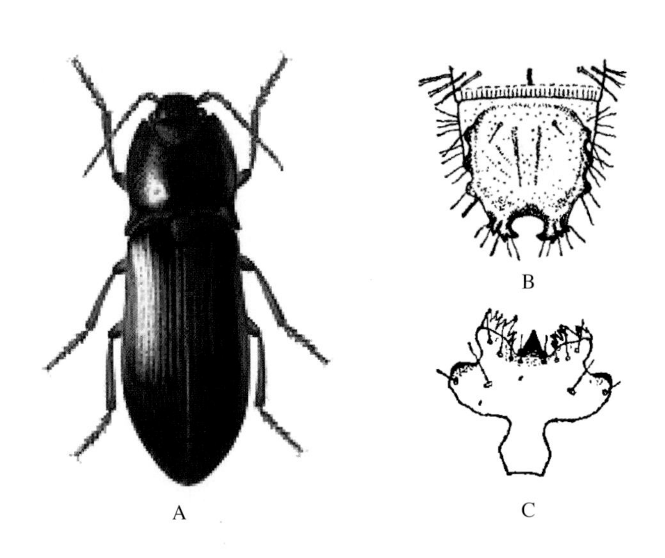

图 1-61 宽背金叩甲 *Selatosomus (Selatosomus) latus* (Fabricius, 1801)

A. 成虫背面观；B. 幼虫第 9 腹节背面观；C. 幼虫额片 (B,C 引自张履鸿等 , 1990)

（三）叩甲亚科 Elaterinae

锥尾叩甲族 Agriotini

条纹锥尾叩甲 *Agriotes (Agriotes) lineatus* (Linnaeus, 1767)（图 1-62）

该种是 Linnaeus（1767）以学名 *Elater lineatus* 最先记述的，后来被其他学者移入至 *Agriotes* 属，是欧亚大陆古北区的一个广布种，在北非及澳洲也有分布记录。

【形态特征】

成虫　体长 8~10.5mm，体宽 4.75~4.80mm。体长方形，不光亮，暗褐色，鞘翅有暗褐和栗褐略带淡黄相间的条纹；触角和足栗红色，有时足暗褐色。全身密被灰色绒毛。触角细，向后可伸达前胸后角端部；第 2、3 节倒锥形，第 2 节长于第 3 节；第 4~10 节长三角形，略似倒锥形，渐细，弱锯齿状；末节长梭形，端部细尖。前胸近方形，中长与中宽近相等；两侧近平行，近前端 1/4 处向内弧弯变狭；背面前部凸，后部有中纵沟；表面刻点密，强烈；后缘两侧内凹成弧形；基沟明显；后角略分叉，背面有脊。小盾片长宽近相等，两侧平行，端部弓拱。鞘翅基部略宽于前胸，向后微略膨宽至中部，向后逐渐变狭变尖；刻点沟纹细线状，其间隙平，具细皱和颗粒。跗节和爪简单。

幼虫　末龄幼虫第 9 腹节基部 2/3 呈圆柱形，两侧几成直线，近端部呈钝圆锥形，背面有稀疏纹，端刺短，小于它的宽度，气门窝短卵圆形；上颚端部尖齿成锐角。

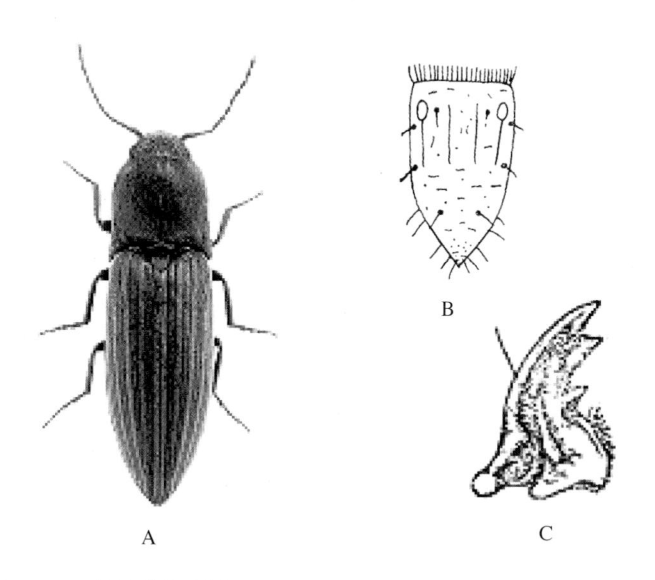

图 1-62　条纹锥尾叩甲 *Agriotes (Agriotes) lineatus* (Linnaeus, 1767)
A. 成虫背面观；B. 幼虫第 9 腹节背面观；C. 幼虫上颚
(A 引自 http://www.zin.ru; B 引自《土壤昆虫学》; C 引自李景科等, 1990)

【寄主】小麦、玉米、棉、甜菜、牧草。

【分布】中国吉林、辽宁、甘肃、新疆；蒙古，俄罗斯（远东），伊朗，吉尔吉斯斯坦，哈萨克斯坦，土耳其，叙利亚，欧洲。

暗色锥尾叩甲 *Agriotes (Agriotes) obscurus* (Linnaeus, 1758)（图 1-63）

该种是 Linnaeus（1758）以学名 *Elater obscurus* 最先记述的，后被移入 *Cataphagus*、*Agriotes* 等属中，是欧洲和西伯利亚的一个常见种，在我国过去对其幼虫记作黯金针虫。

【形态特征】

成虫　体长 9~10mm，体宽 3mm。体短，暗黑色，密被灰色绒毛。上颚膨大内弯成直角，端凹。触角栗褐色，较体色略浅。前胸宽短，宽明显大于长；两侧从基部向前变狭，侧缘明显弧拱；背面相当凸，刻点强烈，相当密；具纵中线痕迹，后部纵中沟几乎模糊；基沟几乎不明显，后角端部相当细，顶端向外弯曲，脊明显。鞘翅与前胸等宽，是其 2.5 倍长度；两侧向中部微弱膨扩，向端部渐尖，背面凸，有成列刻点组成的相当细的刻点条纹，其间隙平，具细颗粒点。腹面褐黑色，足颜色同触角。

幼虫　末龄幼虫体长 17~23mm，也有 28mm 的记录，第 9 腹节端部 1/2 为圆锥形，背面平坦，有光泽，上有稀点刻；气门窝长卵圆形，其长约为宽的 1.5 倍；上颚内齿钝，与上颚成钝角。

【寄主】人参。

【分布】中国东北、山西、陕西、甘肃、新疆；蒙古，俄罗斯（远东），哈萨克斯坦，欧洲。

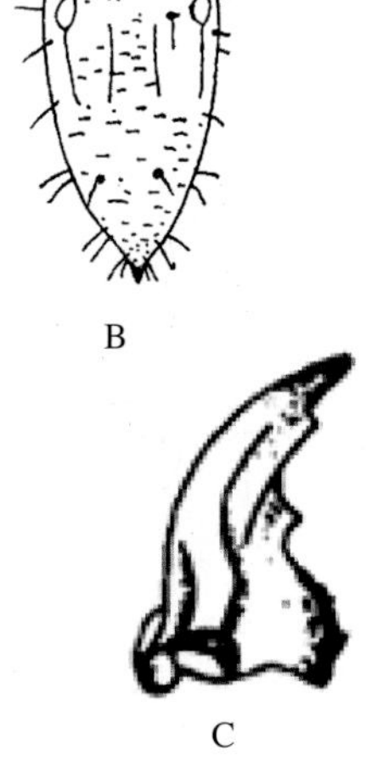

图 1-63　暗色锥尾叩甲 *Agriotes (Agriotes) obscurus* (Linnaeus, 1758)
A. 成虫背面观；B. 幼虫第 9 腹节背面观；C. 幼虫上颚
(A 引自 https://search.yahoo.com; B 引自《土壤昆虫学》; C 引自罗益镇等 , 1995)

农田锥尾叩甲 *Agriotes (Agriotes) sputator* (Linnaeus, 1758)（图 1-64）

该种是 Linnaeus（1758）以学名 *Elater sputator* 最先记述的，后来被其他学者移至 *Agriotes* 属，过去在我国农业生产上，多是以农田金针虫的中名记述。

【形态特征】

成虫　体长 6~7mm，体宽 1.67mm。体矩圆形，凸，被灰色毛；前胸暗褐色，鞘翅红褐色，有时有黄色的变异。额大，具刻点。触角红色。前胸长大于宽，但雌虫有时长宽相等，从中部向基部变狭，侧缘弧弯；背面凸，密被刻点，具中纵沟；基沟短，不太明显；后角分叉，有脊。鞘翅宽于前胸，是前胸 2~2.25 倍的长度，略向中部扩宽或平行至端部，刻点沟纹狭，深，其中具刻点；沟纹间隙平，具皱纹和小刻点。腹面暗褐色，足栗红色。

幼虫　末龄幼虫体长 15~20mm。幼虫上颚内齿直，与上颚成直角；腹部各节中背片后部横列有 4 对以上刚毛；第 9 腹节圆锥形，背面多皱纹，不具饰边的台面，基部两侧各有 1 气孔窝，气门平行边，其长度约是其宽度的 2 倍。

【寄主】人参、小麦、玉米、高粱、马铃薯、花生、向日葵、亚麻、甜菜、烟草、瓜类、各种蔬菜。

【分布】中国东北、华北、新疆、四川；蒙古，俄罗斯（远东，高加索），伊朗，哈萨克斯坦，土库曼斯坦，叙利亚，欧洲，北非。

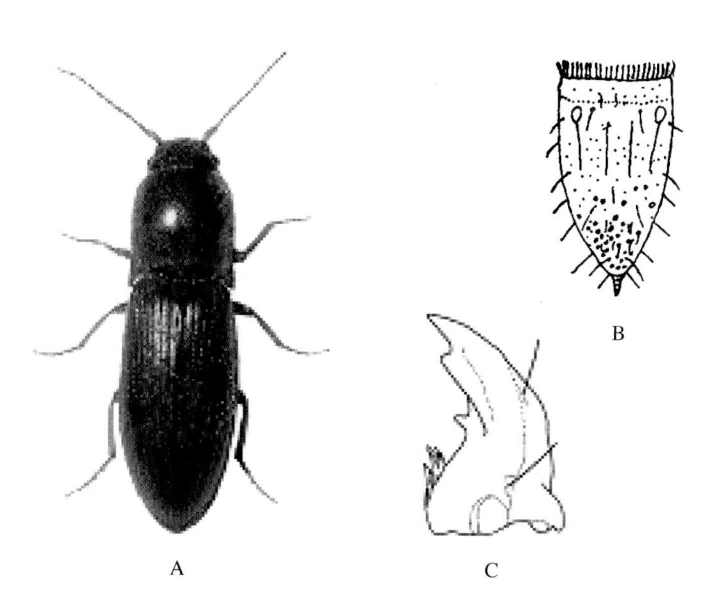

图 1-64　农田锥尾叩甲 *Agriotes (Agriotes) sputator* (Linnnaeus, 1758)
A. 成虫背面观 (引自 http://en.wikipedia.org)；B. 幼虫第 9 腹节背面观 (引自《土壤昆虫学》)；C. 幼虫上颚 (引自张丽坤等 , 1994)

细胸锥尾叩甲 *Agriotes (Agriotes) subvittatus* Motschulsky, 1859（图 1-65）

（= *Agriotes fuscicollis* Miwa, 1928）

（=*Agriotes ogurae* Lewis, 1894）

该种是 Motschulsky（1859）以俄罗斯西伯利亚 (Krim) 产标本为模式最先记述的，是我国的一个主要经济种类，在我国农业生产上，过去多是以 *Agriotes fuscicollis* Miwa 这一学名来记述该种对作物的为害，中名多采用的是细胸叩头虫或细胸金针虫，但俄罗斯叩甲分类专家 Gurjeva（1972）认为该种与在西伯利亚分布的 *Agriotes subvittatus* Motschulsky 属于同一种，并按照优先法则，将其作为了后者的异名。今后应用中，要注意这一学名的变化。

【形态特征】

成虫　体长 10mm，体宽 3.2mm。鞘翅、触角、足茶褐色；头、前胸背板、小盾片、腹面颜色更暗，呈暗褐色；被毛黄白色，有金属光泽，相当细弱，短，背面不太均匀，腹面密，均匀。头壳向前弓弯，刻点相当密，中等大；额前缘凸，前端平截；额脊中间缺乏，两侧仅在触角基上方存在，向前斜伸；额槽中间无，仅两侧存在。触角向后伸达前胸后角基部，第 1 节近筒形，向端部微弱膨大；第 2、3 节近筒形，第 2 节略长于第 3 节；第 3~10 节略呈倒锥形向后逐节变长，弱锯齿状；末节同样宽短，端部收狭成尖锥状。前胸背板宽明显大于长，背面凸，后部具有细弱的中纵沟；刻点密，椭圆形；两侧前中部最宽，圆拱，向前向后呈弧形变狭；侧缘弯向腹面，伸达复眼下缘；后角尖，略分叉，表面有一条锐脊，几乎和侧缘平行。小盾片盾形，前缘直，后端突拱。鞘翅等宽于前胸背板，两侧平行，中部开始弧形变狭，端部完全；背面凸，有明显沟纹，由连续刻点形成；沟纹

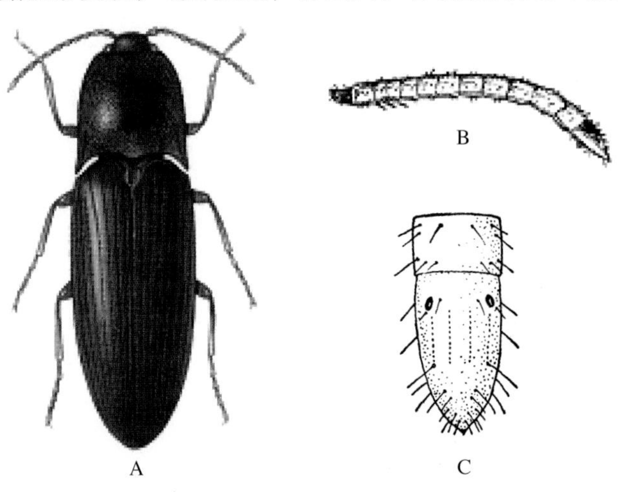

图 1-65　细胸锥尾叩甲 *Agriotes (Agriotes) subvittatus* Motschulsky, 1859
A. 成虫背面观；B. 幼虫侧面观（引自钱学聪，1993）；C. 幼虫第 9 腹节背面观（引自张履鸿等，1990）

间隙平，密被细颗粒。前胸腹板向前变宽；腹前叶宽大，半圆形；腹侧缝直，前端深沟状；前胸侧板后缘波状，中央膨扩；腹后突向后倾斜。中胸腹窝向前倾斜。鞘翅缘折向后变狭，后端与后胸侧片等宽；后胸侧片狭片状，两侧平行。后基片基半部宽，前后平行；端半部向外逐渐变狭。腹面刻点不明显，密被细颗粒。跗节简单；爪简单。

幼虫　末龄幼虫体长 23mm，宽约 1.5mm。体细长，圆筒形；色淡黄，有光泽；头部扁平，口器深褐色。第 1 胸节较第 2、3 节略短，1~8 腹节略等长。第 9 腹节圆锥形，近基部两侧各有 1 个褐色圆斑，背面有 4 条褐色纵纹，顶端具有 1 个圆形突起。

【寄主】麦类、玉米、高粱、糜子、亚麻、胡麻、向日葵、苜蓿、马铃薯、甜菜、豆类、萝卜、白菜、瓜类、棉花、洋麻、栗、甘薯、竹笋、桑。

【分布】中国黑龙江、吉林、辽宁、内蒙古、宁夏、甘肃、青海、新疆、北京、河北、山西、陕西、山东、河南、湖北、江苏、安徽、浙江、福建、广西、四川；俄罗斯（西伯利亚，库页岛），朝鲜，日本（北海道）。

黑色筒叩甲 *Ectinus aterrimus* (Linnaeus, 1761)（图 1-66）

该种是 Linnaeus（1761）以学名 *Elater aterrimus* 最先记述的，先后被移至 *Agriotes*、*Ectinus* 等属中，是欧洲和西伯利亚的一个常见种，过去在我国称之为浓黑金针虫。

【形态特征】

成虫　体长 12~13mm，体宽 2.75~3.25mm。黑色，不光亮，被毛暗褐色。前胸长明显大于宽，两侧中部直，顶部处突然变狭，较基部显得更凸，密被强烈刻点；具中纵沟，其底部光滑，向基部越来越深；后角长，顶端向外弯，具强烈的脊。鞘翅略宽于前胸，是其 2.5 倍的长度，两侧平行至中部，然后斜向变瘦；表面具细的刻点条纹，其间隙平，具

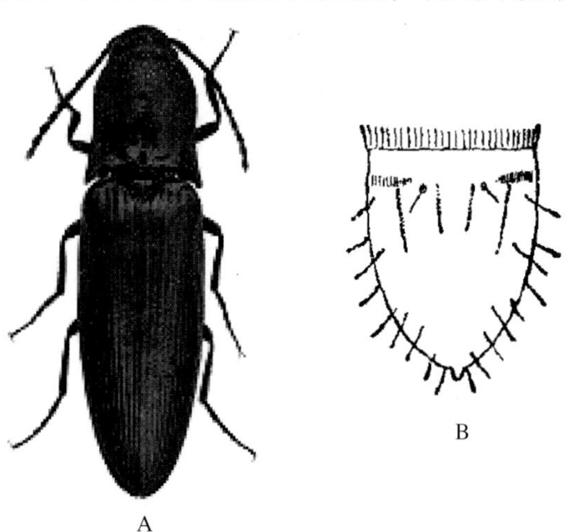

图 1-66　黑色筒叩甲 *Ectinus aterrimus* (Linnaeus, 1761)
A. 成虫背面观 (引自 http:// www.biolib.cz)；B. 幼虫第 9 腹节背面观 (引自张履鸿等 , 1990)

相当密的刻点。足及触角暗褐色，略显红色。

幼虫　末龄幼虫体长 25~32mm。体大型，第 9 腹节无气孔窝，端部具大形骨化角突，背面具皱纹，刺毛简单；上颚内缘只有 1 小形中齿，无内齿，前颏长不大于宽。

【寄主】人参。

【分布】中国东北、山东；俄罗斯（西西伯利亚），欧洲。

棘胸筒叩甲 *Ectinus sericeus* (Candèze, 1878)（图 1-67）

该种是 Candèze (1878) 以日本北部 (Awomori) 产标本为模式和学名 *Agriotes sericeus* 最先记述的，后来被其他学者移至现属中，目前该种记录有 2 个亚种：*Ectinus sericeus sericeus* (Candèze) 和 *Ectinus sericeus babai* Kishii，前者分布较广，后者仅分布于日本，过去在我国多以学名 *Agriotes sericeus* Candèze 和中名棘胸叩头虫记述，是我国农作物的一种主要地下害虫。

【形态特征】

成虫　体长 10mm，体宽 2.6mm。头和前胸及腹面黑褐色，鞘翅砖红色或栗红色，不太光亮；触角、足暗褐色。全身被有不太密的黄色茸毛。触角向后伸达前胸后角基部；第 2 节和第 4 节略长于第 3 节；第 4~10 节弱锯齿状；末节菱形，端部收狭后突出。前胸筒形，长略大于宽，两侧中央微略内波变狭，表面密被强烈刻点；后角分叉，有锐脊。鞘翅与前胸等宽，两侧平行，近端部 1/3 处向后变狭，端部完全；表面有刻点条纹，其间隙平，有细小刻点。跗节和爪简单。

【寄主】小麦、玉米、高粱、粟、陆稻、甘薯、马铃薯、烟草、甜菜、向日葵、豆类、苜蓿、茄、胡萝卜、柑橘、牧草。

图 1-67　棘胸筒叩甲 *Ectinus sericeus* (Candèze, 1878)
成虫背面观（引自 http://www.zin.ru）

【分布】中国吉林、辽宁、北京、河北、山东、河南、浙江、湖北、湖南、福建、重庆、四川、贵州；俄罗斯(远东)，朝鲜，日本。

锥胸叩甲族 Ampedini

朽根锥胸叩甲 *Ampedus (Ampedus) balteatus* (Linnaeus, 1758)（图 1-68）

该种是 Linnaeus（1758）以学名 *Elater balteatus* 最先记述的，后被移至现属中，是欧洲的一个广布种，过去在我国对幼虫记述为朽根金针虫。

【形态特征】

成虫 体长 9mm，体宽 2.5mm。黑色，背面绒毛灰褐色，腹面黄褐色，鞘翅血红色，端部 1/3 黑色。头凸，密被刻点，前缘圆拱。触角黑褐色。前胸背板凸，两侧弧拱；表面刻点密，相当细；基部具有一条短的纵中沟；后角脊强烈。小盾片狭长，略凸。鞘翅两侧平行，自中部向后明显变狭，端部完全；表面具明显的刻点条纹，其间隙平，具刻点。腹面黑色，足暗褐色，端部略显暗红色。

幼虫 末龄幼虫体长 18~20mm。第 9 腹节背板压凹前面的点刻浅，口袋状，密，相互接近，其间隙小于点刻直径；第 1 腹节背板两侧的侧纵向小条带明显短于压凹；腹部各节上的气门长形，两侧几乎平行。

【寄主】人参。

【分布】中国东北；蒙古，俄罗斯（西伯利亚），哈萨克斯坦，土耳其，欧洲。

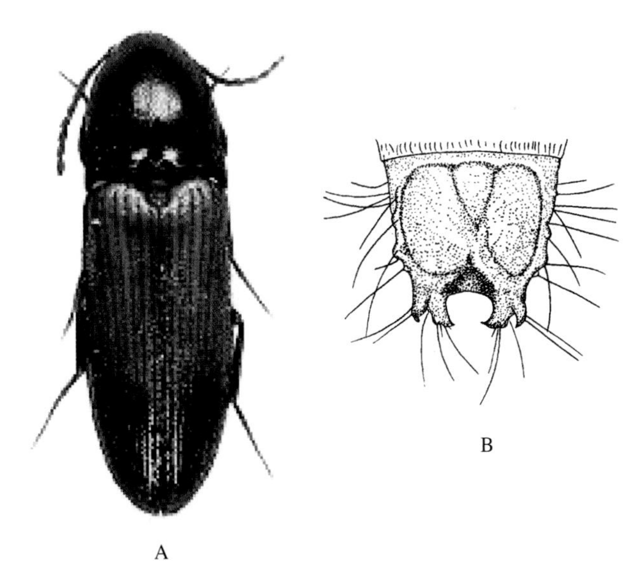

图 1-68 朽根锥胸叩甲 *Ampedus (Ampedus) balteatus* (Linnaeus, 1758)
A. 成虫背面观(引自 http://insectamo.ru)；B. 幼虫第 9 腹节背面观(引自张丽坤等, 1994)

白桦锥胸叩甲 *Ampedus (Ampedus) pomonae* (Stephens, 1830)（图 1-69）

该种是 Stephens（1830）以学名 *Elater pomonae* 最先记述的，后被移至现属中，过去在我国多以中名白桦金针虫记述其幼虫。

【形态特征】

成虫　体长 10mm，体宽 3mm。头和前胸背板黑色，光亮，被有长的黑色绒毛。鞘翅猩红色。触角黑色，向后不达前胸背板后缘，第 2、3 节倒锥形，第 4~10 节宽的三角形，末节近端部缢缩后突出。前胸背板宽明显大于长，两侧弧拱无波，前部向前明显弧弯收狭；顶部圆凸，中部刻点稀，两侧密而强烈，无中纵沟；后角细短，伸向后方。小盾片黑色，近菱形，两侧膨扩至基部 1/3 处后，向后呈斜向收狭变尖。鞘翅基部略窄于前胸背板，两侧平行至中部后逐渐变狭；表面无斑，具有粗刻点组成的一列列的刻点条纹，有时条纹颜色略暗，条纹间隙平或略凸，具细的刻点。足黑色，跗节端部及爪栗褐色。

幼虫　末龄幼虫体长 20~23mm。第 9 腹节背板两侧的压凹发育良好，其长度明显大于两侧的纵向小条带间距和压凹内缘间距；压凹前面的点刻浅，口袋状，稀，其间隙大于点刻直径。

【寄主】人参，也有资料记录该种可在朽腐的白桦心材中发育。

【分布】中国东北；蒙古，俄罗斯（东西伯利亚，西西伯利亚），伊拉克，哈萨克斯坦，土耳其，欧洲。

图 1-69　白桦锥胸叩甲 *Ampedus (Ampedus) pomonae* (Stephens, 1830)
成虫背面观 (引自 http://elateridae.co.uk)

椴锥胸叩甲 *Ampedus (Ampedus) pomorum* (Herbst, 1784)（图 1-70）

该种是 Herbst（1784）以学名 *Elater pomorum* 最先记述的，后被移至现属中，过去在我国对幼虫记述为椴金针虫。

【形态特征】

成虫　体长 12~13mm，体宽 3.75~4mm。黑色，相当光亮，被毛黑褐色；鞘翅血红色，略显锈色，肩部颜色要淡和亮很多，被毛淡红褐色。额凸，刻点明显。前胸背板宽大于长，前部向前变狭，两侧弧拱；背面凸，刻点前部较基部更密更强烈，基沟模糊，后角脊明显。鞘翅较为扁平，基部与前胸基部等宽，两侧向后逐渐变狭，使身体略似纺锤形；表面具有明显的刻点条纹，其间隙平，向后逐渐变窄，具明显的刻点皱粒。腹面黑色，具刻点和绒毛，跗节红褐色。

幼虫　末龄幼虫体长 20~22mm。腹部前 4 节上的压凹内缘几乎达到中线，两内缘间点刻不多于 1~2 个；第 1、2 腹节背板两侧的侧纵向小条带几乎是压凹长度的 1/2；第 9 腹节的内部纵向斜的小条带勉强可见，有时几乎看不见；额片中截后面椭圆形加宽，后端宽圆。

【寄主】人参。

【分布】中国黑龙江、吉林；蒙古，俄罗斯，欧洲。

图 1-70　椴锥胸叩甲 *Ampedus (Ampedus) pomorum* (Herbst, 1784)
成虫背面观（引自 http://barry.fotopage.ru）

叩甲族 Elaterini

暗足双脊叩甲 *Ludioschema obscuripes* (Gyllenhal, 1817)（图 1-71）

该种是Gyllenhal(1817)以印度东部产标本为模式和学名*Elater obscuripes*最先记述的，后来曾被不同学者放在*Agonischius*、*Chiagosnius*等属中，是我国的一个广布种和优势种，过去在我国农业生产中多以中名蔗根叩头虫记述，近年也称谓过暗足重脊叩甲。

【形态特征】

成虫　体长 15mm，体宽 5mm。体狭长，颜色多变化，通常背腹呈暗褐至黑色，有时腹面呈棕黄至棕红色，触角黑色或棕黑色。头顶平，触角之间无横脊，刻点相当粗密。触角向后伸至前胸背板后角；自第 3 节起为锯齿状，该节约为第 2 节长的 2~2.5 倍，而略长于以后各节，以后各节节长明显大于端宽。前胸背板长明显大于宽，表面相当隆凸，中纵沟明显，中域刻点粗密深刻；两侧缘边自中部之前下弯伸至复眼下缘；后角长尖，背面具两条纵脊。小盾片长，顶端尖。鞘翅狭长，明显向末端收狭，表面刻点沟纹深，尤以基部为甚；沟纹间隙凸，具细刻点。足细长，跗节基部四节依次渐短，腹面具毛，爪简单。

【寄主】甘蔗。该种成虫除在甘蔗地采到外，也可在烟田、稻田、牧地、芒果园、树林中采到，有明显的趋光性。

【分布】中国内蒙古、河北、陕西、甘肃、江苏、安徽、浙江、湖北、江西、湖南、福建、台湾、广东、香港、广西、重庆、四川、云南、西藏；俄罗斯 (Caucasus)，朝鲜，日本（琉球），越南，印度。

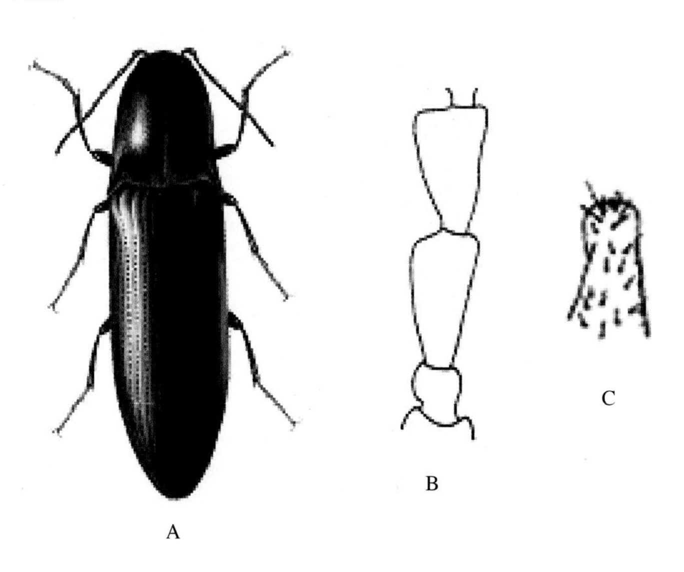

图 1-71　暗足双脊叩甲 *Ludioschema obscuripes* (Gyllenhal, 1817)
A. 成虫背面观；B. 成虫触角第 2~4 节；C. 雄外生殖器侧叶端部

（四）梳爪叩甲亚科 Melanotinae

褐纹梳爪叩甲 *Melanotus (Melanotus) fortnumi* Candèze, 1878（图 1-72）

(=*Melanotus caudex* Lewis, 1879)

Melanotus fortnumi Candèze 和 *Melanotus caudex* Lewis 的模式产地均为日本，Ôhira（1992）已将后者确定为前者的异名，但过去在我国农业生产上，多是以其异名记述的，中文名称所采用的是褐纹叩头虫或褐纹金针虫。

【形态特征】

成虫　体长 8.5~9mm，宽约 2.7 mm。体细长，黑色，被灰色短毛；腹部暗红色，触角和足红褐色。触角向后伸达鞘翅基部（♂）或前胸后角基部（♀）；第 2、3 节小，球形，等长，二节之和短于第 4 节，第 4~10 节各节三角形，锯齿状，末节长梭形。前胸长宽近相等（♂）或宽大于长（♀），向后变狭；表面凸，被细密刻点，具 1 条光滑的中纵线，雌性较为明显；后角短，不分叉，具 1 条短脊。鞘翅具刻点条纹 (9 条)，基部条纹深凹，其间隙凸，具细小刻点形成的皱纹。跗节粗短，简单；爪梳状。

幼虫　末龄幼虫体长约 25mm，宽约 1.7mm。体细长，圆筒形，茶褐色并有光泽。前胸和第 9 腹节红褐色。头扁平，梯形，上具纵沟和小刻点。第 2 胸节至第 8 腹节各节背面前缘二侧均有新月形斑纹。第 9 腹节扁平而长，背面前缘二侧各有一半月形斑，基半部有 4 条纵纹，端半部有褐纹，并密布粗大刻点，尖端有 3 个小齿状突起，中齿较大而尖，红褐色。

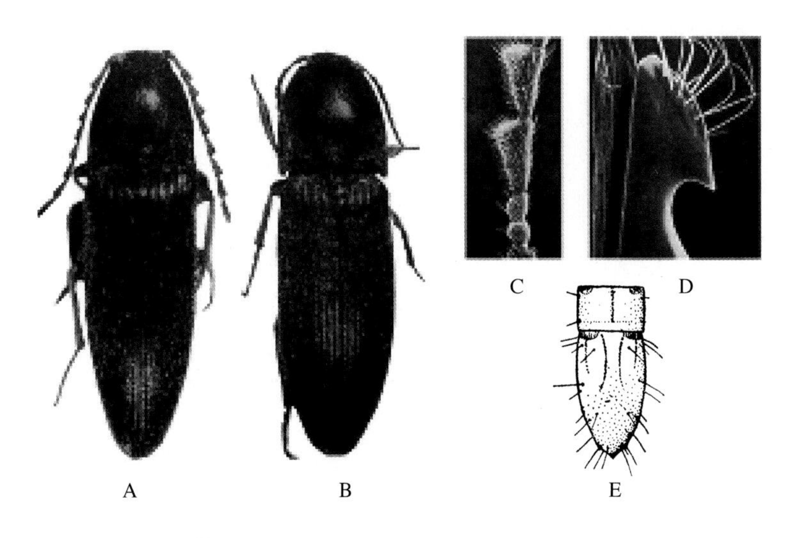

图 1-72　褐纹梳爪叩甲 *Melanotus (Melanotus) fortnumi* Candèze, 1878
A. 雄成虫背面观；B. 雌成虫背面观；C. 成虫触角第 2~5 节；D. 雄外生殖器侧叶；E. 幼虫第 9 腹节背面观
（A-D 引自 Ôhira, 1992；E 引自西北农学院 , 1981）

【寄主】人参、小麦、大麦、高粱、玉米、粟。

【分布】黑龙江、吉林、辽宁、宁夏、青海、山西、陕西、河北、河南、湖北、湖南、安徽、台湾、广西；日本。

伟梳爪叩甲 *Melanotus (Melanotus) regalis* Candèze, 1860（图 1-73）

该种是 Candèze（1860）以我国上海产标本为模式最先记述的，曾经有学者将其放在 *Spheniscosomus* 属中，目前该属已降为 *Melanotus* 的一个亚属。该种过去在我国曾以中名蔗梳爪叩甲、大叩甲记述。

【形态特征】

成虫　体长 20~25mm，体宽 6~6.5mm。该种体宽扁，是本属中体形最大的种类之一，褐色，密被灰色茸毛。额平，刻点粗。触角褐色，第 2 节长大于宽，第 3 节倒锥形，长于第 2 节，短于第 4 节，第 4~10 节长三角形。前胸宽大于长，其宽约是其长度的 1.2~1.25 倍，两侧从基部开始向前呈弓形变狭；背面适当凸，中后部有较宽而不太深的纵中沟；表面刻点粗，前部和两侧更密，几乎愈合形成凸凹不平的脐状，向基部逐渐变小变稀；后角大，宽扁，外侧有脊；基沟宽，斜向。小盾片长宽近相等。鞘翅基部与前胸近等宽，其长度约是前胸的 2.8~3 倍，两侧从基部 1/3 处开始向端部弯曲变狭，缝角短尖；表面具有明显的刻点沟纹，基部沟纹宽深，刻点密，向后沟纹逐渐变弱，至端部成为一系列的刻点纹；沟纹间隙平，具小刻点。足栗红色，胫节宽扁；跗节简单，爪梳状。

【寄主】甘蔗。

【分布】中国东北、江苏、上海、湖北、江西、湖南、福建、广东、海南、广西、重庆、四川、贵州；老挝，越南，柬埔寨。

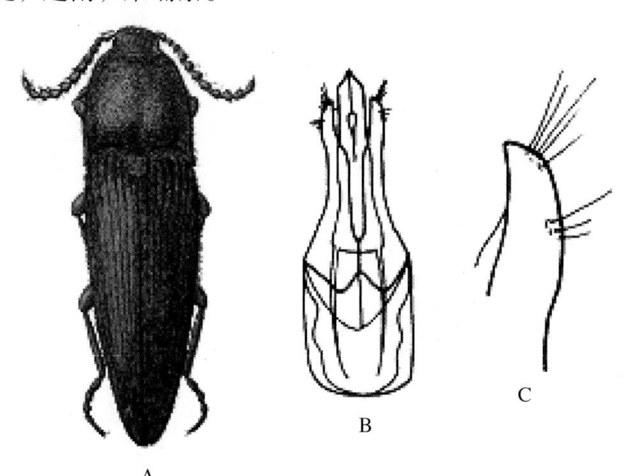

图 1-73　伟梳爪叩甲 *Melanotus (Melanotus) regalis* Candèze, 1860
A. 成虫背面观 (引自 Candèze, 1860)；B. 雄外生殖器；C. 雄外生殖器侧叶端部放大
（B,C 引自 Platia et Schimmel, 2001）

根梳爪叩甲 *Melanotus (Melanotus) tamsuyensis* Bates, 1866（图 1-74）

该种是 Bates（1866）以台湾北部淡水 (Tamsuy) 产标本为模式最先记述的，过去在我国农业生产中多以中名蔗叩头虫、台湾褐纹叩头虫记述。

【形态特征】

成虫　体长 18mm，体宽 5mm。体宽扁，栗红色；头、前胸背板前部略暗；触角、足同体色。被毛黄白色，有金属光泽；不太密，腹面均匀，背面较稀疏，不均匀。头平坦，刻点粗密，筛孔状，前缘弧拱呈帽沿状；额槽宽深，中部和两侧同样宽；复眼后半部嵌入前胸。触角第 1 节粗，向端部膨大；第 2 节最小， 球形；第 3 节长锥形，约是第 2 节的 2 倍多，第 4~10 节长三角形。前胸背板相当横扁，宽大于长很多，锥形，两侧向前逐渐变狭；背面略凸，向后逐渐倾斜，刻点中后部细，稀，前部和两侧强烈愈合成细脊状；后角伸向后方，表面有锐脊，和侧缘平行，与皱脊相连；后缘有明显基沟，较长，宽浅，后缘处深刻。鞘翅和前胸等宽，相当长，约是前胸长度的 3 倍多；两侧平行，端部 1/3 处开始向后变狭；背面凸，有明显的刻点沟纹；沟纹间隙平，刻点小，稀。小盾片长方形，前缘直，两侧中部微弱凹入，端部弧拱，刻点不均匀。前胸腹板后部平行，前部逐渐向前变宽；腹前叶狭，前方拱出呈弧形，基部有横沟；腹侧缝微弱弧弯，前后端关闭，中部裂缝状；腹后突表面平，在前足基节后向后陡斜，侧面有纵槽。鞘翅缘折与后胸侧板等宽，狭片状，从前向后渐狭。后足基节片从内向外明显变狭，外端相当狭，内侧后缘圆凹，内端呈钩突状。腹面刻点在前胸腹板、侧板和身体两侧成皱状，中间相对弱，均较密。跗节粗短，简单，第 1 节约长于后二节之和；爪梳状，梳齿密。

【寄主】甘蔗、稻、麦、向日葵、玉米、甘薯。

【分布】中国台湾、福建、四川；日本 (琉球)。

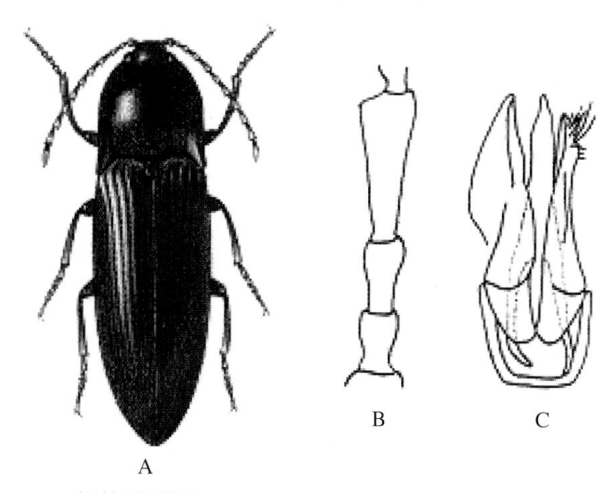

图 1-74　根梳爪叩甲 *Melanotus (Melanotus) tamsuyensis* Bates, 1866
A. 成虫背面观；B. 成虫触角 2~4 节；C. 雄外生殖器及侧叶放大

朱腹梳爪叩甲 *Melanotus (Melanotus) ventralis* Candèze, 1860（图 1-75）

该种是 Candèze（1860）以我国浙江舟山产标本为模式最先记述的，因腹部朱红色而得中名，过去在我国也有学者以黄腹梳爪叩甲记述。

【形态特征】

成虫　体长 11～13mm，体宽 3～3.5mm。体舟形，黑色，有点光亮；触角黑色，足栗褐色，腹部朱红色。全身被有灰白色短绒毛，不太密。头平，刻点粗，密，脐状；额脊完全，向前拱出近似弧形，额槽宽阔。触角长，向后末节超过前胸后角端部；第 2、3 节相当小，圆球形，第 3 节略长于第 2 节，第 4～10 节锯齿状，各节长三角形，后一节着生在前一节端侧，末节向端部变尖，有锥状的假节。前胸长大于宽，前部明显变狭，后角处微弱波状，侧缘弓形；背面适当凸，基部刻点稀，两侧、前部刻点相当强烈，脐状；后角伸向后方，有一条明显的脊，呈对角线走向；后缘基侧沟斜。小盾片近四方形，两侧微弱缢缩，端部中央凹入。鞘翅等宽于前胸，前中部两侧平行，近端部 1/3 处开始明显变狭，端部完全；背面凸，有刻点条纹，其间隙凸，均匀分布小刻点。腹面密被刻点，前胸腹板和侧片刻点强烈。前胸腹侧缝宽深，后端浅，沿基节窝弯曲；前胸腹前叶向前拱出呈半圆形；腹后突在前足基节窝后突然向下弯曲，然后斜向插入中胸腹窝；中胸腹窝向前倾斜，窝的后缘远离后胸腹板。后足基节片从中部开始明显向外变狭。跗节简单，第 1 节小于后两节之和；第 1～4 节逐节变小；爪梳状，梳齿密。

【寄主】桑。

【分布】中国内蒙古、河南、江苏、上海、安徽、浙江、江西、福建、四川。

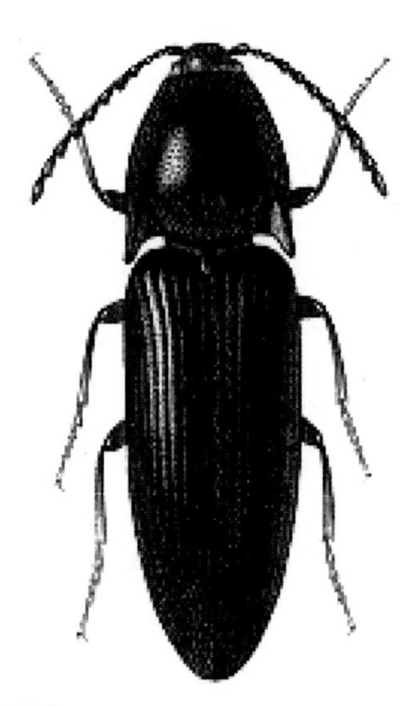

图 1-75　朱腹梳爪叩甲 *Melanotus (Melanotus) ventralis* Candèze, 1860
成虫背面观

红足梳爪叩甲 *Melanotus (Melanotus) villosus* (Geoffroy, 1785)（图 1-76）

[=*Melanotus rufipes* (Herbst)]

该种是 Geoffroy（1785）以法国产标本为模式和学名 *Elater villosus* 最先记述的，先后被移至 *Athous*、*Melanotus* 等属中，是欧洲的一个广布种，过去在我国多以其异名 *Melanotus rufipes* (Herbst) 记述幼虫，中名称之为赤足金针虫。

【形态特征】

成虫 体长 11~18mm，体宽 3~5mm。颜色变化较大，完全黑色至栗红色，绒毛灰色。额平，前缘弓形，中央略低凹。触角向后超过前胸背板后角 1~2 节，第 2 节长大于宽，第 3 节近筒形，略长于第 2 节，之和长于第 4 节，第 4~10 节三角形，各节长明显大于宽。前胸背板略凸，宽是长的 1.1~1.2 倍；两侧微弱弧拱，向前变狭，不呈波状；表面刻点变化大，从简单到强烈筛孔状，多少有些间隔；后角粗，有脊，侧缘完全。鞘翅等宽于前胸，自基部向端部变狭；表面具强烈的刻点条纹，其间隙凸，分散有小刻点。雌性较雄性大，更凸，触角较短，向后不达前胸后端部。

幼虫 末龄幼虫体长 37~45mm。第 9 腹节平台光亮，基部有稀疏小刻点，表面压凹状，有明显的脊边，横皱纹明显弯曲，平台两侧边上各有 2 个大的圆形结节，末端三齿端部圆钝，中齿突出。

【寄主】人参。

【分布】中国东北、华北、云南；越南，小亚细亚，阿尔及利亚，欧洲。

A

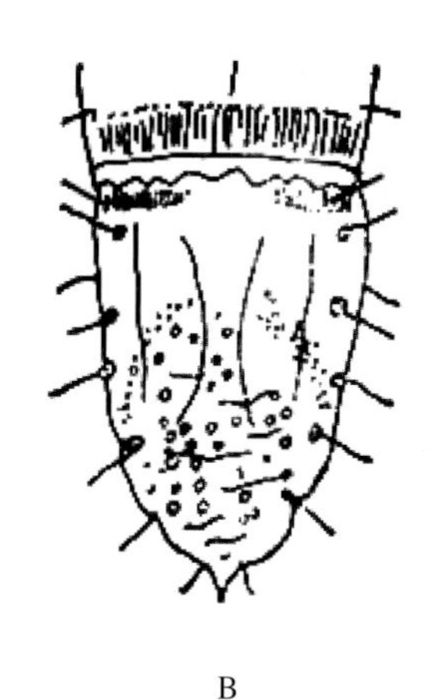

B

图 1-76 红足梳爪叩甲 *Melanotus (Melanotus) villosus* (Geoffroy, 1785)
A. 成虫背面观 (引自 http:// www.eakringbirds.com)；B. 幼虫第 9 腹节背面观 (引自罗益镇等 , 1995)

筛胸梳爪叩甲 *Melanotus (Sphenscosomus) cribricollis* (Faldermann, 1835)（图 1-77）

（＝ *Melanotus restrictus* Candèze, 1865）

该种是 Faldermann（1835）以我国华北产标本为模式和学名 *Elater cribricollis* 最先记述的，后来被移至现属中，过去在我国的记录除使用现在的学名外，也有较多同时使用其异名 *Melanotus restrictus* Candèze 记述的。

【形态特征】

成虫　体长 16~18mm，体宽 4.5~5mm。体黑色，触角和足黑色，有时足略显栗色；被毛灰白色，细短。头紧嵌入前胸，额平，前缘平截或略凸，前缘后部两侧略凹，密被有明显的筛孔状刻点。前胸被有孔状刻点，两侧的大而强烈，更密，中间从前向后变稀变弱变小；前胸长大于宽，向前逐渐变狭；后角伸向后方，上有锐脊；后缘基侧沟明显，直。鞘翅等宽于前胸，两侧平行，后部变狭，两鞘翅切合，端部完全，常露出腹部末端，表面具有明显的刻点线，其线间略凸，不平，略有横皱，分布有明显的小刻点。小盾片长略大于宽，近正方形，无沟，被有小刻点。跗节简单，爪梳状。

幼虫　末龄幼虫体长 27.2~31.5mm。体细长，扁圆筒形，暗红色或褐红色。头扁平梯形，上有 4 条纵沟，上颚漆黑色。背中线位置有细浅的凹陷沟；气门黑色，扁椭圆形，位于各节前缘。前胸较长，为中后胸之和。各体节前后缘有边，上有纵细纹；中胸至第 8 腹节前缘亚背线位置处有较小的半月形斑，斑上有纵细纹；第 9 腹节圆锥形，较长，有 5 个突起，中间 3 个位于末端，呈“山”字形，中间一个最长。

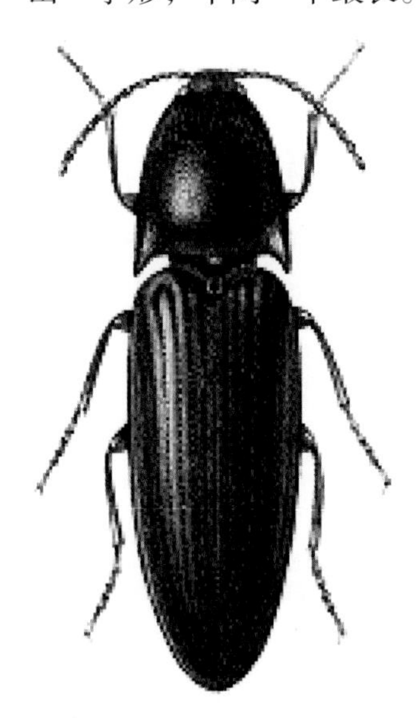

图 1-77　筛胸梳爪叩甲 *Melanotus (Sphenscosomus) cribricollis* (Faldermann,1835)
成虫背面观

【寄主】竹类。该种是我国的一个优势种，在有分布的省区均十分常见，成虫有趋光性。周云娥等（2008），邓顺等（2010）调查，该种幼虫为害竹类达 47 种，在浙江竹林中 4~5 年完成 1 代。

【分布】中国辽宁、内蒙古、北京、河北、山东、山西、陕西、甘肃、江苏、上海、浙江、湖北、江西、福建、广东、广西、四川、贵州、云南；朝鲜，日本。

（五）线角叩甲亚科 Pleonominae

线角叩甲族 Pleonomini

沟线角叩甲 *Pleonomus canaliculatus* (Faldermann, 1835) (图 1-78)

该种是 Faldermann（1835）以我国华北产标本为模式和学名 *Cratonychus canaliculatus* 最先记述的，后来被其他学者移至 *Pleonomus* 属中。过去在我国农业生产上，多是以沟叩头虫和沟金针虫的中名记述。

【形态特征】

成虫　该种成虫雌雄体型差异较大。雄虫体较瘦狭，圆筒形，长 14~18mm，宽 3.5mm；栗黑色，密被黄色细毛，触角、足褐色；头扁，头顶有三角形凹陷，密布明显刻点；触角丝状，细长，12 节，向后伸达鞘翅端部；前胸短，长大于宽，密被刻点，基缘微弱双波状，后角尖；小盾片近圆形，平，密被细刻点；鞘翅狭长，其长度超过前胸的 5 倍，表面有明显纵沟；

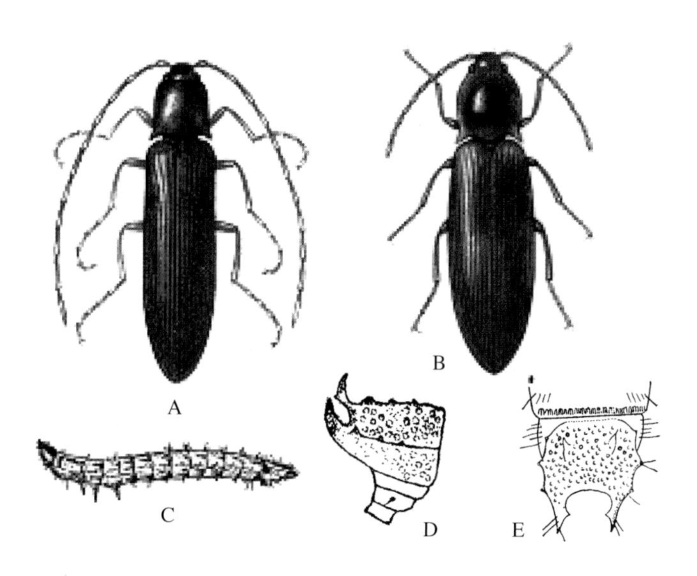

图 1-78　沟线角叩甲 *Pleonomus canaliculatus* (Faldermann, 1835)
A. 成虫背面观（♂）；B. 成虫背面观（♀）；C. 幼虫侧面观；D. 幼虫腹末侧面观 E. 幼虫第 9 腹节背面观
(C 引自钱学聪，1993；D,E 引自张履鸿等，1990)

后翅发达；足细长。雌虫体较宽扁，长 14~17mm，宽 4~5mm；触角锯齿状，较短，11 节，向后仅达鞘翅基部；前胸宽大于长，前狭后宽，背面呈半球形隆凸，密布刻点，中央有微弱纵中沟，后角稍向后方突出；鞘翅较短，其长度不达前胸的 4 倍，其上密布小刻点；后翅退化；足较短。

幼虫　末龄幼虫体长 20~30mm；金黄色，细长，圆筒形，略扁；体壁坚硬，光滑，各节宽大于长，背面中央具 1 条细纵沟；体表被黄色细毛，两侧较密；头部扁平，暗褐色，其上唇呈三叉状突起；第 9 腹节黄褐色，背面有暗色近圆形凹入，其上密生刻点，两侧缘隆起，每侧有 3 个齿状突起；末端分二叉，稍上弯，各叉内侧具 1 小齿。

【寄主】麦类、玉米、高粱、粟、大麻、青麻、四季豆、大豆、甘薯、马铃薯、甜菜、烟草、棉、向日葵、苜蓿、瓜类、萝卜、花生、芝麻、甘蔗、油菜、梨、橡胶草、白菜、番茄、竹笋、桑、杨。

该种过去在我国记载是一种重要的农林地下害虫，在贫脊的砂土中发现较多。为害多种农作物、树苗的细根、嫩茎及刚发芽的种子，约 3 年完成一代。

【分布】中国黑龙江、吉林、辽宁、内蒙古、甘肃、青海、北京、河北、山西、陕西、山东、河南、湖北、湖南、江苏、安徽、浙江、福建、广西、重庆、贵州；蒙古。

（六）小叩甲亚科 Negastriniinae

小叩甲族 Negastriini

四纹齿盾叩甲 *Oedostethus quadripustulatus* (Fabricius,1792)（图 1-79）

该种是 Fabricius（1792）以学名 *Elater quadripustulatus* 最先记述的，后来被其他学者先后移至 *Cryptohypnus*、*Hypnoidus*、*Oedostethus* 等属中。过去在我国是以学名 *Hypnoidus quadripustulatus* (Fabricius) 和中名四纹叩头虫或四纹金针虫记录，仅见于名录中。

【形态特征】

成虫　体长 3mm，体宽 1mm。体小，身体背面和腹面均为黑色，光亮，被细的灰色绒毛；鞘翅肩部和近端部具有 4 个近椭圆形的黄色斑块；前胸后角红色；触角褐色，基部栗红色；足栗红色，略显黄色；后基片褐色。额宽，略凸，密被刻点；两侧向前微弱变狭，前部拱出。触角向后伸过前胸背板后角；第 2、3 节倒锥形，近等长，第 3~10 节三角形，锯齿状，末节纺锤形，端部收狭后突出。前胸背板宽明显大于长，表面凸，具有细弱刻点；两侧中部明显弧拱，向前向后明显内弯变狭；后角短，尖，分叉。小盾片宽，短，端部尖形穹隆。鞘翅近椭圆形，不太长，略是前胸长度的 2.5 倍；基部宽于前胸，两侧微弱弧拱，近端部 1/4 处向后明显变狭；背面相当凸，具线状条纹，其间隙凸，具粒皱。后基片内方较宽。

图 1-79 四纹齿盾叩甲 *Oedostethus quadripustulatus* (Fabricius, 1792)
成虫背面观（引自 http://webs.ono.com）

【寄主】栗、蔬菜。

【分布】中国黑龙江；俄罗斯（西伯利亚，远东），欧洲，北美。

（七）心盾叩甲亚科 Cardiophorinae

心盾叩甲族 Cardiophorini

钝角心跗叩甲 *Cardiotarsus rarus* Miwa, 1927（图 1-80）

该种是 Miwa（1927）以台湾产标本为模式最先记述的，因寄主为西洋参，在我国也有人以中名洋参凹跗叩甲记述。

【形态特征】

成虫　体长 8.5mm，体宽 2.8mm。暗褐色，略光亮，前胸颜色更暗，触角、足褐色；被黄色短毛。前胸前角、足端部和触角各节端部略带红色。头扁平，刻点不明显；额脊明显，半圆形。触角从第 2 节开始向端部逐节变长，弱锯齿状。前胸背板凸，二侧微弱拱出呈弧形，基部有微弱的中纵沟，刻点细而密；后角短，端部钝，几乎不伸向外方。小盾片宽，前缘中间深凹。鞘翅宽于前胸，有明显沟纹，沟纹中有一列粗刻点；沟纹间隙平，无明显刻点。爪简单。

【寄主】西洋参。

【分布】福建、台湾。

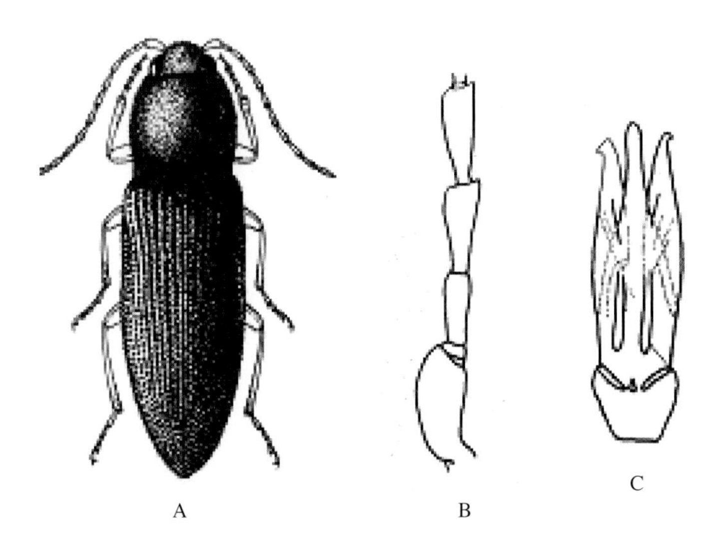

图 1-80 钝角心跗叩甲 *Cardiotarsus rarus* Miwa, 1927
A. 成虫背面观（引自王书永 , 1993）；B. 成虫触角 1~4 节；C. 雄外生殖器

参考文献

江世宏，王书永 .1999. 中国经济叩甲图志 [M]. 北京：中国农业出版社 .

江世宏 .1993. 中国叩甲科昆虫名录 [M]. 北京：北京农业大学出版社 .

江世宏 .2002. 福建昆虫志（第六卷）（鞘翅目：叩甲科）（黄邦侃主编）[M]. 福州：福建科学技术出版社 .

李景科，陈鹏，姜锡东 .1990. 中国东北土壤叩甲的地理分布 [J]. 东北师大学报自然科学版，(增刊)：21-26.

罗益镇，崔景岳 .1995. 土壤昆虫学（叩头甲科）[M]. 北京：中国农业出版社 .

潘涛，马惠萍 .2006. 细胸金针虫的发生规律及防治技术研究 [J]. 甘肃农业科技 (8)：29-30.

钱学聪 .1993. 农业昆虫学（地下害虫：金针虫）[M]. 北京：农业出版社 .

王书永 .1992. 湖南森林昆虫图鉴（叩头虫科）（湖南省林业厅编）[M]. 长沙：湖南科技出版社，382-386.

王书永 .1993. 龙栖山动物（昆虫纲，鞘翅目，叩甲科）[M]. 北京：科学出版社 .

西北农学院 .1981. 农业昆虫学（地下害虫：金针虫类）[M]. 北京：农业出版社 .

张丽坤，张履鸿 .1994. 中国东北地区危害人参的金针虫种类研究 [J]. 东北农业大学学报，25(4)：332-336.

张丽坤，张履鸿 .1996. 中国东北地区危害人参的金针虫种类研究 [J]. 昆虫知识，33(4)：235-236.

张履鸿，张丽坤 .1990. 金针虫常见属的鉴别及有关问题 [J]. 昆虫知识，27(4)：233-235，248.

赵江涛，于有志 .2010. 中国金针虫研究概述 [J]. 农业科学研究，31(3)：49-55.

周明牂 .1980. 中国农业害虫名录（鞘翅目：叩甲科）[M]（中国农科院植保所编，内部资料）.

周云娥，白洪青，舒金平 .2008. 筛胸梳爪叩甲生物学特性研究 [J]. 浙江林业科技，28(4)：28-32.

Bates H W. 1866. On a collection of Coleoptera from Formosa, sent home by R. Swinhoe, Esq., H.B.M Consul, Formosa[J]. Proceedings of the Zoological Society of London, 23:339-355.

Bouchard P, Bousquet Y, et al. 2011 Family-group names in Coleoptera (Insecta: Elateridae) [J]. ZooKeys, (88): 1-2; 51-52; 306-320; 641-835; 852-855.

Candèze E C A. 1859. Monographie des Élatérides II [J]. Mémoires de la Société Royale des Sciences de Liège 14, 543pp.

Candèze E C A. 1860. Monographie des Élatérides III [J]. Mémoires de la Société Royale des Sciences de Liège 15, 512pp.

Candèze E C A. 1865. Élatérides nouveaux. (I) [J]. Mémoires Couronnés et autres Mémoires. Académie Royale des Sciences, des Lettres et des Beaux-Arts de Belgique, (Classe Sciences), 17(1): 1-63.

Candèze E C A. 1873. Insectes recueillis au Japan par M. G. Lewis pendant les années 1869-1871[J]. Élatérides. Mémoires de la Société Royale des Sciences de Liège, 5(2):1-32.

Candèze E C A. 1878. Élatérides nouveaux. II[J]. Annales de la Sociétè Entomologique de Belgique, 21:1-212.

Cate P C. 2007. Elateridae. In: Lobl, I. & A. Smetana [J]. Catalogue of Palaearctic Coleoptera, Volume 4: 14-15, 18-21, 32-47, 88-209.

Fabricius J C. 1781. Species insectorum exhibentes eorum differentias specificas, synonyma auctorum, loca natalia, metamorphosin adiectis observationibus, descriptionibus[J]. Tom 1. Hamburgi et Kilonii: Carol Ernest Bohhn, viii+552pp.

Fabricius J C. 1792. Entomologia systematica emendata et aucta. Secundum classes, ordines, genera, species adiectis synonymis, locis, descriptionibus, observationibus[J]. Tomus I. Pars II. Hafniae: Christ. Gottl. Proft, 538pp.

Fabricius J C. 1801. Systema Eleuteratorum secundum ordines, genera, species adiectis synonymis, locis, observationibus descriptonibus[J]. Tomus II. Kiliae: Bibliopolii Academici Novi, 687pp.

Faldermann F. 1835. Coleopterorum ab. ill. Bungio in China boreali, Mongolia et montibus Altaicis collectorum, nec non ab ill. Turczaninoffio et Stschukino e provincia Irkutzk missorum illustrations[J]. Mémoires de l' Académie Impériale de Sciences des St.-Pétersbourg, 2 (6): 337-464.

Gebler F A. 1830. Bemerkungen über die Insecten Sibiriens, vorzüglich des Altai. Ledebours Reise 2(3)(1829), 1-228. In: von Ledebour C. F.: Reise durch das Altai-Gebirge und die soongorische Kirgisen-Steppe. Zweiter Theil[M]. Berlin: G. Reimer, 427 pp.

Geoffroy E L. 1785. In: Fourcroy, A. F. de.: Entomologia parisiensis; sive catalogus insectorum quae in agro Parisiensi reperiuntur; secundam methodam Geoffrœanam in sectiones, genera & species distributus: cui addita sunt nomina trivialia & fere trecentde novae species[M]. Pars prima. Parisiis: Via et Aedieus Serpentineis, vii+231pp.

Gurjeva E L. 1972. Obzor palearkticheskikh zhukv-shckelkunov roda Agriotes Esch. (Coleoptera, Elateridae) [A review of Palearctic species click beetles of the Agriotes Esch. (Coleoptera, Elateridae)][J]. Entomologicheskoye Obozrenie, 51(4): 859-877.

Herbst J F W. 1784. Kritisches Verzeichniss meiner Insecten-Sammlung. Archiv der Insectengeschichte (Zürich &Winterthur: J. C. Füessly)[J], 5:73-151.

Kishii T. 1987. A Taxonomic study of the Japanese Elateridae (Col.), with the keys to the subfamilies, tribes and genera[M]. 262pp. 1 table, 12figs. Kyoto, Japan.

Kishii T, Jiang S H. 1999. Note on the Chinese Elateridae, (4) (Coleoptera)[J]. Entomological Review of Japan, 54(1):11-19.

Lewis G. 1879. Diagnoses of Elateridae from Japan[J]. The Entomologist' s Monthly Magazine, 16: 155-167.

Linnaeus C. 1758. Systema naturae per regna tria naturae, secundum classes, ordines, genera, species, cum characteribus, differentiis, synonymis, locis[J]. Tomus I. Editio decima, reformata. Holmiae [= Stockholm]: Laurentii Salvii, 823pp.

Mertlik J. 2008. Species of the genus Limonius Eschschottz, 1829 from the Czech and Slovak Republics (Coleoptera: Elateridae)[J]. Elateridarium, 2: 156-171.

Miwa Y. 1927. New and some rare species of Elateridae from the Japanese Empire [J]. Insecta Matsumurana, 2(2): 105-114.

Miwa Y. 1928. New and some rare species of Elateridae from the Japanese Empire [J]. Insecta Matsumurana, 2(3): 133-146.

Miwa Y. 1934. The fauna of Elateridae in the Japanese Empire. Report of the Department of Agriculture[J], Government Research Institute, Formosa 65, 289pp.

Ôhira H. 1992. Notes on Melanotus fortnumi and its allied species (Coleoptera, Elateridae)[J]. Transactions of the Essa Entomological Society of Niigata, (74): 23-35.

Platia G, Schimmel R. 2001. Revisione delle specie orientali (Giapponee Taiwan esclusi) del genere Melanotus Eschscholtz, 1892 (Coleopteera, Elateridae, Melanotinae)[J]. Museo Regionale de Scienze Naturali, Torino, Monografie 27, 638pp.

Solsky S M. 1871. Coléoptères de la Sibérie orientale[J]. Horae Societatis Entomologicae Rossicae, 7:334-406.

Stephens J F. 1830. Illustrations of British Entomology, or a synopsis of indigenous insects:containing their generic and specific distinctions; with an account of their metamorphoses, times of appearance, localities, food, and economy, as far as practicable[M]. Mandibulata. III. London: Baldwin and Cradock, 374pp.

Stibick J N L. 1979. Classification of the Elateridae (Coleoptera). Relationships and classification of the subfamilies and tribes[J]. Pacific Insects, 20(2/3): 145-186.

三、象甲总科 Curculionoidea

概述

喙显著，由额向前延伸而成；喙两侧各有一触角沟，用以容纳触角的柄节；触角一般膝状，端部棒状；没有上唇；颚须和唇须退化且僵直，不能活动；外咽片退化，外咽缝愈合成单一的缝；跗节五节，第四节很小，通常叫假四节；体壁骨化程度高，大多数体被鳞片。

象甲总科 7 种害虫检索表

1.	触角呈膝状，身体细长似蚁状，触角末节、前胸和足红褐色 ……	**甘薯小象虫 *Cylas formicarius***
	触角呈棒状，身体非蚁状，触角末节、前胸和足非红褐色 ……	**2**
2.	身体大型，体长一般超过 8 mm ……	**3**
	身体中型，体长一般不超过 8 mm ……	**4**
3.	前胸背板长度大于宽度，中央纵列一条漆黑色斑纹，纹中具一条细小的纵沟，喙背面中央纵列一条凹沟 ……	**大灰象甲 *Sympiezomias velatus***
	前胸背板长度小于宽度，中央无漆黑色斑纹和纵沟，喙背面中间有纵隆起，两侧凹陷成沟 ……	**甜菜象甲 *Bothynoderes punctiventris***
4.	背面从前胸背板前沿到鞘翅后 3/ 4 处有一黑色鳞片组成的暗斑，形似倒挂的花苞，鞘翅表面光滑 ……	**稻水象甲 *Lissorhoptrus oryzophilus***
	背面从前胸背板前沿到鞘翅后 3/ 4 处无特征显著斑纹，鞘翅覆白色鳞片 ……	**5**
5.	鞘翅两侧平行 ……	**金光根瘤象 *Sitona tibialis***
	鞘翅两侧圆弧形 ……	**6**
6.	喙管较短 ……	**蒙古土象 *Xylinophorus mongolicus***
	喙管较长 ……	**稻象甲 *Echinocnemus squameus***

甜菜象甲 *Bothynoderes punctiventris* Germa, 1794（图 1-81）

【形态特征】

成虫　体长 12 ~16 mm，是一种长椭圆形土灰色的甲虫，后期因背部茸毛脱落，颜色逐渐成为灰黑或黑色。底黑色，密被灰白色分裂成 2~4 叉的鳞片。喙短，前端稍膨大，背面中间有纵隆起，两侧凹陷成沟，前胸宽为长的 1.16 倍，向前窄狭，基部最宽，前端为基部的2/3，触角膝状，位于头的基部。复眼黑色，两鞘翅有10条纵列的粗刻点，且有断续的黑色斜纹，在鞘翅的末端各有瘤状突起一个。腹部5节，第1和2节中间凹陷者为雄性，突起者为雌性。雄虫较瘦，腹面基部凹陷，前足跗节第3节长于第2节。雌虫肥大，腹部基部饱满，前足跗节第3节和第2节等长。

【寄主】 为害滨藜、甜菜、菠菜、白菜、甘蓝、瓜类、灰藜、有叶盐爪爪、小黎、角果黎、地肤、猪毛菜、野苋、反枝苋、西风古、盐蒿、茵陈蒿、向日葵、萹蓄、苜蓿、三叶草等。

【分布】 中国黑龙江、吉林、辽宁、内蒙古、新疆、甘肃及山东等省（区）。

甜菜象甲成虫

甜菜象甲为害作物幼苗

图1-81 甜菜象甲

大灰象甲 *Sympiezomias velatus* Chevrolet, 1845（图1-82）

【形态特征】

成虫 雌成虫体长9.5~12.5mm，体宽3.7~5.5mm。雄成虫体长8~10.5mm，腹宽3~4mm。体密披暗灰色或灰白色鳞片。头管粗短，漆黑色，背面中央纵列一条凹沟。复眼近椭圆形，黑色隆起。触角曲膝状，末端3节显著膨大，呈纺锤形。前胸长度略大于宽度，两侧近弧形，背板近弧形，背板布满不规则瘤状凸起点，中央纵列一条漆黑色斑纹，纹中具一条细小的纵沟。两翅鞘紧密结合，各列10条由刻点组成的纵沟纹，翅中部横列一条不明显灰白色斑纹。雌成虫两鞘翅末端尖削，合成近“V”形，腹部较大，末节腹板近三角形，在前缘处有一对白斑。雄成虫两鞘翅末端钝圆，合成略呈“U”形，腹部末节腹板近半圆形，前半部灰白色，后半部灰黑色，二者构成清晰黑白的横带。

【寄主】 为害棉花、烟草、玉米、花生、马铃薯、辣椒、甜菜、瓜类、豆类、苹果、梨、柑橘、核桃、板栗等。

【分布】 中国辽宁、内蒙古、北京、河北、河南、山西、陕西、湖北。

大灰象甲成虫

大灰象甲交尾

图 1-82 大灰象甲

蒙古土象 *Xylinophorus mongolicus* Faust, 1881（图 1-83）

【形态特征】

成虫 雄虫体长 4.4~4.9mm，雌虫 4.7~5.8mm。黑灰色或土色，体被褐色和白色鳞片，头和前胸，尤其是头部发铜光；前胸，鞘翅两侧被白色鳞片，鳞片间散布细长的毛；触角和足红褐色，肩多有白斑。触角膝状，10 节，基节较长。额宽于喙。前胸宽大于长，两侧凸圆，呈圆弧形，前端略缢缩，后缘有明显的边，背面中间和两侧被发铜光的褐色鳞片，中间和两侧之间被白色鳞片，从而形成 3 条深纵纹和两条浅纵纹。前胸背板雌虫短宽，雄虫窄长。鞘翅宽于前胸，雌虫特别宽，行间 3，4 基部被白色鳞片，形成白斑，肩有 1 个白斑，其余部分被褐色鳞片，并掺杂少数白鳞片；行纹细而深，线形，行间扁，散布成行细长的毛，毛的端部截断形，端部的毛端部尖。后翅退化，不能飞行。足被鳞片和毛，前足胫节内缘有钝齿 1 排，端部向内外放粗，但不向内弯。雄虫较小，前胸宽略大于长，腹部末节

蒙古土象成虫

蒙古土象交尾

图 1-83 蒙古土象

端部钝圆；雌虫较粗壮，前胸宽大于长，腹板末节端部尖，基部两侧有沟纹。

【寄主】为害桑树、棉、亚麻、玉米、谷子、甜菜、苹果、槟、桃、樱桃、枣、栗、核桃以及君达菜、甜菜、瓜类、玉米、花生、大豆、向日葵、高粱、烟草、果树等多种植物。

【分布】中国黑龙江、吉林、辽宁、内蒙古、新疆、青海、甘肃等。

甘薯小象虫 *Cylas formicarius* (Fabricius, 1798)（图 1-84）

【形态特征】

成虫　体长 5~8 mm，体细长如蚂蚁。全体除触角末节、前胸和足呈橘红色外，其余均为蓝黑色而有金属光泽。头部前伸似象鼻。触角 10 节，棍棒状。雄虫触角末节长度为触角总长度的 3/5；雌虫触角末节为总长度的 1/3。前胸长为宽的 2 倍，在后部 1/3 处缩入如颈状。鞘翅合起呈长卵形，显著隆起。足细长，腿节端部膨大。

【寄主】为害甘薯、蕹菜、砂藤、五爪金龙、三裂叶藤、牵牛花、小旋花、月光花等。

【分布】中国浙江、江苏、江西、湖南、福建、台湾、广东、广西、贵州、四川、云南等省（自治区）。

甘薯小象虫成虫

甘薯小象虫成虫为害

图 1-84　甘薯小象虫

稻象甲 *Echinocnemus squameus* Billherg, 1820（图 1-85）

【形态特征】

成虫　体长约 5mm，体灰黑色，密被灰黄色细鳞毛，头部延伸成稍向下弯的喙管，口器着生在喙管的末端，触角端部稍膨大，黑褐色。鞘翅上各具 10 条细纵沟，内侧 3 条色稍深，且在 2~3 条细纵沟之间的后方，具 1 长方形白色小斑。

【寄主】为害水稻、棉花、瓜类、甘薯、番茄、麦类、玉米等。

【分布】全国各产稻区。

图 1-85　稻象甲（成虫）

稻水象甲 *Lissorhoptrus oryzophilus* Kuschel, 1952（图 1-86）

【形态特征】

成虫　体长 2.6~3.8mm，背面从前胸背板前沿到鞘翅后 3/ 4 处有一黑色鳞片组成的暗斑，形似倒挂的花苞，是识别稻水象甲成虫的重要特征。喙与前胸背板几等长，稍弯，扁圆筒形。前胸背板宽。鞘翅侧缘平行，比前胸背板宽，肩斜，鞘翅端半部行间上有瘤突。雌虫后足胫节近跗节端有一个前锐突，呈尖钩状。雄成虫第 1、2 腹节腹板中央有较宽的凹陷；第 5 腹节腹板突起后缘较平直，纵向长度不超过腹板长度的一半；后足胫节近跗节端的突起深裂呈二叉状，短而粗。

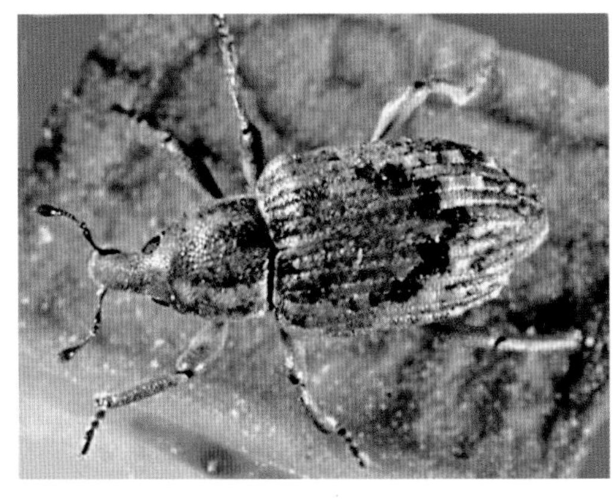

稻水象甲成虫

稻水象甲为害水稻叶片

图 1-86　稻水象甲

【寄主】为害水稻、麦类、甘薯、玉米及禾本科、莎草科、灯心草科、马蔺科、泽泻科杂草。

【分布】中国河北、吉林、辽宁、天津、北京、山东、浙江、福建、台湾、安徽、湖南、云南、贵州。

二带根瘤象（金光根瘤象）*Sitona tibialis* Herbst, 1795（图1-87）

【形态特征】

成虫　体长3~4mm。身体长椭圆形，背面被卵圆或长椭圆形有金属光泽的白色，烟色，绿色或铜色鳞片；腹面被灰色鳞片，前胸背板的鳞片较密。触角，胫节，跗节锈赤色，触角棒和腿节端部较暗。头部宽于前胸前缘；喙宽大于长，中间到额有沟，被鳞片和柔毛，散布刻点；额扁平，眼大，高度拱圆。前胸宽大于长，两侧相当拱圆，中间或中间后最宽，后缘稍宽于前缘，前缘之后缩窄，向中间放宽，密布深的长椭圆形刻点。小盾片明显。鞘翅比前胸宽得多，两侧平行，雄虫较窄，雌虫较宽；肩很明显；行纹显著，行间扁平。

【寄主】为害野豌豆、紫云英、紫花苜蓿、豌豆等。

【分布】中国陕西、河南、湖北、四川、江苏、浙江、安徽、福建等。

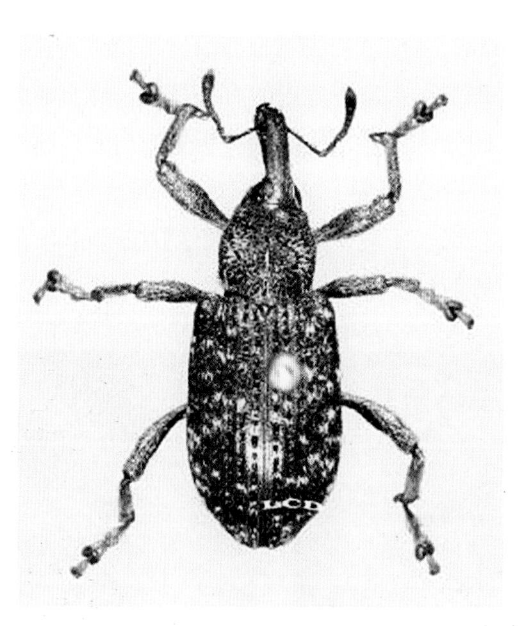

图1-87　金光根瘤象（成虫）

参考文献

陈福如，杨秀娟，张联顺，等 . 2002. 甘薯小象虫综合防治技术体系研究与应用 [J]. 江西农业大学学报，24（2）:445-447.

陈祝安，冯惠英，施立聪，等 . 2000. 田间施放绿僵菌防治稻水象甲效果评价 [J]. 中国生物防治，16(2):53-55.

冯波，李文 . 2010. 蒙古土象对树莓的为害及防控措施 [J]. 辽宁农业科学，1:62.

冯春刚，李永祥，黄治华 . 2014. 稻水象甲和稻象甲成虫形态及为害状的主要鉴别特征 [J]. 植物医生，27（3）:4-5.

黄水金，秦厚国，张华满，等 . 2002. 稻象甲的防治指标和防治适期研究 [J]. 植物保护，28(3):12-15.

林国飞 . 2008. 甘薯小象虫发生原因分析及综合治理技术 [J]. 华东昆虫学报，17（3）:226-229.

孟庆雷，孙学勤，张海军 . 1988. 大灰象甲在烟田的发生危害及防治措施 [J]. 烟草科技，6:35-36.

秦爱红，杨建勋，魏国宁，等 . 2008. 向日葵苗期害虫蒙古灰象甲的防治措施 [J]. 陕西农业科学，5:212.

田春晖，赵文生，赵承德，等. 1996 . 稻水象甲的发生规律与防治研究 [J]. 辽宁农业科学，6:22-26.

王炳书，郝铠，贾瑞存 . 1991. 药剂拌种防治甜菜象甲试验初报 [J]. 甜菜糖业，2:18-20.

王德好 . 2001. 稻象甲发生危害及防治 [J]. 植物保护，27（1）:23-25.

王芙兰，李小玲，陈静 . 2013. 甘肃省引黄灌区甜菜象甲发生规律初报 [J]. 植物保护，39(4):143-146.

宣维健，杨星科，刘虹，等. 2002. 稻水象甲卵的空间分布型及抽样技术研究 [J]. 昆虫知识，39(2):107-110.

尹杰 . 2015. 辽宁地区大灰象甲生物学特性及其防治措施 [J]. 防护林科技，7:106-107.

于凤泉，蔡忠杰，李骥，等 . 2004. 稻水象甲防治技术 [J]，辽宁农业科学，1:46-47.

张洪喜 . 1992. 蒙古土象的形态和生物学特性研究 [J]. 沈阳农业大学学报，4:292-297.

张师荣 . 2008. 甘薯小象虫的发生规律和综合防治 [J]. 福建农业，1:20-21.

张志涛，商晗武，傅强，等 . 2005. 关于稻水象甲形态的几个问题 [J]，中国水稻科学，19（2）:190-192.

朱雁飞，路术霞 . 1997. 蒙古土象在苹果树上的发生与防治 [J]. 北方果树，1:25.

四、拟步甲科 Tenebrionidae

概述

该科隶属鞘翅目 Coleoptera 多食亚目 Polyphaga 拟步甲总科 Tenebrionoidea。体形变化甚大 (1~80 mm), 北方种类体色黑或棕色，白天活动种类有金属光泽，夜间活动者多黑色无光泽，热带种类绿色、蓝色或紫色等多种色泽，十分艳丽。有眼或稀见无眼，眼有时被后颊分割为上下两部分。触角 11 节，稀见 9~10 节，丝状、 抱茎状、锤状、或梳齿状。体光滑或有毛，覆盖各种类型的毛、刚毛和感觉器官。鞘翅大多有 9~10 条纵条纹，一般有小盾片线；后翅有或退化，异脉序。跗节常见 5-5-4 式，稀见 5-4-4 式（如 Cossyphodini 族）或 4-4-4 式（见于 *Rhipidandrus* 和 *Archaeoglenes* 属）；跗节少数有叶状节；跗爪简单，少数有齿突。腹部第 1~3 节愈合，第 4~5 节可动，稀见多于 5 节者。

该科昆虫全世界已知 9 亚科约 100 族 25000 种，中国已知 6 亚科 54 族 1980 余种。该科昆虫食性极为复杂，成虫大多数取食植物叶片、皮层和花果、相当一部分种类钻蛀朽木并以感菌木质素为食，有些直接取食蘑菇等真菌，少数取食动物粪便、尸体和小型活体动物，是重要的生态功能转化昆虫。该科幼虫大多以植物根部为食，一些生活在木质隧道或皮下，部分见于仓库。

属、种检索表

1. 颏占据整个外咽片的缺刻，颏的外侧与外咽片缺刻的侧缘相接，因此下颚基部（轴节、茎节）从下面看不见；腹部第 3、4 节及 4、5 节腹板之间无发光的节间膜 ······························· 2
   颏不占据整个外咽片的缺刻，在颏的侧缘和外咽片缺刻（每侧）之间有间隙，因此下颚基部（轴节、茎节）裸露 ·· 4
2. 唇基前缘中部直或近于直，但绝不向前呈弧形突出 ·· 3
   唇基前缘向前呈弧形突出，有时呈三角形 ···························· **小鳖甲属 *Microdera* Eschsch**
   a) 鞘翅基部饰边与侧缘不想连或无饰边 ······ **阿小鳖甲 *Microdera (Dordanea) kraatzi alashanica***
   鞘翅基部饰边或短脊与侧缘相连 ······················ **蒙古小鳖甲 *Microdera (Microdera) mongolica***
3. 头侧缘和唇基前缘相接，直或稍呈圆形；在每个上颚基部上方的头侧缘没有深的弧形凹

……………………………………………………………………………… 圆鳖甲属 *Scytosoma* Reitter

a) 头部侧缘和唇基前缘直线状或圆形连接；在每个上颚基部的上方无深的弧形缺刻

……………………………………………………………………………暗色圆鳖甲 *Scytosoma opacum*

头侧缘的上颚基部形成深弧形或圆、钝角缺刻；有时该缺刻深凹使头侧前缘分成三叶状，在此情况下唇基基部从颊处被缺刻分开 …………………………………………… 东鳖甲属 *Anatolica* Eschsch

a) 鞘翅沿中缝弱凹，小颗粒稀疏或小刻点磨损 ……………………… 波氏东鳖甲 *Anatolica potanini*

鞘翅沿中缝不扁，如果扁或有压痕，则至少具下列特征之一：鞘翅表面有刻点；鞘翅基部无边；后足胫节大端距较第 1 跗节不长 …………………………………………………………………………… b

b) 肛节两侧中部具缺刻，鞘翅端部稍分开，缘折末端向内具齿；前胸腹突向后平伸，不下降

………………………………………………………………………… 尖尾东鳖甲 *Anatolica mucronata*

肛节两侧中部无缺刻，鞘翅缘折末端向内无齿；前胸腹突向后下降，或明显较基节间低

……………………………………………………………………………… 纳氏东鳖甲 *Anatolica nureti*

4. 前足胫节向端部强烈地扩展，其前缘宽度约与跗节长度相等，胫节端距非常发达；前足胫节外缘无齿，表面被有刚毛 ………………………………………………………掘甲属 *Netuschilia* Reitter

a) 头小，复眼宽，鞘翅每刻点有 1 金黄色毛………………………… 郝氏掘甲 *Netuschilia hauseri*

前足胫节向端部渐变宽或外缘有明显中齿和端齿，或外缘具不规则齿，中、后足胫节无齿 …… 5

5. 唇基前缘中部有深弧形或几乎是三角形的缺刻 ……………………………………………………… 6

唇基前缘直，微弧形隆起或沿宽边有均匀的缺刻；如果前足胫节很宽（前足跗节长等于或几乎等于胫节端部的宽），则唇基前缘稍呈弧形隆起，但不呈缺刻状 ……………………………………… 7

6. 前足胫节向端部渐变宽，其外缘无翅或只有多少急剧延伸的端齿；前足胫节外缘周围有硬短刺

……………………………………………………………………… 漠土甲属 *Melanesthes* Dejien

a) 前足胫节端齿和中齿粗大或中部为不规则的锯齿；前足跗节长过前足胫节端齿顶端

……………………………………………………… 纤毛漠土甲 *Melanesthes (Melanesthes) ciliata*

前足胫节有大的端齿和靠近外缘中央的第 2 齿或在其外缘中部等不规则而粗糙的齿 ………… 10

7. 中、后足基节间的后胸长（大于 1.2 倍）明显大于中足基节的纵径；鞘翅无成行的大型突起

……………………………………………………………………… 土甲属 *Gonocephalum* Solier

a) 所有跗节的末跗节很长，比其余节之和略长；触角第 3 节短，几乎不比第 2 节长或长不超过第 2 节的 3 倍；小型种……………………………………… 网目土甲 *Gonocephalum reticulatum*

所有跗节的末跗节较其余节之和短；触角第 3 节长，通常长是第 2 节的 3 倍多 ……………… b

b). 前足胫节端部较宽，端部宽度等于第 1+2+3 跗节或第 1+2+3+4 跗节

……………………………………………………………………… 毛土甲 *Gonocephalum pubens*

前足胫节端部较窄，端部宽度仅等于第 1+2 跗节 ………… 二纹土甲 *Gonocephalum bilineatum*

中、后足基节间的后胸长不大于中足基节的纵径；鞘翅在沟内常具成行的光滑的突或所有的行间都有多次被分割成各种长度断片的各种小脊 ………………………… 沙土甲属 *Opatrum* Fabricius

a) 大多数缺后翅；体较粗短 ……………………… 类沙土甲 *Opatrum (Opatrum) subaratum*

8. 复眼被颊分为上下两部分；背面密被浓密长毛 ………………… 毛土甲属 *Mesomorphus* Seidlitz

a) 复眼被颊分为上下两部分；背面密被浓密长毛 ………………… 扁毛土甲 ***Mesomorphus villiger***

复眼完整；背面有疏毛或近于光裸 …………………………………………………………………… **9**

9. 前胸背板盘有颗粒或皱纹状颗粒 ……………………………… 伪坚土甲属 ***Scleropatrum* Reitter**

a) 鞘翅有规则的小瘤状突起行，形成锐脊，并列于每一行间，或仅分布于奇数行间 ………………………………………………………… 粗背伪坚土甲 ***Scleropatrum horridum horridum***

前胸背板盘只有刻点，无颗粒 ………………………………………… 真土甲属 ***Eumylada* Reitter**

a) 前胸背板盘只有刻点，无颗粒 ………………………………… 波氏真土甲 ***Eumylada potanini***

10. 复眼圆形，位置明显高于颊的侧缘；前胸侧板与前足基节外缘紧接，无边 ……………………… **11**

复眼横行，位于头侧表面；颊侧缘达复眼前缘，多少深入眼内；如果复眼是圆形的，则其位于颊圆之下 ……………………………………………………………………………………………… **12**

11. 前胸背板盘中央颗粒几乎光滑，具稍明显的点刻，边缘有粗颗粒。前胸背板基部沿整个宽边有深弧形缺刻；在前足胫节之间的前胸腹板突极大地高出于基节并且延伸到胫节的后缘 ……………………………………………………………………… 宽漠王属 ***Mantichorula* Reitter**

a) 前胸腹突长度远超过腹板后缘；前胸背板基部向内弧弯，基部有基前沟；盘区扁平，向后倾斜 ………………………………………………………………… 谢氏宽漠王 ***Mantichorula semenowi***

前胸背板盘中央和边缘具深颗粒。前胸背板基部几乎是直的。在前足基节之间的前胸腹板突不高于基节，并且不延伸达其后缘 ……………………………… 漠王属 ***Platyope* *Fescher* von Weildheim**

a) 前胸腹突长度不超过腹板后缘；前胸背板基部较直；鞘翅覆盖灰白色伏毛或形成毛带 ……………………………………………………………………… 蒙古漠王 ***Platyope mongolica***

12. 中、后足跗节侧扁，翅坡倾斜无缝突；♀、♂ 前足胫节有 2 枚长度差别很大的端距，♀的大端距通常比前足胫节明显窄；如前足胫节仅 1 距，则眼很大，强烈地突出……… 侧琵甲属 ***Prosodes* Eschscholtz**

a) 鞘翅有较清楚明显的、近于完整的肩脊；♂ 前胸背板和鞘翅扁平，稀见虚弱隆起者 …………………………………………………………… 北京侧琵甲 ***Prosodes (Prosodes) pekinensis***

鞘翅无或只有很短的肩脊；♂ 身体背面不完全变扁 …… 突颊侧琵甲 ***Prosodes (Prosodes) dilaticollis***

中、后足跗节正常，绝不侧扁；在翅坡上无缝突 ……………………………………………………… **13**

13. 触角第 8~10 节球形，此时中胸前侧片明显延伸与鞘翅缘折内缘相紧接；鞘翅端部延伸成段的或尾状突；雄性腹部在第 1、2 腹板上常具有红褐色刚毛状的斑点，少数缺如 …… 琵甲属 ***Blaps* Fabricius**

a) 鞘翅侧缘饰边由背面可见其全长 ……………………………………………………………………… **c**

b) 鞘翅侧缘饰边由背面不可见或看不到其全长 ……………………………………………………… **e**

c) ♂ 第 1、2 可见腹板间具刚毛刷 …………………………… 达氏琵甲 ***Blaps (Blaps) davidis***

♂ 第 1、2 可见腹板间无刚毛刷 ……………………………………………………………………… **d**

d) 体粗壮，无光泽；背面具稠密小颗粒和刻点 ……………………… 弯背琵甲 ***Blaps (Blaps) reflexa***

体较细，光亮；背面具稠密刻点，无颗粒 ………………………… 异形琵甲 ***Blaps (Blaps) variolosa***

e) 前足腿节端部具齿 …………………………………………… 弯齿琵甲 ***Blaps (Blaps) femoralis***

前足腿节端部无齿 ……………………………………………………………………………………… **f**

f) 前足胫节内端距远大于外端距，顶扁阔 ………………… 异距琵甲 ***Blaps (Blaps) kiritshenkoi***

前足胫节端距相差不大，顶尖 ………………………………………………………………………… g

h) ♂ 第 1、2 可见腹板间具刚毛刷 ……………………………………………………………… i

♂ 第 1、2 可见腹板间无刚毛刷 ……………………………… **中华琵甲 *Blaps (Blaps) chinensis***

i) 翅尾分叉 ……………………………………………………………… **戈壁琵甲 *Blaps (Blaps) gobiensis***

翅尾不分叉 ……………………………………………………………………………………………… g

g) 触角第 7 节长明显大于宽 2.0 倍以上 ……………………… **日本琵甲 *Blaps (Blaps) japonensis***

触角第 7 节长大于宽不足 2.0 倍……………………………………… **皱纹琵甲 *Blaps (Blaps) rugosa***

触角 8~10 节向端部呈三角形扩展或呈横行扩展，非球形，此时中胸后侧片向前延伸，前侧片与鞘翅折内缘分离；鞘翅端部无尾状突；雄性第 1、2 腹板之间无红褐色刚毛状 ……………… **14**

14. 前胸侧板内缘沿胫节高外缘有清晰的缘痕，此时，未达前胸后缘，缘痕向外卷；触角第 3 节急剧延长，其长度至少是宽的 3 倍；小盾片前部收缩，其侧缘凹形，后缘向后呈微弧形隆起 …… **15**

前胸侧板内缘沿前足胫节高外缘无缘痕。如果沿前足胫节富有不清晰的缘，则小盾片前部不收缩，触角第 3 节常超过宽的 1 倍 ……………………………………………………………………… **16**

15. 前足胫节向前胸背板突在端部稍扩展，其表面无槽状伸入（参 27），突的后表面垂直覆以刚毛。前胸背板整个表面有少量颗粒 ……………………………… **宽漠甲属 *Sternoplax* Faimaire**

a) 中后足跗节外侧密被长毛，其中一部分不短于这些跗节的第 1 节和末节；跗节腹面偶有金黄色毛刷 ……………………………………………… **多毛宽漠甲 *Sternoplax (Sternotrigon) setosa setosa***

中、后足跗节覆以短硬刚毛，在其中只能找到个别的长刚毛。跗节垫常无金黄色毛刷。中胸腹板中部急剧隆起，几乎垂直于中胸茎部 ……………………………… **角漠甲属 *Trigonocnera* Reitter**

a) 中后足跗节外侧有短刺毛，其中夹杂少量长刚毛；跗节腹面无金黄色毛刷；中胸腹板中部急剧地隆起，几乎与其颈部垂直 …… **突角漠甲指名亚种 *Trigonocnera pseudopimelia pseudopimelia***

16. 每个鞘翅都有由尖圆瘤形成的侧脊，并且由发光的颗粒组成的 3 个脊。触角末节（第 11 节）端部有感觉的表面密被细而淡的毛，与光滑的茎部截然分解 ………… **脊漠甲属 *Pterocoma* Dejien**

a) 前胸侧板内缘沿基节窝外侧无缘痕，若有缘痕则小盾片前缘不收缩；触角第 3 节长度超过宽度的 1 倍；每个鞘翅有尖圆瘤形成的侧脊，并有光亮颗粒组成的 3 条脊；触角末节端部有淡色的感觉毛区，与光滑的基部截然分开 …………………… **泥脊漠甲 *Pterocoma (Parapterocoma) vittata***

鞘翅无颗粒组成的脊，有时具完整地或间断的隆线；触角末节端部有感觉的表面与该节基部不截然分界 ………………………………………………………………………………………………… **17**

17. 前足腿节内表面上缘靠近端部有翅或角状突起 ……………… **齿刺甲属 *Oodoscelis* Motschulszky**

……………………………………………… **多点齿刺甲 *Oodescelis (Acutoodescelis) punctatissima***

前足腿节内表面无齿 ……………………………………………………………………………… **18**

18. 前足胫节向端部呈片状扩展，具尖锐的外缘和变深的下表面 ……… **刺甲属 *Platyscelis* Latreille**

…………………………………………………………………… **郝氏刺甲 *Platyscelis (Platyscelis) hauseri***

前足胫节向端部扩展但不呈上述；♂ 性后足腿节下面凹陷，端部有稠密地黄色刷状毛；♂ 性中足胫节从基部向端部很扩展，明显弯曲呈 S 形 ……………………… **扁足甲属 *Pedinus* Seidlitz**

a) 雄性前中足跗节膨大和宽扁，腹面有海绵状毛 ………………… **瘦直扁足甲 *Blindus strigosus***

阿小鳖甲 *Microdera (Dordanea) kraatzi alashanica* Skopin, 1964（图 1-88）

图 1-88　阿小鳖甲

【形态特征】雄虫体长 8.8~10.5 mm，雌虫体长 11.0~11.3 mm。体黑色，触角、口须、足及身体腹面紫褐色至棕色，光亮。头部弱拱；眼褶较隆，略弯曲，在眼的后缘消失；头顶的圆刻点均匀，唇基刻点较小。触角长达前胸背板基部。前胸背板横椭圆形，宽大于长 1.2 倍；前缘弱凹；侧缘匀圆弧形；基部宽度不足最宽处的 1/2，基沟直或近于直，饰边较厚；盘平坦，刻点与头部的等大但较稠密。鞘翅宽长卵形，长大于宽 1.3 倍，宽大于前胸背板的 1.3 倍；基部无边饰和脊突；侧缘中间最宽，饰边在肩部消失；翅背刻点较前胸背板的稀小。前胸侧板外侧光滑，小刻点稀疏，内侧刻点粗，中部具短皱纹。前、中胸腹板两侧的粗刻点长圆近于棱形。腹部第 1~3 节两侧的粗刻点长圆形。

【分布】中国内蒙古、甘肃、宁夏。

蒙古小鳖甲 *Microdera (Microdera) mongolica* (Reitter, 1889)（图 1-89）

【形态特征】体长 9.1~13.0 mm。长椭圆形，黑色，具弱光泽或无光泽。头拱起，长宽近相等；唇基阔三角形，前颊较眼略窄；后颊向后直缩；头顶刻点粗卵形，向端部渐消失。触角粗，长达前胸背板基部，末节长心形。前胸背板圆盘状，前缘直，饰边宽断；侧缘圆弧形，中部之前最宽；前角圆直、后角钝角形，均下弯；盘弱拱，刻点较头顶的稍粗。鞘翅长卵形，基部弧凹，饰边完整；侧缘近平行，向端部强烈地收缩；翅平坦，沿翅缝略凹陷，刻点较前胸背板的浅小而稀疏，在翅坡变得更为稀小。前胸侧板内侧刻点粗圆，中部刻点粗夹杂短皱纹并向外侧渐消失；腹板两侧的皱纹状粗大刻点向中间渐变小。腹部第 4 节的卵形刻点与间距近等大；肛节细刻点向端部渐消失。足短小。

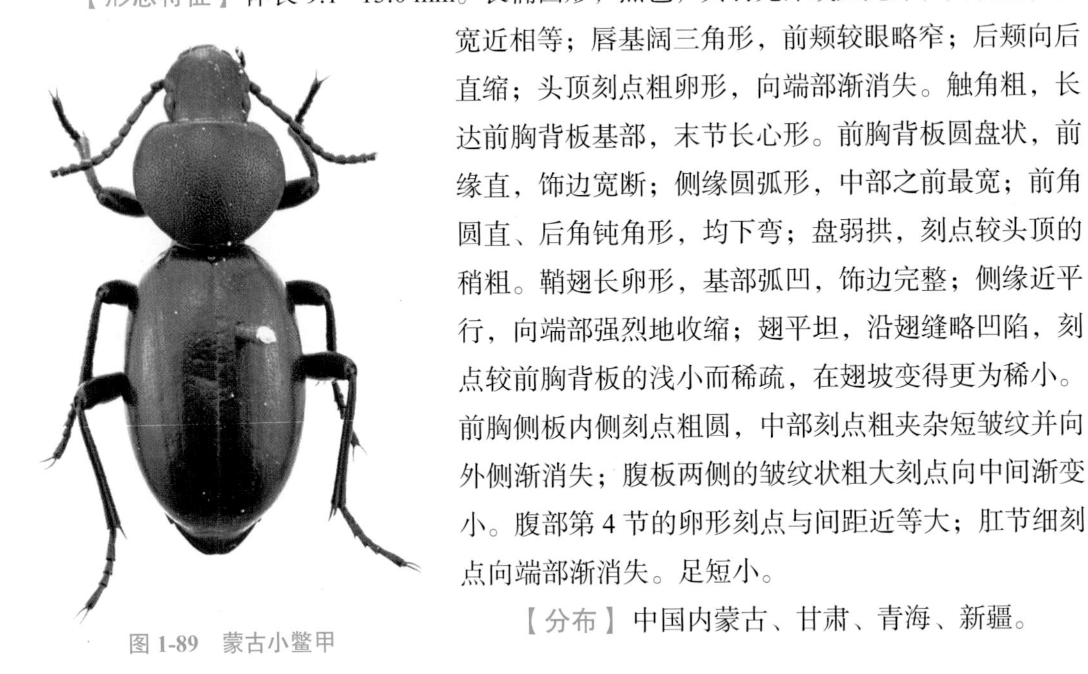
图 1-89　蒙古小鳖甲

【分布】中国内蒙古、甘肃、青海、新疆。

暗色圆鳖甲 *Scytosoma opacum* (Reitter, 1889)（图 1-90）

【形态特征】体长 8.5～10.0 mm。体长卵形，黑色，无光泽。头部横阔；唇基隆起；前颊在眼前平行，较眼窄；后颊向后弱收缩；触角长达前胸背板基部，内侧锯齿状。前胸背板宽大于长 1.2 倍，与翅等宽或稍窄；前缘弧凹，饰边在中间变弱或断开；侧缘圆弧形，端 1/3 处最宽，近基部略直，饰边细；基部弱双弯状，♂ 两侧具饰边、♀ 无饰边；前角直、后角圆钝角形；盘稍拱，无中线，刻点稠密。鞘翅卵形，长大于宽 1.5 倍；基部强烈弯曲，肩角直立；翅肋可见，翅缝凹陷，小颗粒稠密，向后渐消失。腹板粒突稀疏，腹突具宽边。中、后胸腹板的具毛小刻点稀疏均匀。腹板基 3 节两侧各具 1 凹坑，浅细刻点具毛，♂ 肛节端部中间具 1 小凹。足细短；前足胫节下侧粗糙，仅端部膨大。

图 1-90　暗色皮鳖甲

【分布】中国北京、河北、山西、内蒙古、新疆。

尖尾东鳖甲 *Anatolica mucronata* Reitter, 1889（图 1-91）

【形态特征】体长 13.5～16.2 mm。头黑色，具细刻点，中间刻点更小；两侧有不明显的长扁凹。触角 11 节，倒数第 2 节略宽，外侧近于角状。下颚须 4 节。前胸背板黑色，具小刻点。宽大，绝不窄于鞘翅。前缘两侧有细饰边，饰边在中间间断，前角直角形；侧边在中部之前较圆，后面窄，在靠角的地方有饰边；基部无饰边。前胸腹板具稠密的浅刻点。前足基节间的腹突顶端不弯下，水平延伸到基节后缘，端部宽度和中间一样；跗节前足 5 节，中足 5 节，后足 4 节。鞘翅黑色，光亮，具稠密的细小浅刻点。长卵圆形，均匀隆起。基部外半侧有饰边；盘沿中缝不浅凹；端部尖角状。腹部黑色，具稠密浅刻点。末节在侧缘基部各有一不明显沟，把该腹板前后分开。雌虫与雄虫相似。

图 1-91　尖尾东鳖甲

【寄主】杂，沙蒿、骆驼蓬、沙米、白茨等。

【分布】中国内蒙古、青海、西藏、陕西、宁夏、甘肃；蒙古。

纳氏东鳖甲 *Anatolica nureti* Schuster & Reymond, 1937（图 1-92）

图 1-92　纳氏东鳖甲

【形态特征】体长 11.5 mm。体长卵形，黑色，光亮。头部短；唇基前、侧缘直；前颊圆弧形，较眼窄；外缘弧形；后颊向后近于不收缩，头顶平坦。触角长达前胸背板基 1/3 处。前胸背板宽大于长 1.3 倍，端部扩展，基部缢缩；前缘稍弧凹，饰边中断；侧缘饰边细；基部双弯状，中间略后突，细边完整；前角圆锐，后角圆直；盘平坦，浅刻点极稀疏。鞘翅尖卵形，长大于宽 1.5 倍，大于前胸背板 2.2 倍；基部直，仅肩部具饰边；肩角前伸；翅背平坦，光滑。颏端部圆弧凹。前胸侧板皱纹颗粒状，腹板圆刻点稀疏；腹突在基节间隆起，向后陡降。腿节下侧无明显感觉器。前足胫节内侧中间略弧凹，大端距长于基 2 跗节；后足胫节细，端距较第 1 跗节短。

【分布】中国内蒙古、甘肃、宁夏；蒙古。

波氏东鳖甲 *Anatolica potanini* Reitter, 1889（图 1-93）

图 1-93　波氏东鳖甲

【形态特征】体长 10.0～12.5 mm。头黑色，具小刻点。触角 11 节，最后几节外侧近于齿状，倒数第 2 节近于横形。下颚须 4 节。前胸背板黑色，具小刻点。不横阔，心脏形。前缘近于平截，前角钝角形延长，有细的线状饰边；侧缘前半部圆扩，基部 1/3 急剧变窄；基部圆形，无饰边，后角宽直角形。前胸侧板近于光滑或具分散的锉状点。中胸腹板前面具皱纹状粗刻点。后足胫节的端距扁平，披针状，其中大距长度近于后足第 1 跗节的一半；跗节前足 5 节，中足 5 节，后足 4 节。鞘翅黑色，光亮，具稀疏小颗粒，不具刻点。宽卵圆形，中部最宽。基部具饰边，饰边一般在内侧中断不达小盾片，少数达小盾片；基部至翅坡宽凹或沿中缝微凹。腹部黑色，具小刻点。雌虫与雄虫相似。

【寄主】杂，沙米、沙蒿等。

【分布】中国内蒙古、西藏、甘肃、宁夏；蒙古。

泥脊漠甲 *Pterocoma (Parapterocoma) vittata* Frivaldszky, 1889（图 1-94）

【形态特征】体长 9.2～13.4 mm。体黑色。头顶在前额上方有横毛带。前胸背板宽约是其中间长的 2 倍以上，背面观侧缘非常圆；前缘很直；前角十分弯曲；背面有粗颗粒，常常有不明显的皱褶状中线；侧缘无短毛；前胸背板前后缘各有 1 条毛带。前胸腹突粗大，近于水平状，达到中足基节前缘。鞘翅短卵形，非常均称的圆形弯曲；肩圆并明显弯曲；盘有 3 条明显背脊，第 3 侧背脊前端近于短缩或向前完全达到肩部，两侧有明显的齿突；翅缝略凸起；行间有小颗粒；在第 1 前侧脊两边的基节脊成行或低矮，假缘折有显著的大刻点。刚毛的颜色多变。足短，彼此靠近，被有黄白色毛；后足腿节、胫节被稀疏褐色长毛；前中足有短毛。胸部被以细的倒伏黄毛。腹部第 2 节有不明显的粒点。

图 1-94　泥脊漠甲

【分布】中国内蒙古、陕西、甘肃、宁夏、新疆。

突角漠甲指名亚种 *Trigonocnera pseudopimelia pseudopimelia* (Reitter, 1889)（图 1-95）

【形态特征】体长 18～19 mm。长圆形至倒卵形，黑色，几乎不发亮。体下被灰色绒毛，背面近于光秃。头部有刻点和微柔毛，触角倒数第 2 节近于横宽；前胸背板几乎不比鞘翅窄，横阔；前缘近于平截，前角尖尖的突出；基部中间波状，在基边之前有轻度横凹；背面中间有长圆形前凹。鞘翅较隆起，背面非常扁平，有稠密颗粒，第 3 条脊不明显，由成排颗粒组成，由内侧不明显；肩中度隆起，缘折有稀疏小粒。足粗壮，胫节的后角直，有 2 枚端距，距不等大。

【分布】中国内蒙古、甘肃、宁夏。

图 1-95　突角漠甲指名亚种

多毛宽漠甲 *Sternoplax (Sternotrigon) setosa setosa* (Bates, 1879)（图 1-96）

图 1-96　多毛宽漠甲

【形态特征】体长 13~21 mm。体黑色，宽阔长圆形至卵形。头有稀疏刻点和毛；唇基和上唇有较粗密的刻点。前胸背板横宽，长方形，近于隆起，有时盘区有轧痕；两侧在中部以前稍圆，后角之前有近于直的小弯；前角尖；基部中间凹；盘区密布粒点和稀疏茸毛。鞘翅近于卵圆形，略扁平，基部较前胸背板基部宽，略突出；侧脊和亚侧脊隆起，脊的末端缩短；盘有 2 条不明显背脊，脊由粒点行构成；翅缝端部略隆起。身体腹面密被茸毛。前胸腹突的后面突起较大，常常直直地伸达拐弯处。中胸腹板前面深凹，后面圆锥状凸起。所有腿节下侧有稀疏的小颗粒；前足胫节细长，外侧在中部以上有不规则刺，喇叭状端部的内侧有短刃状边。雄性的第 3、4 节触角外侧端部刚毛较雌性短。

【分布】中国内蒙古、甘肃、宁夏、新疆；塔吉克斯坦，乌兹别克斯坦。

蒙古漠王 *Platyope mongolica* Faldermann, 1835（图 1-97）

【形态特征】体长 10.0~14.6 mm。头黑色。触角 11 节，第 1、2 节几乎等长，约为第 3 节的 1/3；第 3 节最长，柱状，往后逐节变短；第 10 节杯状；末节尖锥形。下颚须 4 节。前胸背板黑色，密布粒点。宽约 2 倍于长。前角尖；盘区中央无压迹或不具深凹，两侧前端近于圆宽；基部两侧各有 1 深坑，后缘中央浅凹。胫节具 2 距；除距和爪暗红色外，足黑色，具长毛。鞘翅黑色，密布粒点。基部较前胸背板宽；侧缘脊伸达肩部，在其与缘折的外缘之间密被灰色毛，将翅的这部分分为内、外两半，毛带中有 1 狭窄区域，无灰色毛，而有 1 行小粒突；翅坡上具清楚的淡色毛带。腹部黑色。雌虫与雄虫相似。

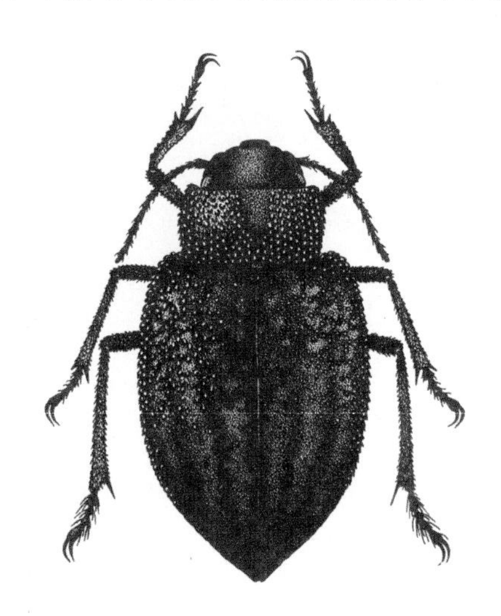

图 1-97　蒙古漠王

【寄主】杂，白茨、沙蒿、骆驼蓬等植物。

【分布】中国内蒙古、吉林、辽宁、宁夏、甘肃；蒙古，俄罗斯（东西伯利亚）。

谢氏宽漠王 *Mantichorula semenowi* Reitter, 1889（图 1-98）

【形态特征】体长 13~15 mm。体宽扁椭圆形，十分隆起，黑色，极富光泽。触角第 3~6 节圆柱形，第 7~8 节基部具柄，第 9~10 节梯形，末节半圆形。前胸背板宽大于长 1.6 倍，侧缘在后面 3/4 处向前呈耳状弯扩；背板前面 2/3 较平坦，并有圆形具毛细刻点，其余部分较降低。前胸腹突在基节之间较窄，向端部圆弧形扩大，具边。小盾片扇面形，基部粗糙并有伏毛。鞘翅长大于宽 1.3 倍，两侧近乎平行，由中部向端部强烈收缩，侧缘细齿状；翅拱起，底部有微皱纹，隐约有 4 条纵线；假缘折密布褐色或棕褐色伏毛，缘折有黑色或银灰色毛。前足腿节下侧弱弧形弯曲；后足跗节的前 3 节的后缘斜直，两侧有长毛。腹部黑色或银灰色伏毛，其间杂有黑色刺状毛。

【分布】中国内蒙古、陕西、甘肃、宁夏、新疆；蒙古。

图 1-98 谢氏宽漠王

瘦直扁足甲 *Blindus strigosus* (Faldermann, 1835)（图 1-99）

【形态特征】雄虫体长 7.0~9.0 mm，雌虫体长 7.2~9.8 mm。体扁平，长卵形，黑色并有较强光泽；口须、触角端部和跗节棕红色。唇基前缘浅凹，眼前的颊圆扩，把眼分隔为上、下两部分。触角端部 4 节的外侧有棕黄色毛。前胸背板横宽，有稠密的卵形刻点；侧板内侧密布长条纹，外侧光滑。前胸腹板有不规则皱纹和刻点。中胸腹板前半部的中间有纵脊，脊的两侧有横皱纹。后胸两侧布纵皱纹。鞘翅肩略突出，较前胸基部宽；中部最宽并与前胸基部等宽；背面有 9 条刻点沟。前足胫节向端部变粗，外缘直，前端直角形，内缘弱弯，前端突出；中、后足胫节直；雄性前足跗节基部 3 节宽扁，腹面被茸毛(海绵状毛)；后足第 1 跗节长于末节和第 2+3 节之和。

【分布】中国北京、天津、河北、内蒙古、辽宁、山东、河南、湖北、四川、台湾；俄罗斯(远东沿海地区)，朝鲜，韩国，日本。

图 1-99 瘦直扁足甲

郝氏掘甲 *Netuschilia hauseri* (Reitter, 1897)（图 1-100）

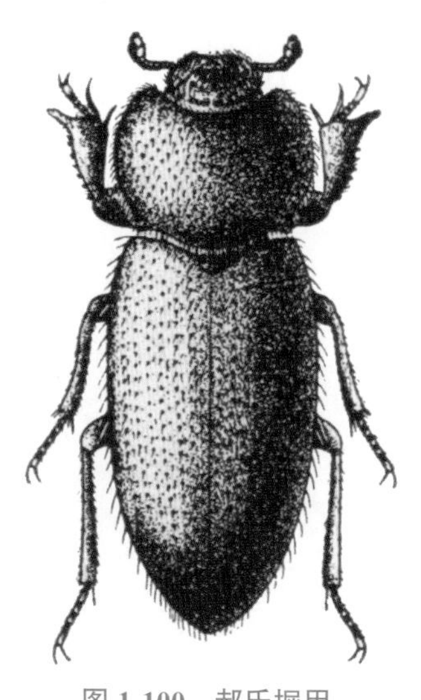
图 1-100　郝氏掘甲

【形态特征】体长 6.0 mm。体红褐色，不发亮，被不完全倒伏的金黄毛，触角短，组成 1 个结实的卵形棒，端部之前的节比端节和它前面的节宽很多。头小，复眼宽。前胸背板前面和鞘翅等宽，宽不大于长 2 倍，心脏形，有小的直角形后角，侧缘具纤毛，盘区横向拱起，布稠密皱纹状刻点，基部有细边和稠密的金黄色纤毛，背板小，后面圆。鞘翅长卵形，前面近乎平行，后面圆弧形弯曲，侧缘布稀疏纤毛，背面有略拥挤的细行状刻点，每刻点有 1 金黄色毛，毛不完全相连；翅缝略后面隆起。前足胫节有长端距，中后足胫节细，向内轻轻弯曲，有细端距；尤其有非常短的刚毛；爪细，相当长，明显赤褐色。

【分布】中国河北、内蒙古、辽宁、甘肃、新疆；阿富汗，哈萨克斯坦，巴基斯坦，塔吉克斯坦，土库曼斯坦，乌兹别克斯坦，格鲁吉亚，俄罗斯（欧洲南部）。

纤毛漠土甲 *Melanesthes (Melanesthes) ciliata* Reitter, 1889（图 1-101）

【形态特征】雄虫体长 8.0~9.0 mm，雌虫体长 9.0~10.8 mm。体黑色，有弱光泽，唇基前缘、口须、触角、前足胫节外缘及跗节棕红色。唇基前缘向上翘起；头背面布简单圆刻点。触角向后长达前胸背板基部。前胸背板横阔，宽大于长 2.07 倍；前缘中央深凹宽直，两侧有毛列和饰边；侧缘具明显饰边，中后部最宽，后角之前有 1 尾；基部两侧有饰边和细沟；前角钝角形，后角略直角形；背板中部的刻点较小且较稀疏，侧区刻点较粗，略稠密；盘区明显平坦，侧区宽扁。鞘翅短卵形，基部与前胸背板最宽处相等，侧缘两侧前 1/2 平行，然后收缩；盘区具刻点，底部暗淡和鲨皮状。前足胫节在端齿和中齿之间半圆形凹入，有时具齿，端齿较钝，中齿尖角形；后足跗节各节背面有纵凹。

图 1-101　纤毛漠土甲

【分布】中国内蒙古、宁夏、新疆；蒙古。

波氏真土甲 *Eumylada potanini* (Reitter, 1889)（图 1-102）

【形态特征】雄虫体长 8.5~9.0 mm，雌虫体长 9.5~10 mm。体黑色，无光泽。唇基前缘有半圆形凹，两侧稍隆起，唇基与前颊之间有小缺刻；唇基沟浅凹；复眼前的颊平行，较复眼略宽；背面被稠密刻点和皱纹。触角长达前胸背板中部。前胸背板横阔，中后部最宽，宽大于长 1.6 倍；前缘弧凹，仅两侧具有饰边；侧缘向前较向后收缩强烈，具完整饰边；基部中央直，两侧弱弯，无饰边；前角尖角形，后角钝角形；盘区刻点稠密；侧区窄扁。鞘翅基部宽于前胸背板基部，肩齿明显，其后有 1 突起；背面被稠密伏毛，刻点行深陷，中部的行间有刻点，但侧缘和端部有颗粒。前足胫节端部钝圆，其上有粗刻点和短毛。后足末跗节长于第 1 跗节。

图 1-102 波氏真土甲

【分布】中国内蒙古、甘肃、宁夏。

粗背伪坚土甲 *Scleropatrum horridum horridum* Reitter, 1898（图 1-103）

【形态特征】体长 11~13 mm。体黑色，无光泽，口须及跗节略带红色。唇基沟宽凹，沟前刻点皱纹状并略带网格状，沟后被独立的具毛小粒点；头顶中央隆起，眼褶高，其内侧有凹沟；颊和唇基之间有小缺刻。触角向后长达前胸背板中后部。前胸背板宽大于长 1.8 倍；前缘圆弧形深凹并具饰边，仅两侧有毛列；侧缘在中后部最宽；基部两侧向内收缩，不具边；前角尖，后角宽钝角形；盘区有很不规则的短脊状具毛突起。鞘翅长大于宽 1.43 倍，基部弱弯，肩宽直角形；翅上 9 条脊。前足胫节弱弯，由基部向端部略变宽，外缘有细齿。前胸侧板被稀疏小粒点；前胸腹突扁平并有 3 条不很清楚的浅沟；胸部腹面被一致的小粒点。腹部被木锉状粒点，雄性在腹部第 1、2 节有浅凹。

图 1-103 粗背伪坚土甲

【分布】中国山西、内蒙古、甘肃、宁夏、新疆。

类沙土甲 *Opatrum (Opatrum) subaratum* Faldermann, 1835（图 1-104）

图 1-104　类沙土甲

【形态特征】体长 6.5~9.0 mm。体椭圆形，粗短，黑色，略有锈红色，无光泽；触角、口须和足锈红色，腹部暗褐色略有光泽。唇基前缘中央三角形深凹，两侧角弧形弯曲，唇基和颊之间无缺刻，唇基沟微凹；复眼小，眼褶微隆；头顶整个隆起。触角短，向后只达前胸背板中部。前胸背板横阔，中后部最宽，宽大于长 1.9 倍；前缘深凹，中央宽直，两侧有饰边；侧缘前部强圆收缩，前角钝圆，后角直角形；基部中央突出，两侧浅凹，沿两侧到中间无饰边的痕迹；盘区隆起布均匀粒点，侧区扁平。鞘翅基部与前胸背板等宽，行略隆起，每行间有瘤突。前足胫节端外齿窄而突出；后足末跗节显长于第 1 跗节。前胸腹板突上有 2 条浅沟。腹板布满皱纹及颗粒，♂ 第 1、2 节腹板中央有 1 纵凹。

【分布】中国河北、山西、内蒙古、辽宁、吉林、黑龙江、上海、安徽、江西、河南、湖北、湖南、广西、贵州、四川、陕西、甘肃、青海、宁夏、台湾；蒙古、俄罗斯（东西伯利亚、远东）、日本、朝鲜、韩国。

二纹土甲 *Gonocephalum bilineatum* (Walker, 1858)（图 1-105）

图 1-105　二纹土甲

【形态特征】雄虫体长 9.0~11 mm，雌虫体长 9.0~12.0 mm。体中型，黑色而无光泽，长椭圆形，背面密被粒点。头部前缘凹，两侧弧圆；颊角向外三角形突出。触角端部 4 节显宽，表面有较多感觉毛；末节扁宽，不规则圆头形；第 3 节最长。前胸背板宽大于长 2 倍；前缘深凹，两侧有饰边，前角钝角形；侧缘饰边细而不明显；基部 2 湾状，仅两侧有饰边；盘区中央强拱，被皱纹状及圆形颗粒，两侧各有 1 纵凹；侧区有横皱纹。鞘翅近于平行，背面无瘤突，行间等宽，行上的刻点模糊，毛短。足胫节弱弯，从基部向端部微弱变宽；后足末跗节与第 1 跗节等长。前胸腹板突端部略翘起，具毛，中线浅凹有粗颗粒。腹板布稀疏刻点，每一刻点中着生 1 弯毛，♂ 腹部第 1、2 节腹板有凹坑。

【分布】中国福建、四川、广东、海南、云南、香港；日本，马六甲，婆罗岛，爪哇，菲律宾，斐济，夏威夷，锡金，印度，尼泊尔，老挝。

毛土甲 *Gonocephalum pubens* (Marseul, 1876)（图 1-106）

【形态特征】体长 13 mm。体长卵形，略隆起，黑色无光泽，背面被小粒点及黄色短细毛；腹面略发亮，布短刻纹和短刚毛。额略隆起，唇基沟横凹，有隆起的饰边；下颚须的端节斧状。触角细长，褐色，第 3 节长是第 4+5 之和，端部 4 节被茸毛并向后渐变粗。前胸背板宽扁，前缘宽凹，前角向前尖伸；侧缘凸出，有宽而薄的细边，基部 2 弯状，后角尖有饰边。鞘翅基部略比前胸基部宽，长大于前胸的 3 倍，两侧具细饰边，略凸出，两侧向端部变尖；背面有明显的刻点行。前足胫节粗而扁，内缘弯，外缘中下部较直且不具齿，端部内侧突出，其宽度等于第 1+2+3 跗节；中、后足胫节细而直。前胸腹突隆起，向端部变尖，嵌入中胸腹板的深沟内。♂ 性腹部第 1、2 节腹板中央凹。

图 1-106　毛土甲

【分布】中国内蒙古、东北、华东、山东、海南、台湾；印度、日本、韩国。

网目土甲 *Gonocephalum reticulatum* Motschulsky, 1854（图 1-107）

【形态特征】体长 4.5 ~ 7.0 mm。体锈褐色至黑褐色，前胸背板浅棕红色。头部和前胸前角近于等宽，背面有粗刻点；复眼前的颊向外斜伸，颊角很尖，颊和唇基之间微凹，上唇宽大于长 1.5 倍，两侧缘并各有 1 棕色长毛束。触角短，长达前胸背板中部。侧缘圆形并有少量锯齿，在后角之前略凹陷；背部密布粗网状刻点和少量光滑刻点，其中有 2 个明显瘤突；侧缘沿外边宽而急剧地变扁；后角尖直角形。鞘翅两侧平行；刻点行细而显著，行间发亮，整个身体背面密布黄色弯毛；前胸背板的刚毛自每 1 刻点的中央伸出；鞘翅行间有 2 排不规则的毛列，刻点行上的刚毛从小圆刻点中间伸出。前足胫节外缘锯齿状，末端略突出，前缘宽度与前跗节基部 3 节长度之和相等。

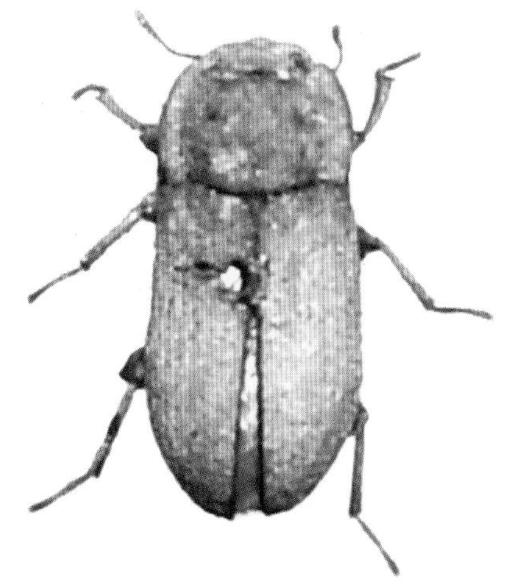

图 1-107　网目土甲

【分布】中国北京、天津、河北、山西、内蒙古、吉林、黑龙江、江苏、山东、河南、陕西、甘肃、青海、宁夏；蒙古，俄罗斯（远东），朝鲜。

扁毛土甲 *Mesomorphus villiger* (Blanchard, 1853)（图 1-108）

图 1-108　扁毛土甲

【形态特征】雄虫体长 6.5 mm，雌虫 7.0~8.0 mm。体细长，黑褐色或棕色，被稀疏灰黄色毛，触角、口须及跗节略棕红色。唇基前缘深凹，唇基沟不明显，前颊把复眼完全分为上下两部分；头背面有脐状刻点，每一刻点着生 1 根黄色长毛。触角向后不达前胸背板基部；背板宽隆，有大小两种圆刻点，并着生长黄毛。前缘弧形浅凹，两侧饰边明显；侧缘饰边完全；基部 2 湾状，两侧有细沟；前角钝角形，后角近直角；小盾片半六角形，具刻点。鞘翅长于宽 1.58 倍，基部与背板基部等宽，向后略变宽，刻点行细。前足胫节端部宽等于第 1+2 跗节，外端齿略尖，跗节下面有海绵状长毛。腹部光亮布细小刻点及皱纹，每一刻点着生 1 根细毛，末节无皱纹；♂ 腹部基部 2 节中央微凹，♀ 腹部隆起。

【分布】中国河北、山西、内蒙古、辽宁、黑龙江、安徽、福建、江西、河南、湖北、湖南、广东、广西、海南、香港、贵州、四川、云南、陕西、宁夏、台湾；日本，朝鲜，热带非洲，热带亚洲，阿富汗，印度支那，印度，菲律宾，萨摩亚群岛，澳大利亚。

中华琵甲 *Blaps (Blaps) chinensis* (Faldermann, 1835)（图 1-109）

图 1-109　中华琵甲

【形态特征】雄虫体长 16.5~20.0 mm，雌虫 18.0~20.0 mm。体细长，黑色。雄性：上唇近方形，前缘中间略凹，刻点稠密，具棕毛列；头顶扁平；触角细长。颏椭圆形。前胸背板长方形；前缘略凹，饰边宽断；侧缘近直，端部 1/3 最宽，饰边隆起和完整；基部弱弯，粗饰边中断；前角圆钝，后角尖直角形，纵中线略明显，细刻点稠密。前胸腹板刻点稀疏，前胸腹突向后近水平伸直，中纵沟宽，顶尖。中胸腹板中间有 V 形凹。鞘翅长卵形，基部较前胸背板基部宽；

侧缘弧形，中部最宽，背观仅基部饰边可见；盘区稍隆起，中缝隆起，具 8 条明显扁脊，刻点疏小；无翅尾；假缘折窄，颗粒疏小。腹部扁平，端部 2 节具稠密细刻点；第 1、2 可见腹板间无毛刷。足细长；胫节具刺毛和刻点，端距短小。

【分布】中国北京、河北、山西、内蒙古、辽宁、江苏、山东、河南、湖北、陕西、甘肃。

达氏琵甲 *Blaps (Blaps) davidis* Deyrolle, 1878（图 1-110）

【形态特征】雄虫体长 18.0~23.0 mm，雌虫 18.0~21.0 mm。体中型，略宽卵形，黑色。雄性：上唇长方形，前缘弧凹，具毛列和稀疏细刻点；唇基前缘直截；头顶有稠密刻点和棕色短毛。颏椭圆形。前胸背板近方形；前缘弧凹，无饰边；侧缘浅凹，饰边完整；基部两侧弱弯，饰边宽断；前角圆钝，后角直角；盘区略隆起，中纵沟明显。前胸侧板具稠密纵皱纹；小盾片三角形，有稠密棕毛。鞘翅基部与前胸背板连接处小粒点稠密；背面可见饰边全长；翅面小颗粒稠密；翅尾长约 2.0~3.0 mm；假缘折具杂乱刻纹和稀疏小粒点。第 1~3 可见腹板两侧有纵纹，中部有横纹；端部 2 节具稠密刻点和小颗粒；第 1、2 可见腹板间具毛刷。中、后足胫节有稠密刺毛，端距尖锐。雌性：翅尾短但明显。

图 1-110　达氏琵甲

【分布】中国北京、河北、山西、内蒙古、陕西、宁夏。

弯齿琵甲 *Blaps (Blaps) femoralis* (Fischer-Waldheim, 1844)（图 1-111）

【形态特征】雄虫体长 16.5~21.5 mm，雌虫 17.5~22.5 mm。体宽卵形，黑色。雄性：上唇前缘弱凹，被棕色刚毛；唇基前缘直；头顶具稠密浅刻点。触角粗短。颏横椭圆形。前胸背板近方形；前缘深凹并有毛列，饰边宽断；侧缘略隆起，饰边完整；基部中央弱凹，饰边宽断；前角圆钝，后角近直角；盘区中间刻点稀疏。前胸侧板纵皱纹稠密；中、后胸腹板小颗粒稠密。鞘翅宽卵形，长大于宽 1.5 倍，基部宽于前胸背板基部；侧缘饰边完整，由背面不见其全长；翅面布横皱纹；翅尾短；腹部第 1~3 可见腹板皱纹稠密，端部 2 节圆刻点稠密；第 1、2 可见腹板间具锈红色毛刷。各腿节具细纹；

图 1-111　弯齿琵甲

前足腿节下侧端部具 1 弯齿；中足腿节下侧具 1 直角形齿；中、后足胫节具稠密刺状毛。雌性近于无翅尾。

【寄主】杂，沙蒿、骆驼蓬等。

【分布】中国河北、山西、内蒙古、陕西、甘肃、青海、宁夏、新疆；蒙古。

戈壁琵甲 *Blaps (Blaps) gobiensis* Frivaldszky, 1889（图 1-112）

图 1-112　戈壁琵甲

【形态特征】雄虫体长 22.0~27.0 mm，雌虫 21.0~26.0 mm。体长卵形，亮黑色。雄性：上唇长方形，前缘微凹，棕毛稀疏；唇基前缘平直；头顶小刻点稀疏。颏椭圆形，皱纹明显。前胸背板近方形；盘区刻点稀疏。中、后胸腹板皱纹粗及小粒点稠密。小盾片阔三角形，有稠密的黄白色毛。鞘翅长于宽 2.0 倍；基部较前胸背板基部略宽，密布细小颗粒；侧缘弧形，背面不见饰边全长；盘隆起，细刻点明显，略具细横纹；翅尾长 1.7 mm，并沿中缝裂开；第 1、2 可见腹板间毛刷红色，第 1~3 可见腹板中间具横皱纹，两侧具纵纹。前足腿节端部收缩，胫节弯曲，端部略扩大，外侧有突起，下侧具颗粒和刺状毛；中、后足胫节端部喇叭口状扩大；跗节下侧及各节后缘有短刺状毛。雌性：翅尾短但明显。

【分布】中国内蒙古、甘肃、青海、宁夏、新疆；蒙古。

图 1-113　日本琵甲

日本琵甲 *Blaps (Blaps) japonensis* Marseul, 1879（图 1-113）

【形态特征】雄虫体长 20.5~25.5 mm，雌虫 21.0~25.0 mm。体长卵形，暗黑色。雄性：上唇近方形，前缘浅凹，被棕色毛列；唇基平直；头顶平坦，粗刻点稠密；颊向后急缩，具稠密圆颗粒。前胸背板宽大于长 1.3 倍；前缘弱凹，饰边宽断；基部微凹，饰边不明显；前角圆钝，后角略锐角形；前胸侧板具弱纵纹和稀疏小颗粒；中、后胸具稀疏小颗粒。鞘翅卵形，基部平直，与前胸背板基部等宽，侧缘中部最宽，背面可见饰边基部 1/3；盘区平坦，翅缝凹陷，具略稠密的光亮小颗粒；翅尾三角形；第 1~3 可见腹板具细皱纹，端部 2 节小刻点稠密；第 1、2 可见腹板间毛刷红色。足细长，前足腿节具纵纹，胫节内侧具刺状毛；中、后足胫节具刺状毛，端部截面喇叭口状。雌性：翅尾短或不明显。

【分布】中国北京、河北、陕西、华东、华中、华南、西南；日本。

异距琵甲 *Blaps (Blaps) kiritshenkoi* Semenow & Bogatchev, 1936（图 1-114）

【形态特征】雄虫体长 14.5～17.5 mm，雌虫 15.0～20.0 mm。体宽卵形，暗黑色。雄性：上唇椭圆形，前缘深凹，具棕色毛列；唇基前缘平直；头顶两侧刻点较中间稠密。颏椭圆形。前胸背板近心形；前缘弧凹，无饰边；侧缘弧形，饰边隆起；基部中央弱凹，粗饰边中断；前角圆钝，后角直角；盘区隆起，基部横沟状，四周刻点较中间大且稠密。前胸腹突中沟浅，端部尖。小盾片小，钝三角形，有稠密的黄白色毛。鞘翅宽卵形，基部较前胸背板基部略宽；侧缘浅凹，饰边细，背观不见其全长；翅尾长约 1.0 mm，端部开裂。第 1 腹板中部皱纹粗大，第 1、2 可见腹板间毛刷棕红色；端部 2 节刻点稠密，肛板有黄色短毛。各足胫节内端距远大于外侧；中、后足胫节具稠密刺状毛。雌性：翅尾不明显。

图 1-114　异距琵甲

【分布】中国内蒙古、甘肃、宁夏；蒙古。

弯背琵甲 *Blaps (Blaps) reflexa* Gebler, 1832（图 1-115）

【形态特征】雄虫体长 23.0～25.0 mm，雌虫 19.0～24.0 mm。体大型，黑色无光泽。雄性：上唇前缘深凹，两侧具毛列；唇基前缘平直；头顶中部具 2 凹坑。颏椭圆形。前胸背板近方形；盘区略隆起，基部前横凹，小颗粒稠密。前胸侧板细小颗粒稠密，散布稀疏略大颗粒，内、外侧细条纹明显；前胸腹突具中沟。中、后胸小颗粒稠密。小盾片钝三角形，有棕色密毛。鞘翅椭圆形，基部较前胸背板基部宽；侧缘浅凹，背面可见饰边全长；盘区具横皱纹和稠密小颗粒；翅尾约 2.0～3.8 mm；假缘折宽阔，仅端部收缩。腹部第 1～3 可见腹板两侧纵皱纹明显，端部 2 节有稠密圆刻点；第 1、2 可见腹板间无毛刷。前足腿节棍棒状，胫节内侧具刺状齿；中、后足胫节具粗糙刺毛，端部喇叭口形。雌性：翅尾 1.5～2.0 mm。

图 1-115　弯背琵甲

【分布】中国河北、内蒙古、陕西、宁夏；蒙古，俄罗斯（西伯利亚）。

皱纹琵甲 *Blaps (Blaps) rugosa* Gebler, 1825（图 1-116）

图 1-116　皱纹琵甲

【形态特征】雄虫体长 15.0~22.0 mm，雌虫 17.0~22.0 mm。体宽卵形，黑色。雄性：上唇椭圆形，刻点稠密，前缘弧凹，棕色刚毛稠密；唇基前缘平直；头顶中央隆起，刻点稠密。颏椭圆形。前胸背板近方形；前缘弧凹，饰边宽断；侧缘细饰边完整；基部两侧弱弯，无饰边；前角圆直角形，后角尖锐；盘区中部略隆起，刻点稠密。小盾片小，多数隐藏，直三角形，被黄白色密毛。鞘翅卵形，长大于宽 1.9 倍；基部较前胸背板基部宽；侧缘长弧形，背观不见饰边全长；盘区圆拱，横皱纹短且明显，两侧及端部小颗粒稠密；翅尾短；第 1~3 可见腹板中部横纹明显，两侧浅纵纹稠密；端部 2 节具稠密刻点和细短毛；第 1、2 可见腹板间具红色毛刷。中、后足胫节具稠密刺状毛。雌性：翅尾不明显。

【寄主】杂，农作物、杂草等。

【分布】中国河北、内蒙古、辽宁、吉林、陕西、甘肃、青海、宁夏；蒙古，俄罗斯（西伯利亚）。

异形琵甲 *Blaps (Blaps) variolosa* Faldermann, 1835（图 1-117）

图 1-117　异形琵甲

【形态特征】雄虫体长 26.0~28.5mm，雌虫 25.0~27.5 mm。体大型，亮黑色。雄性：唇基前缘直；额唇基沟明显；头顶平坦，圆刻点粗大稠密。触角粗壮。前胸背板近方形；前缘弧凹，饰边不明显；侧缘扁平，中部最宽，向前强烈、向后虚弱收缩，饰边完整；基部微凹，饰边宽裂；前角圆钝，后角直略锐角形，略后伸；盘区拱起，周缘压扁，刻点圆而粗密，在周缘汇合。前胸侧板纵皱纹粗大稠密；前胸腹突中沟深，垂降。鞘翅粗壮；侧缘弧形，中部之前最宽，饰边完整可见；盘区略隆，有粗糙横皱纹，沿翅缝有纵凹，翅坡急剧降落；翅尾 3.0~4.0 mm，具背纵沟。肛节中间扁凹；第 1、2 可见腹板间无毛刷。前足腿节棒状，胫节外侧直，内侧略弯；后足第 1 跗节不对称。雌性：翅尾 2.5~3.0 mm。

【寄主】杂。

【分布】中国内蒙古、陕西、甘肃、宁夏；俄罗斯，蒙古，土库曼斯坦。

突颊侧琵甲 *Prosodes (Prosodes) dilaticollis* Motschulsky, 1860（图 1-118）

【形态特征】体长 20.0~24.4 mm。体狭长，尖卵形，亮漆黑色，仅跗爪和胫节端距棕色。雄性：唇基前缘弱弯，颊角浅凹，额唇基沟细弯，中间断开；前颊较眼宽，后颊具皱褶；背面稀布圆刻点。前胸背板近正方形；前缘近于直，仅两侧有饰边；侧缘弱弯，中后部最宽，前半部较收缩，后半部近于直，翘起，无饰边；基部中间宽直，两侧突出，无饰边；背面中间宽平，侧缘和基部附近下陷；盘区后缘凹陷，两侧有细刻点。前胸侧板密布皱纹。鞘翅尖卵形；中部之前最宽，拱背，向两侧急剧地下垂；端 1/3 陡降，翅上无刻点，有不明显细皱纹。腹部圆拱，中间及两侧有具毛细锉点。足较长；前足胫节内缘直，后足腿节长于腹部末端。雌性：鞘翅较雄性为宽，刻点较密，2 个背沟明显。

图 1-118 突颊侧琵甲

【寄主】博乐蒿、冷蒿、伏地肤、旱生禾草等植物的嫩根和种子。

【分布】中国新疆；乌兹别克斯坦，哈萨克斯坦。

北京侧琵甲 *Prosodes (Prosodes) pekinensis* Fairmaire, 1887（图 1-119）

【形态特征】雄虫体长 21.1~25.0 mm，雌虫 24.4~26.5 mm。体黑色，狭长；触角栗褐色，口须、胫节端距和腹部中间发红。雄性：唇基前缘直；前颊外扩，后颊非常突出，向颈部急缩；头顶中央刻点稀疏。前胸背板宽大于长约 1.6 倍；前缘凹，无饰边；侧缘圆弧形，外缘翘起；基部宽凹；后角钝角形，中间具缘毛；盘区有均匀长圆形刻点，侧缘后半部宽扁翘。前胸侧板密布纵皱纹；前足基节间腹突中间深凹。鞘翅两侧直，中部最宽；翅端强烈下弯；背面布锉纹状小粒和扁皱纹，并向翅端消失；翅下折部分和假缘折有不规则细皱纹。腹部极度隆起，布稀疏小刻点。腿节棒状；后足相对较长；

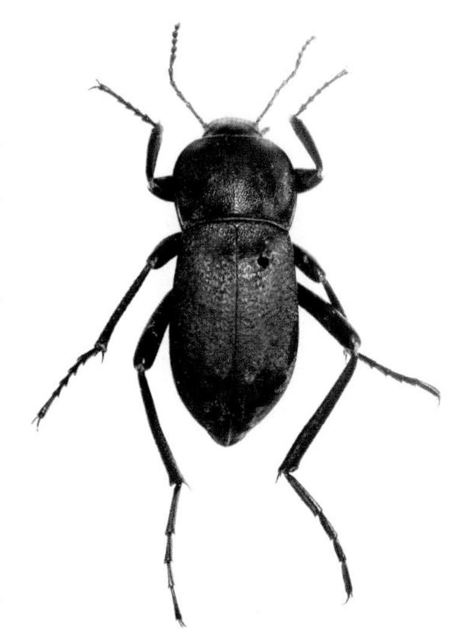
图 1-119 北京侧琵甲

前胫节内缘直，外缘前端深凹，跗节下面有突垫；末跗节最长。雌性：体型较雄性宽大。

【寄主】杂。

【分布】中国北京、河北、山西、陕西、甘肃、宁夏。

多点齿刺甲 *Oodescelis (Acutoodescelis) punctatissima* (Fairmaire, 1886)（图 1-120）

图 1-120　多点齿刺甲

【形态特征】体长 11.5～12.5 mm。体黑色，光亮。头部有稠密刻点，唇基沟略凹。前胸背板宽阔，宽大于长 1.3 倍，基部最宽，向中部近于直，向前强烈变窄；侧缘饰边粗，侧缘向前后均匀弯曲；前角尖直角形，后角尖刺状；前缘深凹，近于半圆形；后缘近于直；背板前面较扁平，有稠密刻点，刻点在侧缘纵向汇合。鞘翅基部和前胸背板等宽，最宽处在中部，长是宽的 1.2 倍，卵圆形，非常高拱；背刻点粗大，比前胸背板的圆而分散；侧缘饰边由背面观达到中部。前足基节间的腹突略弯，前足腿节有锐齿，胫节细长，中间近乎平行，向端部均匀变粗。雄性前足跗节略比胫节端部细，各节不明显变宽；中足胫节略弯，跗节比前足的略宽，后足胫节长而直。腹部有虚弱环状毛。

【分布】中国北京、天津、内蒙古、新疆。

郝氏刺甲 *Platyscelis (Platyscelis) hauseri* Reitter, 1889（图 1-121）

图 1-121　郝氏刺甲

【形态特征】雌虫体长 11～12 mm，雄虫较小。身体黑色，无光泽，椭圆形，背面拱起。头扁平，唇基直截，唇基沟部凹，额扁平，背面有稠密粗刻点。前胸背板拱起、前缘较窄，基部最宽；后角直角形，前角钝角形；前缘直；侧缘从基部到中间略弯曲；背板中部有稀疏的刻点，侧缘和后面有粗刻点。鞘翅短卵形，基部略比前胸背板宽，中间最宽，侧缘饰边宽，由背面完全可见；背面有不甚明显的脊，行间拱起，假缘折宽而光滑，散布小刻点；背面前方刻点和粒突粗，后面的细小。前足基节间腹板突端部尖。腹部散布小刻点。腿节略呈棍棒状；前足胫节外缘直，端部直角形，下侧凹陷，内侧稍直。中足胫节外缘圆，内缘扁，后足胫节直。雄虫前足和中足第 2、3 跗节明显扩大。

【分布】中国甘肃、青海、宁夏、新疆。

参考文献

巴义彬 . 2012. 中国漠甲亚科分类与地理分布 (鞘翅目 : 拟步甲科) [D]. 河北大学理学博士学位论文 .
李哲 . 2002. 中国琵甲族 Blaptini(鞘翅目 : 拟步甲科) 系统学研究 [D]. 河北大学理学硕士学位论文 .
任国栋 , 巴义彬 . 2010. 中国土壤拟步甲志 (第二卷 鳖甲类) [M]. 北京 : 科学出版社 .
任国栋 , 杨秀娟 . 2006. 中国土壤拟步甲志 (第一卷 土甲类) [M]. 北京 : 高等教育出版社 .
任国栋 , 于有志 . 1999. 中国荒漠半荒漠的拟步甲科昆虫 [M]. 保定 : 河北大学出版社 .
杨定 , 张泽华 , 张晓 . 2013. 中国草原害虫名录 [M]. 北京 : 中国农业科学技术出版社 .
赵养昌 . 1963. 中国经济昆虫志 第四册 鞘翅目 拟步行虫科 [M]. 北京 : 科学出版社 .

五、天牛科 Cerambycidae

概述

成虫　体小至大型。触角常超过体长之半，通常 11 节，大多丝状，着生于触角基瘤上，可向后伸。复眼肾形，有时近球形，或上、下两叶完全分离。前胸背板两侧具刺突或瘤突，或完全无突。中胸背板常具发音器。鞘翅通常完全盖住腹部，少数种类短缩或收狭，后翅发达，有时退化成鳞片状甚至消失。足胫节具 2 个端距，跗节一般隐 5 节。腹部可见 5 或 6 节。

幼虫　一般呈长圆筒形，常略扁。体色大多呈乳白色或淡黄色，体壁柔软，体节多皱，头颅、口器、前胸背板、气门片、步泡突上的颗粒以及尾突等部位常骨化，较坚硬。头前口式，前胸发达，扁圆，胸足微小或退化，腹部 10 节明显，无腹足，具可伸缩的步泡突，第九腹节常具尾突，肛门单裂至 3 裂（图 1-122）。

天牛科昆虫主要以幼虫蛀食寄主植物的营养器官造成为害，成虫亦可啃食植物的幼嫩部位导致植物长势衰弱、枝条枯死、藤蔓萎蔫甚至花果脱落。部分种类幼虫生活于土中，主要为害植物根部。

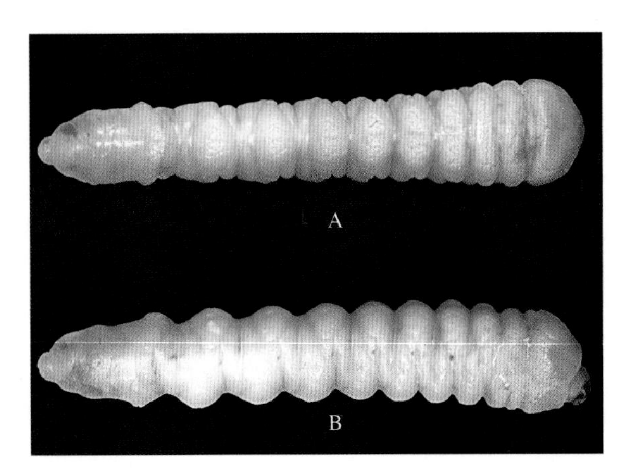

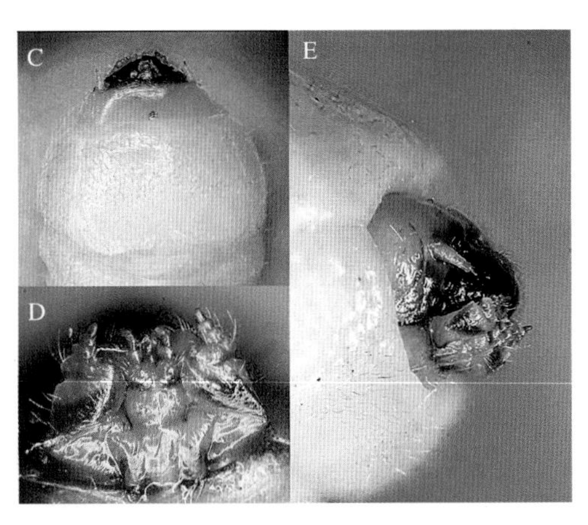

图 1-122　绿虎天牛属幼虫

A. 背面观；B. 侧面观；C. 幼虫头及前胸背板背面观；D. 幼虫口器腹面观；E. 头部侧面观

分种检索表

1	前胸背板中区两侧具明显边缘 ······	**2**
	前胸背板中区两侧无边缘 ······	**7**
2	复眼上叶相距极近；触角 11 节；雄虫上颚短，端部显著向内弯；前胸背板极粗糙；鞘翅及足大部分被金黄色绒毛 ······ **橘根接眼天牛** ***Priotyrranus closteroides closteroides*** **(Thomson)**	
	复眼上叶相距较远；触角 12 节；雄虫上颚长，向后弯曲 ······	**3**
3	第三跗节端部具刺 ······	**4**
	第三跗节端部不具刺，较圆 ······	**5**
4	前胸背板侧缘前齿发达，尖锐，离中齿较远；雌虫第一腹节腹板前缘中央向前突出较狭 ······ **曲牙土天牛** ***Dorysthenes hydropicus*** **(Pascoe)**	
	前胸背板侧缘前齿小，离中齿较近；雌虫第一腹节腹板前缘中央向前呈圆形突出 ······ **大牙土天牛** ***Dorysthenes paradoxus*** **(Faldermann)**	
5	前胸背板侧缘具 3 齿；触角基瘤相距极近，雄虫触角约与身体等长；体棕红色 ······ **蔗根土天牛** ***Dorysthenes granulosus*** **(Thomson)**	
	前胸背板侧缘具 2 齿；雄虫触角显著短于身体 ······	**6**
6	雄虫上颚极长，约伸达后胸腹板；后头较长；触角基瘤略微分开，第三至第五触角节腹面具齿突；身体大多黑色 ······ **长牙土天牛** ***Dorysthenes walkeri*** **(Waterhouse)**	
	雄虫上颚及后头较短；触角基瘤相互远离，触角节腹面无齿突；身体黄褐色至黑褐色 ······ **沟翅土天牛** ***Dorysthenes fossatus*** **Pascoe**	
7	头部在复眼后方逐渐狭窄，前足基节呈圆锥形突出，触角第六至第十节略扁，外端角突出，前胸背板两侧具明显瘤突，身体大部分黄褐色 ······ **中华锯花天牛** ***Apatophysis sinica*** **Semenov**	
	头部在眼后不狭窄，前足基节不呈圆锥形突出 ······	**8**
8	前、中足胫节无斜沟 ······	**9**
	前、中足胫节具斜沟；前胸背板侧缘无瘤突；鞘翅肩后具 2 条强直脊，翅端圆；身体密被淡蓝色及黑色绒毛，前胸背板具 2 个近圆形黑斑，每鞘翅具 3 个大黑斑，后面 2 个在外侧相连 ······ **苎麻双脊天牛** ***Paraglenea fortunea*** **(Saunders)**	
9	触角长于身体；前胸背板侧缘具显著瘤突；后胸腹板后侧角具臭腺孔，身体极狭长，金属蓝色，鞘翅在中部之前及中部之后各具 1 条宽阔的淡黄色横带 ······ **多带天牛** ***Polyzonus fasciatus*** **(Fabricius)**	
	触角显著短于身体，第三节长于第四节；前胸背板近球形，侧缘无瘤突；后胸腹板后侧角无臭腺孔；身体较宽阔，黑色，前胸背板前缘及后缘各具 1 条灰黄色绒毛横带，每鞘翅约等距离排列 5 个灰黄色绒毛横斑 ······ **苜蓿丽虎天牛** ***Plagionotus floralis*** **(Pallas)**	

橘根接眼天牛 *Priotyrranus closteroides closteroides* (Thomson, 1887)(图 1-123)

【形态特征】体长 22~38 mm，鞘翅肩宽 8~14 mm。雄虫：体红褐色至深褐色，上唇前缘、前胸背板前、后缘被浓密的金黄色缘毛，小盾片、鞘翅及足腿节大部分被金黄色绒毛，胸部腹板密被金黄色竖毛。头短，具粗糙刻点，上颚粗短，端部显著向内弯曲。复眼上叶十分靠近，仅被头背面的中纵沟所分离。触角略长于体，触角基瘤宽大，扁平，十分靠近，第三至第十触角节外端部呈锐角状突出，第三至十一触角节表面具平行的细纵脊。前胸背板宽大于长，表面十分粗糙，刻点粗大，微现数个模糊的瘤突，每侧缘具 2 齿，前齿较小，中齿发达，长而尖锐，后侧角向外呈短齿状突出。小盾片舌状，端部狭圆。鞘翅长约为宽的 2.0 倍，向端部略收狭，端缘圆，缝角垂直。翅面基部具粗糙的皱状刻点，尤以肩部为甚，中央具 1 条微弱的纵脊。足中等长，后足第一跗节与第二、三节长度之和等长。雌虫与雄虫相似，触角约伸达鞘翅中部之后，较细小，第六节至第十一节具细纵脊，鞘翅无明显金黄色绒毛，基部刻点及皱纹较雄虫粗密而深，腹部末节腹板后缘具一浅横沟。

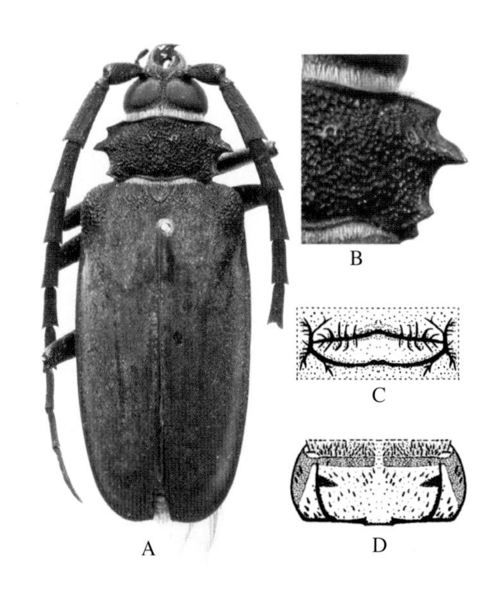

图 1-123　橘根接眼天牛 *Priotyrranus closteroides closteroides* (Thomson)
A. 背面观；B. 前胸背板右侧缘；C. 幼虫腹部背步泡突；D. 幼虫前胸背板（C-D 引自《中国天牛幼虫》）

【寄主】为害柑橘类、板栗、松、杉。

【分布】中国辽宁、陕西、河南、湖北、安徽、江苏、江西、浙江、福建、台湾、广东、香港、湖南、广西、贵州、四川、云南。

曲牙土天牛 *Dorysthenes hydropicus* (Pascoe, 1857)（图 1-124）

【形态特征】体长 24~47 mm，鞘翅肩宽 10~16 mm。雄虫：身体大部分栗褐色至栗黑色，触角及足部分地呈红褐色，略具金属光泽。身体大部分光裸，后胸前侧片及后胸腹板密被金黄色竖毛，后胸腹板无光裸区域。头在眼后延长，具细刻点。下颚须及下唇须末节宽大呈喇叭状。头背面中央具纵沟，复眼上叶内缘纵脊近于平行。触角伸达鞘翅中部之后，触角基瘤宽大，扁平，相距较近，内侧具密集刻点。触角第四节至第十节端部外侧明显呈角状突出，第三节至第五节腹面具稀疏的齿突。前胸背板宽大于长，前缘及后缘波曲，中央微向内凹，中区弧突，具细密刻点，中央两侧极微弱地隆起，侧缘具 2 齿，端部尖锐，前齿较中齿小，中齿发达，侧缘后侧角显著突出。小盾片宽舌状，端部中央略尖，刻点较前胸背板稍粗，基部中央具光滑的纵形区。鞘翅长约为肩宽的 1.9 倍，侧缘向后略收狭，端缘圆，缝角垂直。翅面皱状具不明显的细刻点，每鞘翅中区具 2 条模糊的纵脊线。前胸腹板凸片略高于前足基节，均匀地弧形突出。足中等长，前足及中足腿节腹面两侧具极微弱而稀疏的小齿突，前足胫节具成列的大小不一的齿突。第 3 跗节端部呈刺状突出。腹部末节腹板端部极略微地凹入，端缘近于平直。雌虫与雄虫相似，触角较细，约伸至鞘翅基部 1/4 处，第五至第十触角节外端部明显呈角状突出，鞘翅缝角近圆形，后胸腹板及后胸前侧片光裸无毛，腹部第一节腹板前缘中央向前突出较狭，末节腹板端部不凹入，产卵器常外露，足无齿突。

图 1-124　曲牙土天牛 *Dorysthenes hydropicus* (Pascoe)

A. 背面观；B. 前胸背板侧缘；C. 幼虫额及口上片前缘；D. 后足第三跗节（C 引自《中国天牛幼虫》）

【寄主】为害甘蔗、棉花、杨、柳、桃、水杉及胡桃。

【分布】中国辽宁、内蒙古、甘肃、河北、山东、陕西、河南、湖北、江苏、浙江、湖南、江西、台湾、广东、香港、海南、广西、贵州。

大牙土天牛 *Dorysthenes paradoxus* (Faldermann, 1833)（图 1-125）

【形态特征】体长 33~41mm，鞘翅肩宽 12~16 mm。雄虫：身体大部分栗褐色至黑褐色，触角及足红褐色，具金属光泽。身体大部分光裸，后胸前侧片及后胸腹板密被金黄色竖毛，后胸腹板中央竖毛较薄。头部在眼后延长，具细刻点。下颚须及下唇须末节宽大，呈喇叭状。头背面具中纵沟，止于触角基瘤之间。触角伸达鞘翅中部之后，触角基瘤宽大，扁平，相距较近，具细刻点。触角第三节至第十节端部外侧呈角状突出，第三节至第五节腹面具稀疏的齿突。头背面复眼上叶之间，沿复眼上叶边缘各具 1 条纵脊，二者近于平行。前胸背板宽大于长，中区弧突，不平坦，具细密刻点，侧缘具 2 齿，前齿极小，中齿发达，侧缘后侧角稍突出。小盾片宽舌状。鞘翅长约为肩宽的 1.8 倍，侧缘向后略收狭，端缘圆，缝角具 1 小齿突。翅面皱状具刻点，中区在小盾片周围稍隆起，每鞘翅具 2 条极不明显的纵脊线。前胸腹板凸片略高于前足基节，均匀地弧形突出，中部之前中央具纵沟。足中等长，前足及中足腿节腹面两侧具稀疏的小齿突，前足胫节具成列的大小不一的齿突。第 3 跗节端部呈刺状突出。腹部末节腹板端部略微凹入，端缘近于平直。雌虫与雄虫相似，触角较细，约伸至鞘翅基部 1/4 处，第六至第十触角节外端部明显呈角状突出，鞘翅缝角无明显齿突，后胸腹板及后胸前侧片光裸无毛，腹部第一节腹板前缘向前呈圆形突出，末节腹板端部不凹入，足无齿突。

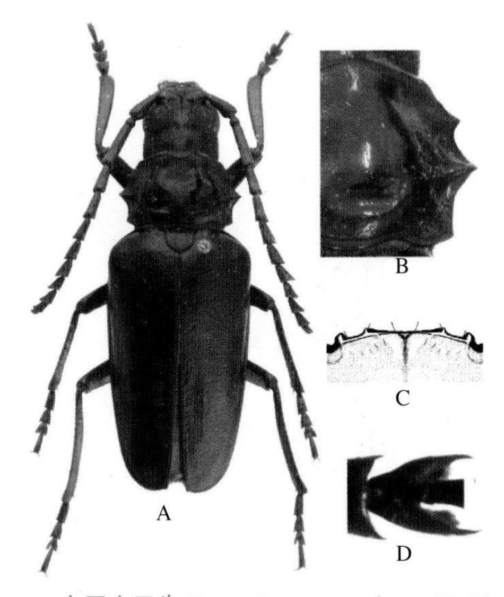

图 1-125　大牙土天牛 *Dorysthenes paradoxus* (Faldermann)

A. 背面观；B. 前胸背板侧缘；C. 幼虫额及口上片前缘；D. 后足第三跗节（C 引自《中国天牛幼虫》）

【寄主】为害玉米、高粱、云南松、栗、榆、柏、杨、李、柳、泡桐。

【分布】中国吉林、辽宁、内蒙古、宁夏、甘肃、青海、河北、山东、山西、陕西、河南、湖北、安徽、江苏、浙江、江西、广东、香港、海南、贵州、四川；俄罗斯，蒙古。

蔗根土天牛 *Dorysthenes granulosus* (Thomson, 1860)（图 1-126）

【形态特征】体长 15~63 mm，鞘翅肩宽 8~25 mm。雄虫：体棕红色，头部及触角基部 3 节颜色较深，呈暗褐色至黑色，有时前足腿节、胫节暗褐色。身体大部分光裸，平滑，后胸前侧片及后胸腹板密被金黄色竖毛，后胸腹板中央具 1 光裸的菱形区域。下颚须及下唇须呈棒状。触角约伸达鞘翅末端，触角基瘤十分接近，扁平隆突，内侧具较粗密的刻点。触角第四节至第十一节端部外侧呈角状突出，第三节至第七节腹面具不均匀的齿突。头背面复眼上叶之间，沿复眼上叶边缘各具 1 条纵脊组成“八”字形。前胸背板中区刻点细密，每侧缘具 3 个齿突，中央 1 个最大，略向后弯，基部 1 个最小。小盾片宽舌状，两侧刻点较密。鞘翅长约为宽的 2 倍，向端部略微收狭，端缘圆，缝角略具齿状突出。翅面光亮，微弱皱状，具极细的刻点。每鞘翅具 2 或 3 条微弱的纵脊。前胸腹板凸片略高于前足基节，均匀地弧形突出。腹部末节腹板端部凹入。足较长，前足腿节腹面两侧及胫节具不规则的齿突。雌虫与雄虫较相似，触角约伸达鞘翅中部之后，前足无齿状突。前胸背板中区较雄虫拱突，腹部第一节腹板前缘中央向前突出较狭，末节较雄虫狭长，腹板端部几不凹入，前足无齿状突。

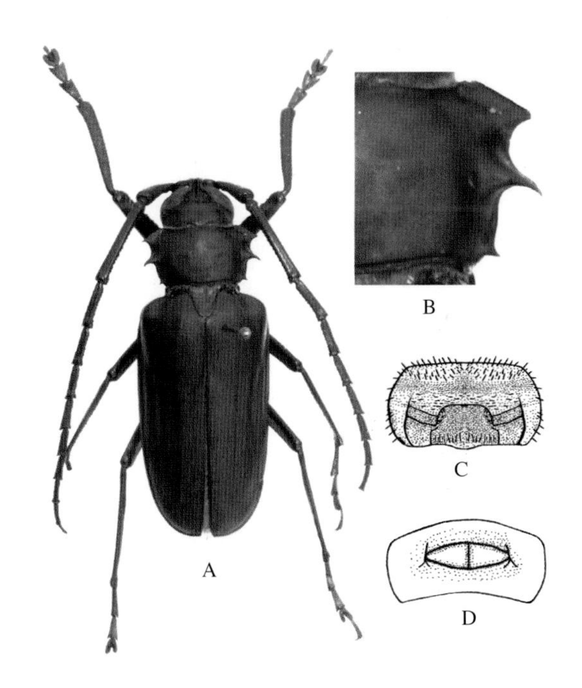

图 1-126　蔗根土天牛 *Dorysthenes granulosus* (Thomson)
A. 背面观；B. 前胸背板右侧缘；C. 幼虫前胸背板；D. 幼虫腹部背步泡突（C-D 引自《中国天牛幼虫》）

【寄主】为害甘蔗、麻栎。

【分布】中国广东、海南、广西、云南；越南，缅甸，泰国，老挝，印度。

长牙土天牛 *Dorysthenes walkeri* (Waterhouse, 1840)（图 1-127）

【形态特征】体长 35~70 mm，鞘翅肩宽 17 ~26 mm。雄虫：体黑色，具光泽，尤以头及前胸背板为甚。身体大部分光裸，中、后胸腹板密被棕色竖毛，后胸腹板中央具 1 个光裸的三角形区域。头部在眼后显著延长，具细刻点，头背面中央具 1 条纵沟，伸至额部。上颚十分发达，长而向后弯，约伸达后胸腹板，下颚须及下唇须端节棒状。触角约伸达鞘翅中部，触角基瘤宽大，稍分开。触角第六节至第十节端部外侧呈角状突出，第三节至第五节腹面具不均匀的齿突。前胸背板每侧缘具 2 个发达的齿状突起，末端尖锐，后侧角钝，突出。前胸背板中区稍拱凸，具细刻点。小盾片宽舌状，端部中央略尖狭。鞘翅长约为宽的 2.2 倍，向端部略微收狭，肩角稍呈齿状，侧缘具薄边，端缘圆，缝角明显。翅面皱状，基部具细颗粒状刻点，每鞘翅具 3 条十分模糊的纵脊。前胸腹板凸片显著高于前足基节，成弧形拱突。腹部末节腹板端部中央凹入，具细刻点及棕色绒毛。足中等长，前足及中足胫节腹面具不规则的小齿突，第 3 跗节端部呈刺状突出。雌虫与雄虫相似，上颚较雄虫短，触角较细，约伸达鞘翅基部，触角节腹面无齿突，中、后胸腹面光裸，腹部末节腹板端部圆弧形，足胫节腹面无齿突。

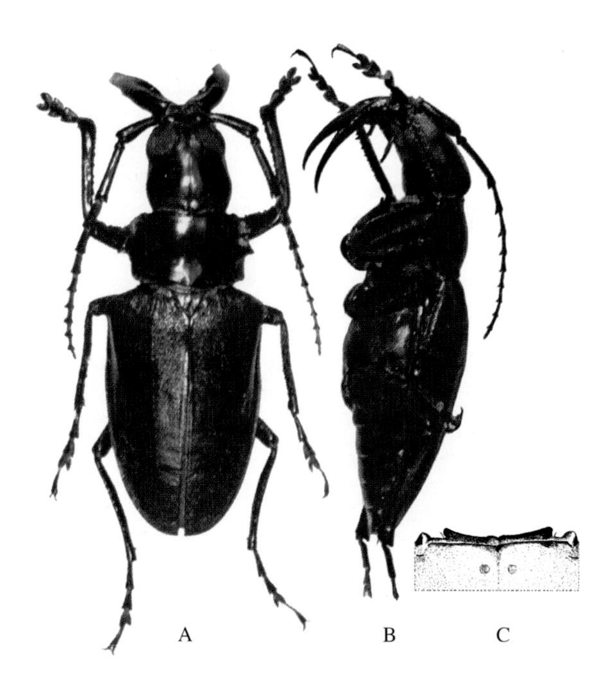

图 1-127　长牙土天牛 *Dorysthenes walkeri* (Waterhouse)
A. 背面观；B. 侧面观；C. 幼虫额及口上片前缘（A，B 引自《中国天牛（1046 种）

【寄主】为害椰子、油棕、栗、竹、樟、橡胶树、桉树。

【分布】中国福建、海南、广西、四川、云南；越南，缅甸，泰国，老挝。

沟翅土天牛 *Dorysthenes fossatus* Pascoe, 1857（图 1-128）

【形态特征】体长 32～40 mm，鞘翅肩宽 13～15 mm。雄虫：体黄褐、棕褐至黑褐色，头、触角基部 3 节及前胸背板一般暗褐色，有时前、中足腿节及胫节暗褐色。身体大部分光裸，具光泽，中胸、后胸腹板及侧板密被金黄色竖毛，后胸腹板中央具 1 光裸的纵形区域。头具浓密的粗、细两种刻点，复眼上叶及触角基瘤之间具 1 条宽阔的纵沟，光滑，两侧具弱脊，复眼上叶内缘各具 1 条近弧形的纵脊。下颚须及下唇须末节端部稍扩大，呈棒状。触角伸达鞘翅中部之后，触角基瘤扁平，相互远离。触角第三节至第十一节端部外侧明显呈角状突出，触角节腹面无齿突。前胸背板宽大于长，前缘中央略微向前突出，后缘中央向后弧突。前胸背板中区弧凸，具细密刻点，两侧各具 1 个纵形凹洼，中部之后中央略微平坦，侧缘具 2 齿，端部尖锐，中齿较前齿大，略向后弯，侧缘后侧角显著突出。小盾片宽舌状，刻点稀浅。鞘翅长约为肩宽的 1.8 倍，侧缘向后略收狭，端缘圆，缝角垂直。翅面皱状具细刻点，每鞘翅具 2 或 3 条细纵脊。前胸腹板凸片略高于前足基节，均匀地弧形突出。足中等长，前足及中足腿节腹面两侧具稀疏的小齿突，前足胫节腹面具成列的大小不一的齿突，前足胫节腹面端部外侧、中后足胫节端部内侧各具 1 个发达的尖刺。第 3 跗节端部较圆。腹部末节腹板端部极略微地凹入，端缘近于平直。雌虫与雄虫相似，触角

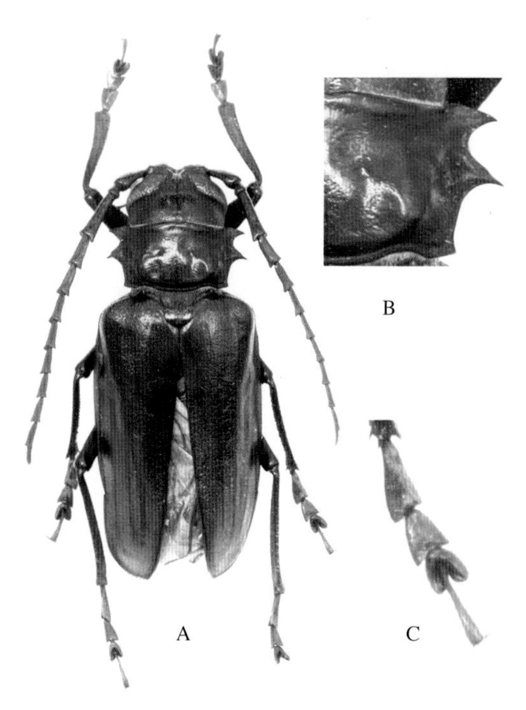

图 1-128 沟翅土天牛 *Dorysthenes fossatus* Pascoe
A. 背面观；B. 前胸背板侧缘；C. 中足跗节

较细，约伸至鞘翅基部 1/4 处，第六至第十触角节外端部明显呈角状突出，鞘翅缝角垂直，后胸腹板及后胸前侧片竖毛较雄虫短，腹部第一节腹板前缘中央向前突出较狭，末节腹板端部不凹入，产卵器常外露。

【寄主】为害油茶，栗。

【分布】中国陕西、河南、湖北、浙江、福建、湖南、广西、四川。

中华锯花天牛 *Apatophysis sinica* Semenov, 1901（图 1-129）

【形态特征】体长 13~ 19mm，鞘翅肩宽 3.5~6.2 mm。雄虫：体黄褐色至栗褐色，鞘翅端部略呈淡黄褐色，体表被稀疏的灰黄色绒毛。头具细密刻点，额中央具 1 条细纵沟伸至头顶；复眼大，内缘微凹。触角比体长，触角基瘤隆突，第 3 节略长于第 4 节；第 6 ~11 节扁平，除末节外内缘具齿。前胸背板宽略大于长，稍拱凸，刻点细密；前缘稍窄于后缘，侧缘中部具圆锥形钝瘤突；中区不平坦，前缘具横沟，近后缘两侧各具 1 个横形隆突，其前方尚有 1 个不明显的矮隆突。小盾片舌状。鞘翅薄，具细刻点，翅端圆。足较长，腿节不膨大。雌虫与雄虫极相似。

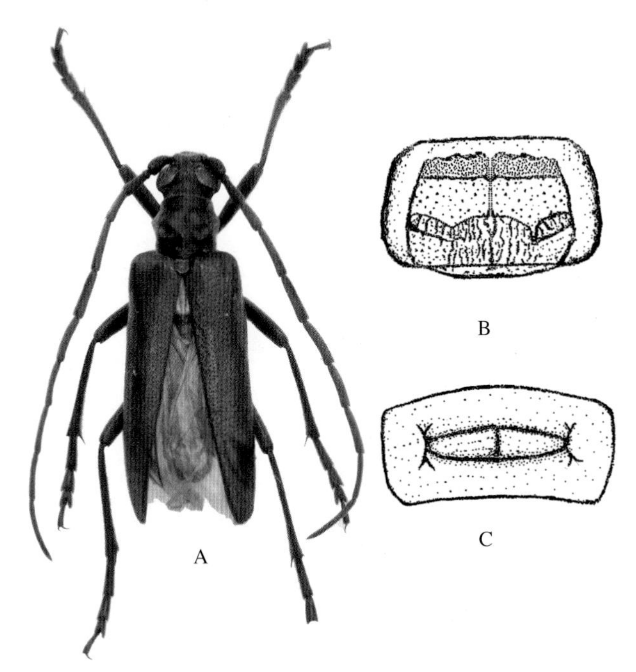

图 1-129 中华锯花天牛 *Apatophysis sinica* Semenov

A. 背面观；B. 幼虫前胸背板；C. 幼虫第 II 腹节背步泡突（C-D 引自《中国天牛幼虫》）

【寄主】为害牡丹。

【分布】内蒙古、辽宁、河北、山西、山东、陕西、浙江、江西、四川。

苎麻双脊天牛 *Paraglenea fortunea* (Saunders, 1853)（图 1-130）

【形态特征】体长 9.5～17.0mm，体宽 3.5～6.5mm。雄虫：体黑色，密被淡蓝色（有时呈淡草绿色）及黑色绒毛，形成如下黑色斑纹：头顶或多或少具黑斑，有时黑斑扩大，遍及头全部。前胸背板中区两侧各有一个近圆形黑斑。每鞘翅具有 3 个大黑斑，第 1 个位于肩部；第 2 个位于中部之前，向内伸展较宽；第 3 个位于端部 1/3 处，明显由两个斑愈合而成，中间偏外侧常留出淡蓝色小毛斑；第 2、3 个斑点在沿缘折处由一条黑色纵斑使之相连。有时各斑或多或少缩小或褪色，甚至完全消失，常见的为黑斑扩大。触角黑色，基部数节腹面被淡蓝色绒毛。体腹面有时黑色。头、前胸背板及鞘翅被黑色竖毛，竖毛由鞘翅基部向端部变短。头具细密刻点，额中央具 1 条纵沟伸至后头。前胸背板长宽近于相等，具细密刻点，中区后端稍中央稍隆起。鞘翅长约为宽的 2.2 倍，向端部稍收狭，肩后具两条明显的纵脊，翅端圆。足中等长，后足腿节不超过鞘翅末端，第 1 跗节长度约与第 2、3 节长度之和等长，爪全开式。

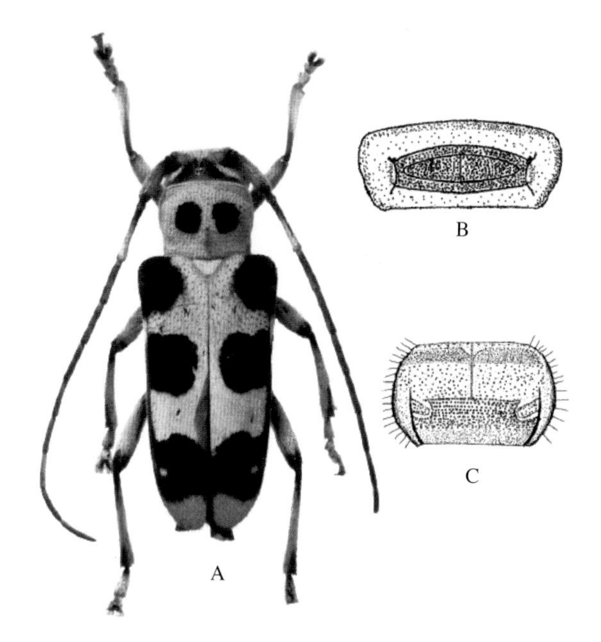

图 1-130　苎麻双脊天牛 Paraglenea *fortunea* (Saunders)
A. 背面观；B. 幼虫腹部背步泡突；C. 幼虫前胸背板（B-C 引自《中国天牛幼虫》）

【寄主】为害苎麻、木槿、桑、杨、青冈栎、乌桕、椴、木樨。

【分布】中国黑龙江、吉林、辽宁、河北、河南、陕西、湖北、安徽、江苏、江西、浙江、福建、台湾、湖南、广东、广西、贵州、四川、云南；日本，越南。

多带天牛 *Polyzonus fasciatus* (Fabricius, 1781)（图 1-131）

【形态特征】体长 11~17 mm，鞘翅肩宽 2~4mm。雄虫：体细长，腹面被极薄的灰白色绒毛。体背面具粗糙的略成皱状的刻点。头、触角柄节及前胸金属蓝色。鞘翅金属蓝色，在中部之前及中部之后各具 1 条宽阔的淡黄色横带，有时退化成近三角形或卵圆形斑。足及触角第二至第十一节黑色稍带蓝紫色光泽，腹面金属蓝色。额长，中纵沟明显；复眼大，小眼面细。触角略长于身体，柄节粗壮，具粗刻点，第三节约与第四、五节长度之和等长，第七节至第十节外缘略扁。前胸背板宽略大于长，每侧缘具 1 钝瘤突。小盾片大，三角形。鞘翅狭长，两侧近于平行，翅端圆。腹部 6 节，第五、六节端缘内凹，足中等长，腿节棒状，后足腿节不达翅端，后足第一跗节长于第二、三节长度之和。雌虫与雄虫极相似，触角稍短，腹部 5 节，末节腹板端缘平截。

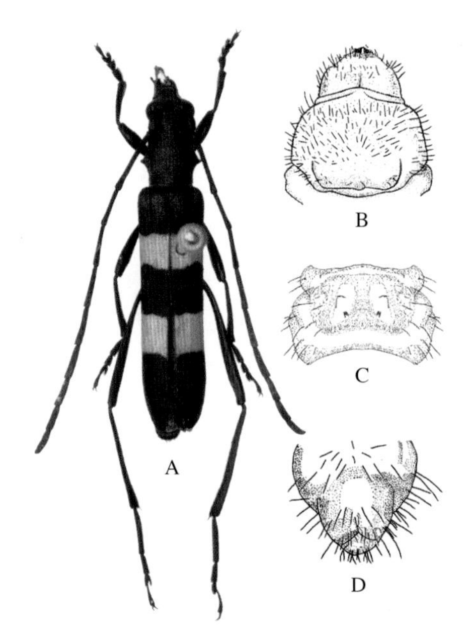

图 1-131　多带天牛 *Polyzonus fasciatus* (Fabricius)
A. 背面观；B. 幼虫头及前胸背板；C. 幼虫腹部第 IV 腹节背步泡突；
D. 幼虫腹部末端（B-D 引自《北亚天牛》）

【寄主】为害柳、菊、竹、栎、松、杨、枣、木荷、柏、黄荆及伞形科植物。

【分布】中国黑龙江、吉林、辽宁、内蒙古、山西、河北、山东、宁夏、陕西、甘肃、青海、河南、湖北、安徽、江苏、江西、浙江、福建、广东、香港、湖南、广西、贵州；俄罗斯，蒙古，朝鲜。

苜蓿丽虎天牛 *Plagionotus floralis* (Pallas, 1773)（图 1-132）

【形态特征】体长 7～18 mm，鞘翅肩宽 3.8～4.5 mm。雄虫：体大部分深褐色至黑色，触角、胫节及跗节棕褐色。额及头顶密被灰黄色绒毛，前胸背板前缘及后缘密被灰黄色绒毛形成横带，在腹面侧缘会合。小盾片密被灰黄色绒毛。每鞘翅被灰黄色绒毛形成 5 条横带：第 1 条位于肩内及小盾片之间，宽短；第 2 条位于鞘翅基部 1/4 处，内侧不达中缝，向前延伸；第 3 条位于鞘翅中部，内侧伸达中缝，略向后延伸；第 4 条位于鞘翅端部 1/4 处，略向前倾斜；第 5 条位于翅端。体腹面大部分着生黄色绒毛。头部具细密刻点。触角约伸达鞘翅基部 2/3 处，柄节约与第三节等长。前胸背板长宽近于相等，侧缘均匀地弧形，中区拱凸。小盾片宽圆。鞘翅长约为肩宽的 2.4 倍，向端部略收狭，翅端圆，缝角不突出，翅面稍拱凸，具细密刻点。足中等长，后足第一跗节约等长于其余各节长度之和。雌虫与雄虫极相似，触角约伸达鞘翅中部。

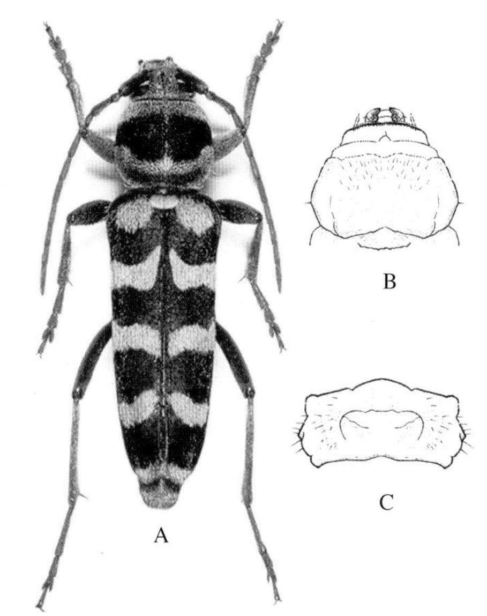

图 1-132　苜蓿丽虎天牛 *Plagionotus floralis* (Pallas)
A. 背面观；B. 幼虫头及前胸背板；C. 幼虫腹部腹节背步泡突
（A 引自 http://www.cerambyx.uochb.cz；B–C 引自《北亚天牛》）

【寄主】为害苜蓿、油菜及三叶草等农牧作物。

【分布】中国新疆；俄罗斯，土耳其，欧洲。

参考文献

陈世骧，谢蕴贞，邓国藩 . 1959. 中国经济昆虫志：第一册，鞘翅目，天牛科 [M]. 北京：科学出版社 .

华立中，奈良一，G. A. 塞缪尔森，等 . 2009. 中国天牛（1406 种）彩色图鉴 [M]. 广州：中山大学出版社 .

蒋书楠 . 1989. 中国天牛幼虫 [M]. 重庆：重庆出版社 .

陆水田，康建新，马新华 . 1993. 新疆天牛图志 [M]. 乌鲁木齐：新疆科技卫生出版社 .

蒲富基 . 1980. 中国经济昆虫志：第十九册， 鞘翅目，天牛科 (二)[M]. 北京：科学出版社 .

Cherepanov A I. 1981. Cerambycidae of Northern Asia (Cerambycinae). Novosibirsk: Nauka Publishers (in Russian).

Gressitt J L. 1951. Longicorn beetles of China [M]. Paris: Paul Lechevalier.

第二章　双翅目
Diptera

概　述

双翅目 Diptera 属于完全变态类昆虫，是昆虫纲中 4 个最大的目之一，包括蚊、蠓、蚋、虻、蝇等。仅有一对膜质前翅，偶尔翅退化或无翅，后翅特化为平衡棒，口器吸收式为主要识别特征。

头部一般呈球形或半球形，活动自如，与胸部明显分开，以小的颈部与后者相连。复眼一对，较大，位于头部两侧。许多类群复眼雌雄异形，雄性为接眼式，复眼在额区相接，有时复眼在颜区接近或相接；而雌性为离眼式，在额区宽地分开；偶尔雌雄复眼均为接眼式。单眼 3 个，位于头顶正中央小的单眼三角区内或稍突起的单眼瘤上；有的类群仅有 1 ~ 2 个单眼，有的类群则无单眼。高等虻类和蝇类单眼三角区有 1 对发达的单眼鬃，单眼三角区后有一对单眼后鬃；头顶两侧一般有 1~2 对明显的顶鬃，若 2 对，位于外面的称为外顶鬃，位于里面的称为内顶鬃。长角亚目和短角亚目额一般无明显的鬃，仅舞虻总科偶尔额两侧有鬃。蝇类额有间额鬃和侧额鬃（又叫颜眶鬃）。长角亚目触角鞭节细长，分节明显，形状比较一致；短角亚目鞭节一般基部较粗，明显向末端变窄，节数少，分节不明显，末端刺状，称为端刺；芒角亚目鞭节由粗大的一节（第一鞭节）和细长的触角芒构成；触角芒多位于第一鞭节基部背面，通常分 3 节，基部 2 节很短，第 3 节细长。口器属于吸收式，取食液体食物，通称为喙。包括舐吸式和刺吸式二种类型。双翅目昆虫大多数类群口器属于舐吸式，喙较粗短，有肥大肉质的唇瓣；而一些类群如蚊科属于刺吸式，有细长的口针。喙的长短和粗细有变化。蚊科的种类和一些具有访花习性的类群喙很细长，为头高的数倍。

胸部由前胸、中胸和后胸构成，三部分愈合紧密，前胸和后胸较小，中胸相当大而构成胸部的主体，这与中胸有发达的飞行器官有关。胸部有 2 对气门分别位于中胸和后胸。蝇类和高等虻类胸部有发达的鬃。肩胛有肩鬃，盾片正中央 2 列中鬃，外侧 2 列为背中鬃，盾片两侧内方有翅内鬃；盾片前侧缘位于肩胛后有肩后鬃，盾缝前有缝前鬃，缝后翅基上方有翅上鬃；背侧片有背侧鬃，翅后胛有翅后鬃；有时盾片后部位于小盾片前有发达的中鬃，为小盾前鬃。小盾片一般有 2 对小盾鬃，小盾基鬃和小盾端鬃。前翅通常发达，膜质，但有时翅退化或无翅。后翅退化为平衡棒。前中后三对足发达，为步行足。有时前足特化为捕捉式。

腹部粗长的筒状，基部粗且向后逐渐变窄，基部 1~2 节常退化或愈合，有 5~8 个可见节。雌端部第 3~4 节缩小成套筒状产卵器。腹部有时很细长。腹部直或稍向下弯曲，有时强烈向下弯曲；有的类群如大蚊科不少种类雄腹端明显膨大，向上弯曲，而长足虻科和许多蝇类的种类雄腹端明显向下钩弯。有 7 对气门位于腹部 1~7 节上，第 8 节无气门。双翅目昆虫雄性外生殖器结构复杂多样，有对称型与不对称型以及旋转型与非旋转型之分。雄性外生殖器一般左右对称，有时左右不对称；许多虻类的雄性外生殖器为旋转型。雌性腹部一般向后逐渐缩小变尖，具有 9 个可见节，第 10 节退化近膜质，末端有一对细长且向后水平伸出的尾须。雌性外生殖器结构简单，由端部 3~4 节组成。

卵长卵圆形或纺锤形，卵壳表面光滑或有刻纹。幼虫体细长的筒状，胸部和腹部均无足，属于无足型。双翅目幼虫根据头部的发达程度可分为 3 种类型：全头型，半头型，无头型。长角亚目的幼虫属于全头型，幼虫头部发达完整，具有骨化的头壳，口器发达。短角亚目的幼虫属于半头型，幼虫头部不完整，部分缩入胸部，口器有些退化。芒角亚目的幼虫属于无头型，幼虫头部不明显，口器退化，仅有 1~2 个口钩。蚊和虻类为裸蛹，成虫羽化时蛹从背面纵裂，属直裂类。而蝇类为围蛹，蛹包被在幼虫最后一次蜕皮形成的外壳内，成虫羽化时蛹壳前端呈环状裂开，属环裂类。

双翅目属于完全变态昆虫，有卵、幼虫、蛹和成虫 4 个虫态。幼虫一般有 3~4 个龄期。

大多数为两性生殖，卵生；少数胎生。双翅目昆虫的习性复杂，成虫和幼虫的食性和生境通常不同，大多数种类喜欢潮湿的环境。成虫一般自由生活，多白天活动，少数黄昏和夜间活动；幼虫多生活在隐蔽的环境中。双翅目昆虫的食性复杂多样，有植食性、腐食性、捕食性、寄生性等。大多数种类的成虫取食植物汁液、花蜜，作为补充营养。许多双翅目昆虫幼虫为腐食性，取食各种腐烂的动植物残体或粪便，在降解有机质中起重要的作用。也有不少双翅目昆虫幼虫为植食性，如瘿蚊、实蝇、潜蝇等蛀果、潜叶或作虫瘿为害，为农林的重要害虫。

双翅目中重要的农作物地下害虫包括在 8 个科中。由于为害水稻的摇蚊害虫种类还不明确，故文中没有详细介绍。

分科检索表

1. 触角 6 节以上；下颚须 4~5 节。幼虫全头型；裸蛹，羽化时直裂 ………………………………… **2**
   触角 5 节以下；下颚须 1~2 节。幼虫半头型或无头型 ……………………………………………… **5**
2. 中胸背板无"V"形沟…………………………………………………………………………………… **3**
   中胸背板有"V"形沟；足细长…………………………………………………… **大蚊科 Tipulidae**
3. 无单眼；复眼无眼桥相接 ……………………………………………………………………………… **4**
   有单眼；复眼有眼桥相接 ……………………………………………………… **眼蕈蚊科 Sciaridae**
4. 触角非念珠状；翅有 6~7 条脉伸达翅缘 ………………………………… **摇蚊科 Chironomidae**
   触角念珠状；翅有 2~4 条脉伸达翅缘 …………………………………… **瘿蚊科 Cecidomyiidae**
5. 触角第 3 节较粗大，背面具触角芒；翅脉位置前移，盘室小。幼虫无头型；围蛹，羽化时环裂 …… **6**
   触角第 3 节分节不明显或具端刺；翅脉位置前移和盘室不特化。幼虫半头型；裸蛹，羽化时直裂 ………………………………………………………………………………… **水虻科 Stratiomyidae**
6. 翅无下腋瓣；无臀室 ………………………………………………………………………………… **7**
   翅有下腋瓣；有臀室 ……………………………………………………… **花蝇科 Anthomyiidae**
7. 颜呈宽的弧形隆突，无颜脊 ……………………………………………………… **水蝇科 Ephydridae**
   颜非弧形隆突，中央有高或低的颜脊 …………………………………………… **秆蝇科 Chloropidae**

一、大蚊科 Tipulidae

中纹大蚊 *Tipula (Arctotipula) conjuncta conjunctoides* Alexander, 1950(图 2-1)

【形态特征】

成虫　雄虫：体长 18~24 mm；前翅长 18~22 mm、宽 4~5 mm。

头：灰黄色且具灰白色粉被。喙深褐色，鼻突细长；头顶具一条宽而明显的褐色中纵带。触角长约 6~7 mm，深灰褐色；各鞭节端部略向腹侧膨大而使触角略呈锯齿状，基部轮毛短于相应节长。唇瓣及下颚须黑褐色，具黑色刚毛。

胸：灰色，具灰白色粉被。前胸背板中部深灰色。中胸前盾片具三条纵斑，中斑较宽而明显、向后渐窄、深褐色，侧斑较浅而不明显；盾片中线深褐色；小盾片、中背片各具一条褐色中纵纹。胸侧灰色，具灰白色粉被；中胸侧背片灰色，但上侧背片深灰色。足较短；基节、转节灰色；腿节、胫节棕黄色，端部均深褐色；跗节深褐色。胫节距式 1–2–2；爪近基部具一锐齿。前翅棕黄色，透明。翅痣浅黄褐色、不明显。翅脉深褐色。Rs 略长于 CuA_1 基段；R_{1+2} 完全；R_2 几乎缺如，r_2 室基部尖锐；r-m 多很短，使 R_{4+5} 与 M_{1+2} 在近基部十分靠近；m_1 室长于其室柄，约为 2~3 倍；m_1 室室柄长于 m-m；m-cu 很短或缺如，m-cu 或 CuA_1 与 M_3 交于 dm 室后缘近中部。腋瓣光裸。平衡棒黄色，球部深褐色。

腹：灰黄色，背板具一条褐色中纵斑。背、腹板毛均灰黄色。腹部末端钝、略膨大。第 9 背板宽阔，背面中后部凹陷，后缘中部具一狭长深凹且其两侧几乎平行。第 9 腹板末端具两对黄色毛簇。第 8 腹板简单。生殖叶侧扁，较小，椭圆形瓣状。

雌虫：体长 22~30 mm；前翅长 21~26 mm、宽 5~6 mm。与雄虫相似，但胸部呈灰褐色，自前胸背板至中背片的中纵斑黑褐色；足更为短粗，爪简单。腹部末端尖锐；尾须较细长。

卵　长 1~1.5 mm，宽约 0.5 mm，呈两端钝圆的短柱形，漆黑光亮。

幼虫　老熟幼虫体长 55~75 mm，长梭形，通体密被褐色微毛而呈灰色。头暗褐色，半缩于前胸内，口器咀嚼式。躯干两侧具明显的褐色天鹅绒状纵带。后气门周围具 3 对硬指状突起，沿缘密生疏水性纤毛，肛门位于其下，旁生 3 对软指状侧突。

蛹　被蛹，头部具 1 对长管状呼吸角。腹部第 4~9 节背板具横排小刺 12~16 根；各节腹板具 2 横排大粗刺，前排 2 根，后排 14~18 根。雄蛹腹端钝，具 4 个整齐的突起；雌蛹腹端尖，具尾须和产卵瓣的雏形。

【分布】中国东北及华北地区。

图 2-1　中纹大蚊 **Tipula conjuncta conjunctoides**
A. 雄虫；B. 雌虫；C. 卵

二、眼蕈蚊科 Sciaridae

异迟眼蕈蚊 *Bradysia difformis* Frey, 1948（图 2-2）

【形态特征】

成虫　雄虫：体长 1.8～2.0 mm，翅长 1.75～2.7 mm。

头：黑色，具眼毛，眼桥宽，具小眼面三排，前额具 6 根毛，唇基具 1 根毛。触角黑褐色，被毛，共 16 节；梗节粗大，第 4 鞭节长 / 宽 =1.33，鞭颈 / 节长 =1/8。下颚须黄色，3 节，基节 5～8 根毛具感觉窝，中节卵圆形具 4～6 根毛，端节细长具 4～6 根毛。

胸：褐色。前胸侧板有少量黑毛；中胸背片与小盾片被黑毛，中背片后胸背板光裸。

足：黄色，跗节黑褐色；胫距 1∶2∶2；股节端部腹面具两排毛。前足胫节端部具 7 根胫梳，排成弧形；后足具 5 根胫梳，上方单独 1 根，其余 4 根排成一排；前足胫距 / 胫端宽 =1.13；前足股节 / 前足胫节 =0.84；后足胫距 / 胫端宽 =1.75。爪无齿。

翅：浅褐色，翅脉褐色；翅宽 / 长 =0.41。C 具 2 列毛，R、R_1、R_5 具 1 列毛，其余脉皆无毛。C 伸达 R_5-M_1 之间的 2/3，stM 极微弱。R 基部具一明显弯折，R_1/R=0.35。平衡棒灰色。

腹：背板与腹板褐色；节间膜灰白色。背板被黑色长毛，腹板被黑色毛。

生殖器：生殖刺突内缘较直，顶端微突，具粗刺 5 根。

雌虫：体长 1.5～3.0 mm，翅长 1.5～2.0 mm。与雄虫相似，但头部胸部较小；触角较短，第 4 鞭节长 / 宽 =1.3。腹部中部粗大，向端部渐细，腹端具一对分为 2 节的尾须，尾须末节椭圆形，被毛。

幼虫　体细长，白色，半透明，消化道可见。头黑色；上颚具 3 个大齿，每个大齿内侧裂出 1 个小齿，下颚前缘有许多小齿。

【分布】中国辽宁、北京、河北、山东、甘肃、云南；美国，巴西，芬兰，德国，英国，荷兰，西班牙，瑞士，日本，阿塞拜疆。

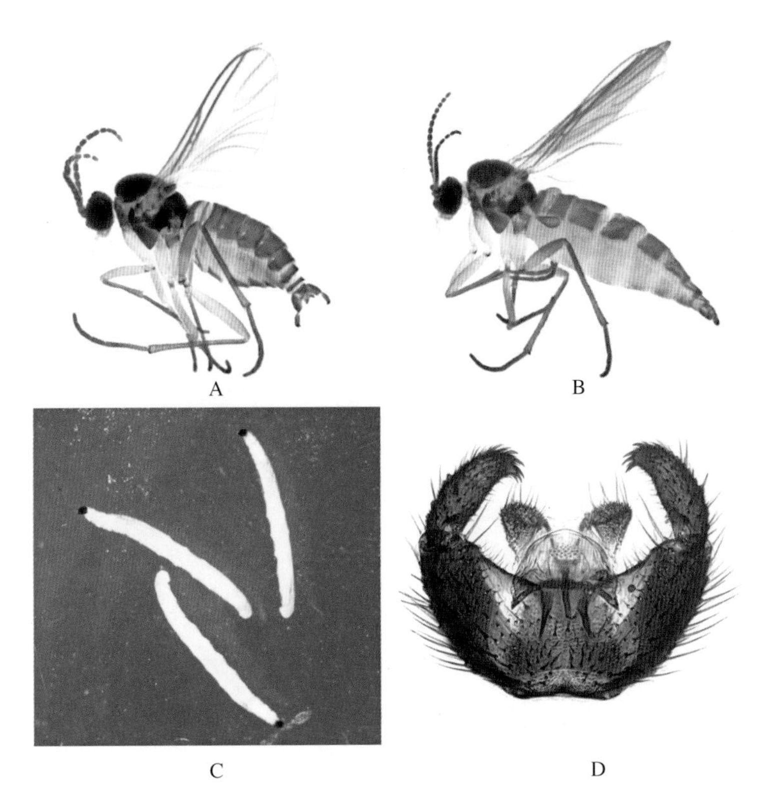

图 2-2 异迟眼蕈蚊 *Bradysia difformis* Frey, 1948 (♂)
A. 雄性，侧视；B. 雌性，侧视；C. 幼虫；D. 生殖器基部，腹视

韭菜迟眼蕈蚊 *Bradysia odoriphaga* Yang et Zhang, 1985（图 2-3）

【形态特征】

成虫 雄虫：体长 1.9~3.1 mm，翅长 1.75~2.8 mm。

头：黑色，具眼毛，眼桥宽，具两排小眼面，前额具 6 根毛，唇基具 1 根毛。触角黑褐色，被毛，共 16 节；梗节粗大，第 4 鞭节长 / 宽 =2.4，鞭颈 / 节长 =1/10。下颚须三节，端部较尖，灰色，基节到端节颜色依次变深。基节具感觉窝，有 2~3 根毛；中节具 3~6 根毛；端节具 4~6 根毛。

胸：黑褐色。上前侧片深灰色。中胸背板及小盾片被毛；中背片和后胸背板无毛。

足：足黄褐色，跗节黑褐色。胫距 1∶2∶2。前足胫节端部 4 根胫梳，连成横排，3 根彼此之间距离近，另一根与相邻胫梳间约一根胫梳的距离；距长 / 基部宽 =1.33；股节 / 胫节 =0.96。后足胫距 / 胫端宽 =1.42。爪无齿。基节腹面具毛，前足股节端部腹面有两排毛，中足股节端部腹面无毛。

翅：灰白色，透明；脉褐色。翅宽 / 长 =0.4。C 具两列毛，R、R_1、R_5 具一列毛；其余脉无毛。C 伸达 R_5-M_1 间 2/3，stM 微弱，R 基部有明显弯折 R_1/R=0.36，平衡棒浅黄色。

腹：背板与腹板黑褐色，背板被黑色毛，腹板被浅黄色毛。节间膜灰色。

生殖器：抱器顶端弯突，具 6 根粗刺。

雌虫：体长 2.25 ~ 3.8 mm，翅长 2.0 ~ 3.25 mm。与雄虫相似，但头部胸部较小；触角较短，第 4 鞭节长 / 宽 =1.6。腹部中部粗大，向端部渐细，腹端具一对分为 2 节的尾须，尾须末节圆形，被毛。

幼虫　体细长，白色，半透明，消化道可见。头黑色，具光泽；上颚具 3 个大齿，1 个小齿，下颚前缘有许多小齿。

【分布】中国辽宁、北京、天津、河北、山东、浙江。

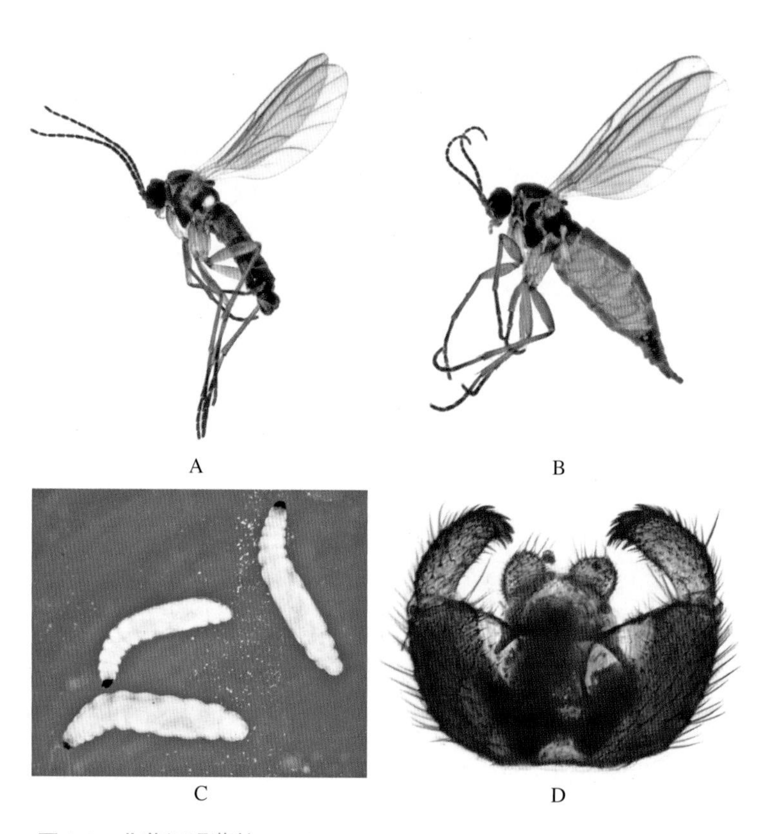

图 2-3　韭菜迟眼蕈蚊 ***Bradysia odoriphaga*** **Yang et Zhang, 1985 (♂)**
A. 雄性，侧视；B. 雌性，侧视；C. 幼虫；D. 生殖器基部，腹视

三、瘿蚊科 Cecidomyiidae

斯式菌瘿蚊 *Mycophila speyeri* (Barnes, 1926)（图 2-4）

【形态特征】

成虫　头部和胸节呈黑褐色；足、平衡棒和腹部通常呈棕黄色。雌雄体长分别约为 1.0 mm、0.7 mm。单眼 3 个。眼桥窄，仅具 1~2 个小眼宽。下颚须 2~3 节。雌雄触角分别具 7~9、9 个单结状的鞭小节；雌雄鞭小节颈部均极短；雄虫鞭小节具不完整的扇状毛轮；雌虫鞭小节具 2 个片状感器。翅透明；R_1 脉在翅近 1/2 处与 C 脉汇合，其端部具感觉孔；R_5 脉后半部略向下弯曲，在翅端与 C 脉汇合；M 脉简单、不分支；Cu 脉分支；R-m 脉具感觉孔。各足跗节爪均不具齿，爪间突退化，仅具若干短毛。雄虫抱器基节相对细长，其腹面愈合桥宽；抱器端节相对较短，端部具齿；尾须发达、分 2 瓣；阳茎较粗壮、呈指状，其中部不缢缩，射精突退化、近乎不可见；阳基粗壮、略宽于阳茎。雌虫产卵器向端部渐细，具一个骨化的授精囊；尾须 2 节，分 2 瓣，其上具稀疏的刚毛。

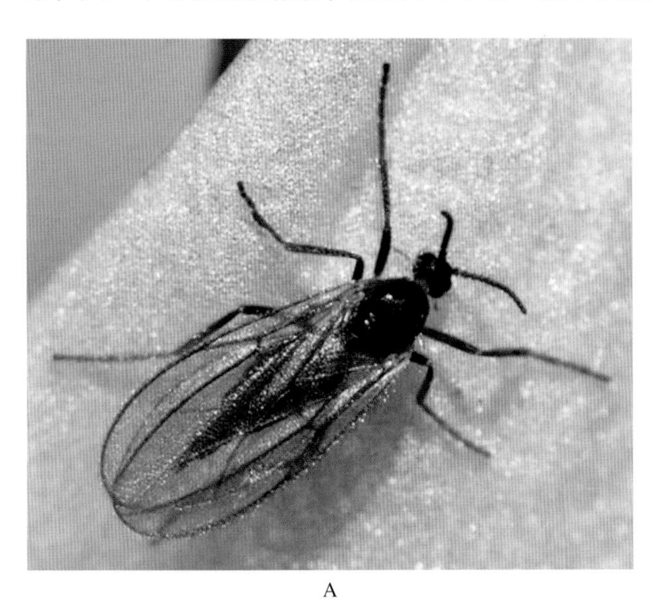

A

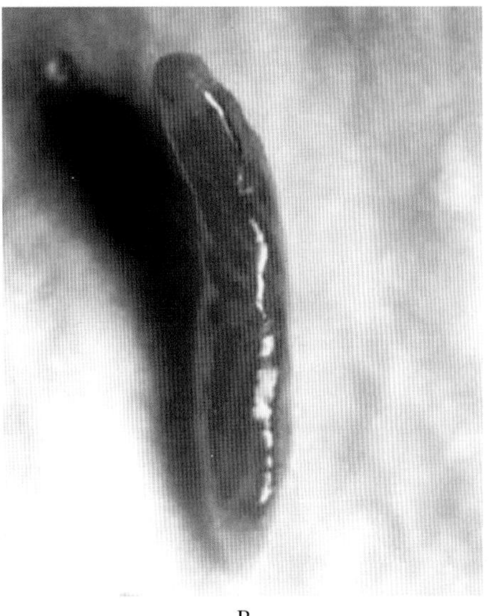

B

图 2-4　斯式菌瘿蚊 *Mycophila speyeri* (Barnes)（Nick Upton 博士摄）
A. 雌性成虫（背面观）；B. 老熟幼虫（背面观）（仿 MushWorld (2004)）

幼虫 纺锤状或蛆状；头壳相对较小，胸节和腹节上具乳突和刚毛；老熟幼虫通常呈橙红色，其前胸腹面具“Y”形胸骨片。

【分布】中国河南、山东、江苏、福建、台湾；英国，荷兰，丹麦，德国，意大利，韩国，日本，美国（东部）。

【分类地位】瘿蚊科 Cecidomyiidae—小角瘿蚊亚科 Micromyinae—刺基瘿蚊族 Aprionini—菌瘿蚊属 *Mycophila*。本科全世界已知 783 属 6131 种，本亚科全世界已知 47 属 557 种，本属全世界已知 7 种，本属我国已知 4 种 (Gagné, 2010)。

四、水虻科 Stratiomyidae

隐脉水虻 *Oplodontha viridula* (Fabricius, 1775)（图 2-5）

【形态特征】

成虫　雄虫：长 7.0 mm，翅长 5.5 mm。

头：黑色。复眼稍宽于胸部或至少与胸部等宽；复眼上部 2/3 为棕色，小眼大；下部 1/3 为黑棕色，小眼小而致密，裸；眼后眶不明显。单眼瘤黑色发亮，单眼黄色，单眼瘤后方有稀疏的浅色长毛。额上下三角黑色发亮，有淡黄色的毛；颜黑色发亮，上颜中部隆起成瘤突，有些个体下颜口孔两侧黄棕色，颜有稀疏的白色毛，但颜与复眼交界处的毛长而致密。颊黑色发亮，有浅色长毛。触角柄节和梗节棕黄色，发亮，但柄节基半部黑棕色，鞭节灰棕色，有极短的白色绒毛簇，末端变细，有一个黑色的钝弯钩；柄节、梗节和鞭节的长比为 1.0∶1.1∶4.0。喙黑色发亮，有稀疏的浅色毛；下颚须黄棕色，被浅色毛。

胸：黑色发亮，背板有浅黄色短毛，侧板和腹板有白色短毛。小盾片也为黑色，但刺为黄棕色，短，长仅有小盾片的 1/3~1/4。各足除了基节黑色外，其他各节浅黄色。翅无色透明，盘室之前的翅脉淡黄色，其余翅脉和翅面同色；M_1 短，仅有很短的残脉，M_2 不到翅缘；盘室小。平衡棒柄棕色，球部浅黄色。

腹：背板黄绿色发亮，大部分个体具黑色的不规则的中央纵斑带；腹板黄绿色。腹部有稀疏而极短的黑毛。雄性外生殖器：第 9 背板端部稍拱起，基部有两个内凹；尾须长卵圆形，端部圆；生殖基节长宽近相等，基部窄，中部侧缘外扩，生殖基节背面端突短，生殖基节腹面愈合部中突长，三角形；生殖刺突指状，端部稍膨大，末端圆钝；阳茎复合体短粗，中部缢缩，末端分 3 叶，中叶长于侧叶，侧叶末端尖锐，中叶末端平截。

雌虫：长 7.0 mm，翅长 5.5 mm。

雌虫大部分特征与雄虫类似，头部有明显的区别：复眼为离眼，有明显的眼后眶，眼后眶上有银白色的倒伏毛。复眼黑棕色，颜色均匀，小眼大小均一。额呈方形，黑色发亮，上额及下额中央部分有刻点。上额和下额之间有银白色毛斑横带，触角基部上方的额有银白色的毛斑横带，额其他地方无毛。颜包括瘤突黑色发亮，被银白色毛，但瘤突顶部和触角两侧的颜光裸。

图 2-5 隐脉水虻 *Oplodontha viridula* (Fabricius, 1775)
A. 雄性，背视；B. 雄性，侧视；C. 雌性，背视；D. 雌性，侧视。

【分布】中国黑龙江（泰来、富锦）、河北（蔚县）、北京、山西、陕西（甘泉）、内蒙古（包头、海拉尔、鄂尔多斯、凉城、乌盟、锡盟、乌旗）、宁夏（泾源）、甘肃（舟曲、平凉）、新疆（巩留、青河、哈密、喀纳斯、尉黎、新源、富蕴、乌什、托克斯、焉耆、库尔勒、巴尔坤、塔城、疏勒、昭苏）、青海（西宁、希里沟）、云南（昆明、呈贡）；古北界，澳大利亚。

周斑水虻 *Stratiomyia choui* Lindner, 1940（图 2-6）

【形态特征】

成虫 雄虫：长 11.0~12.0 mm，翅长 0.8~0.9 mm。

头：黑色。额三角、颜和颊黑色发亮，有浅长黄毛。头部大部分面积为复眼，复眼为接眼，黑色发亮，有稀疏的黑毛；复眼上部 2/3 的小眼大，下部 1/3 的小眼面小而致密，无眼后眶。单眼瘤黑色，单眼黄色，有稀疏的黑色长毛；后头黑色。柄节和梗节黑色发亮，有黑色短毛；柄节长，长约为梗节的 4 倍多；鞭节黑色，有 5 个亚节。触角柄节、梗节和鞭节的长比为 60∶13∶100。

胸：黑色发亮，密布浅黄色的长毛。小盾片主要为黄色，但基部有条形或三角形黑斑，侧缘和端部黄棕色，被浅黄毛，刺黄棕色，顶端带黑色。各足股节黑色，仅端部黄色，有长黄毛；胫节基半部黄色，端半部黑色；跗节黄色，胫节和跗节被黄色短毛。翅浅黄色，翅端透明无色；前半部翅脉棕色，后半部翅脉与翅膜同色。平衡棒黄色。

腹：背板主要黑色，有黄色侧缘，第 2~5 背板有黄色侧斑，密布金长黄毛。第 2 背板侧斑三角形，黄色并向延伸到第 2 背板前缘；第 3 背板侧斑侧缘窄，向内逐渐扩大成圆形；第 4 背板侧斑侧缘很窄，向内扩展在后缘形成半圆形；第 5 背板后缘有大的三角形黄斑。第 1 腹板黑色，其他腹板黑色，后缘中央有黄色条斑。雄性外生殖器：第 9 背板长明显大于宽，梯形，近基部侧缘外扩，基部近平直；尾须细长，长三角形，端部窄；生殖基节明显长大于宽，窄条形，基部稍窄于端部，生殖基节背端延长成较长的指状突；生殖刺突位于生殖基节端部腹面，鸟喙状，末端尖；阳茎复合体细长，基部两侧有侧突，末端分 3 叶，末端均尖细，中叶短，明显短于侧叶，侧叶基部膨大。

雌虫：色和斑纹等外形特征与雄虫类似，主要区别在头部，如下：复眼为离眼，黑色，裸，复眼小眼面大小一致。复眼有眼后眶，眼后眶窄，被银白色细毛。上额包括单眼瘤黑色发亮（单眼黄色），被稀疏的浅色毛，但在触角上方有 2 个连在一起的三角形黄斑。颜和颊黑色发亮，被浅长黄毛。单眼瘤后方的头顶黄色，与后头的黄斑相连。雌虫小盾片黄色区比雄虫的多，触角梗节端部棕色。

【分布】中国黑龙江（哈尔滨、牡丹江、泰来）、辽宁、河北（蔚县）、陕西（榆林）。

图 2-6　周斑水虻 *Stratiomyia choui* Lindner, 1940

A. 雄性，背视；B. 雄性，侧视；C. 雌性，背视；D. 雌性，侧视

五、秆蝇科 Chloropidae

稻秆蝇 *Chlorops oryzae* Matsumura, 1915（图 2-7）

【形态特征】

成虫　体长：雄虫 1.9~2.6mm，雌虫 2.5~3.1mm；前翅长：雄虫 2.1~2.4mm，雌虫 2.2~2.7mm。

头：黄色，侧视高大于长，几乎与胸部等宽；额宽为长的 1.2 倍，稍突出于复眼前；单眼三角区长为宽的 1.3 倍，光滑，前端尖，伸达额的前缘，中部具 1 心形的黑色斑；颊窄，约为触角鞭节高的 0.4 倍；侧颜窄，为颊宽的 0.5 倍；后头区具梯形的黑色斑。头部的毛和鬃黑色。触角柄节和梗节深褐色；鞭节黑色，长为宽的 1.3 倍，背面平，腹面圆；触角芒黄色。须黄色。

胸：黄色，被灰粉，中胸背板具 5 条黑色纵斑，中斑伸达中胸背板长的 2/3；中侧片前腹部具黑斑，腹侧片腹部 2/3 红黄色。后盾片黑色，被灰粉。小盾片圆，宽为长的 1.5 倍。足黄色，第 5 跗节黑色。翅白色透明，脉褐色；平衡棒黄色。

腹：褐色，各节端部黄色；腹面黄色。腹部毛黑色。

雄性外生殖器：第九背板小，黄色；背针突后部微弯，端部骨化；下生殖板窄，后部分叉；前后阳茎侧突不相互连接，后阳茎侧突短，具柔毛。

【分布】中国贵州、福建、四川、云南、浙江、江苏、湖北、湖南、台湾；朝鲜，日本。

图 2-7　稻秆蝇 *Chlorops oryzae* Matsumura, 1915
成虫，侧视

六、潜蝇科 Agromyzidae

豆根蛇潜蝇 *Ophiomyia shibatsuji* (Kato, 1961)（图 2-8）

【形态特征】

成虫　成虫体小，黑色而光亮。翅长一般 2.2~2.4mm。额黯黑色，眶部及单眼三角较亮。中胸背板及腹部黑色而光亮；翅腋瓣灰色，边缘黑棕色，缘毛黑色。平衡棒棕黑色。

头部额宽于复眼，约为复眼宽的 1.5 倍，侧面观略突出于复眼；上眶鬃 2 对，等大；下眶鬃 2 对，内弯；眶毛稀疏，后弯。单眼三角端部仅达下部的上眶鬃；触角基部几乎相接，节 III 小而圆，芒覆微毛。颊长约为竖直眼高的 1/6；下颊窄，线状。颜脊狭窄，几乎呈线形，不显著隆起。雄性无髭角。胸部背中鬃 2 对，强大；中毛 8 列；小盾鬃 2 对。翅前缘脉达 M_{1+2} 脉，径 - 中横脉位于中室中点靠外；M_{3+4} 脉末段稍短于次末段。雄性生殖器阳茎下侧具一显著的长突起。

【寄主】豆科的大豆、野大豆。

【分布】中国黑龙江、吉林；日本（北海道、九州、本州）。

图 2-8　豆根蛇潜蝇 *Ophiomyia shibatsuji* (Kato, 1961)
A. 整体侧面观；B. 翅；C. 头部前面观；D. 头、胸部背面观

七、水蝇科 Ephydridae

稻水蝇 *Ephydra macellaria macellaria* Egger, 1862（图 2-9）

【形态特征】

成虫　体大部分披灰色至白色的粉；颜区通常具有银灰色的绒毛，有时呈黄铜色至褐色；额区呈亮金属绿色，或多或少披有一层不明显的薄薄的白色粉；前胸背板和小盾片呈褐绿色，具亮金属光泽；侧片和所有基节披亮灰色的粉，有时呈褐色；腿节呈橄榄绿略带褐色，腿节基部、膝节和所有胫节和跗节均为黄色；有时胫节的端部和跗节呈褐色；腹部灰色具有褐绿色的横向条带。雌虫的盾前区具有低矮的驼峰和丛状的较长的中鬃。雄虫的第 5 背板每侧具有短钝的、强烈骨化的前腹突。

【分布】中国东北，西藏；阿富汗，阿尔及利亚，保加利亚，亚速尔群岛，加那利群岛，“高加索”，塞浦路斯，捷克共和国，埃及，法国，德国，英国，希腊，伊朗，意大利，利比亚，马德拉群岛，马耳他，摩洛哥，挪威，荷兰，罗马尼亚，俄罗斯，突尼斯，土库曼斯坦，乌克兰；非洲区：佛得角群岛。

A

B

图 2-9　稻水蝇 *Ephydra macellaria macellaria* Egger

A. 成虫，侧视；B. 成虫，背视

八、花蝇科 Anthomyiidae

葱地种蝇 *Delia antiqua* (Meigen, 1826)（图 2-10）

【形态特征】

成虫　雌虫：灰黄色，体长 6.0~7.5 mm，翅展 12.0~12.5 mm。复眼红褐色，间距较宽。

胸：前翅基背鬃毛较短。翅微黄，翅脉淡褐色，前缘有鬃毛列，Sc 脉与 C 脉相交接处有 2 条鬃毛特别粗大，一长一短上下并列。足黑色，中足胫节外上有 2 根较长的前背鬃。

腹：纺锤形，可见 5 节，第 1 腹节的前缘角各有 1 个乳头状突起伸向前端；第 3、4 腹节背板正中央有很细而不明显的纵纹。

雄虫：较雌虫略小，体色略深。头部两复眼相距较近。后足胫节内下方中央，约占胫节总长的 1/3~1/2 处，生有一列稀疏、约等长的短毛。腹部分节不太明显，第 1、2 节背腹扁平，使腹部成弧状；各腹节背板中央有 1 倒三角形、灰黑色斑纹 4~5 块；腹节背面密生缘鬃，末几节的缘鬃显著粗大；腹末尾叶向头部弯折明显。

卵　乳白色，形似香蕉，顶端呈瓶口状，长 1.2mm。卵壳表面密生波状隆起线。单粒或是 10 粒左右错综排列成块状。

幼虫　蛆状，无头式，乳白色，体长 6~8mm。头咽器的口钩下缘无齿；咽骨的上下臂较扁宽，前气门突起显著，具 9~12 个长掌状分叉。体末节斜切状，周缘有 5 对三角形的片状小突起，其中第 5 对显著大于第 4 对；在尾节腹面肛门后方，另有 3 对较小的突起，从虫体背面看不到。

蛹　纺锤形，长 6~7mm。初化的蛹呈白色，渐变成浅黄褐色，随后从前、后两端开始颜色加深，呈枣红色，快羽化时变为暗褐色。头端鸭嘴状，灰黑色；前气门略长，淡褐色。腹部末端与头端同色，周缘仍残存幼虫腹末的突起，但第 1 对几乎消失，第 5 对显著大于第 4 对。

【分布】中国黑龙江、吉林、辽宁、内蒙古、甘肃、青海、河北、北京、山西、山东、上海、四川、云南；朝鲜，日本，前苏联，欧洲（模式产地：德国），非洲北部，北美洲，南美洲，美国（夏威夷）。

a

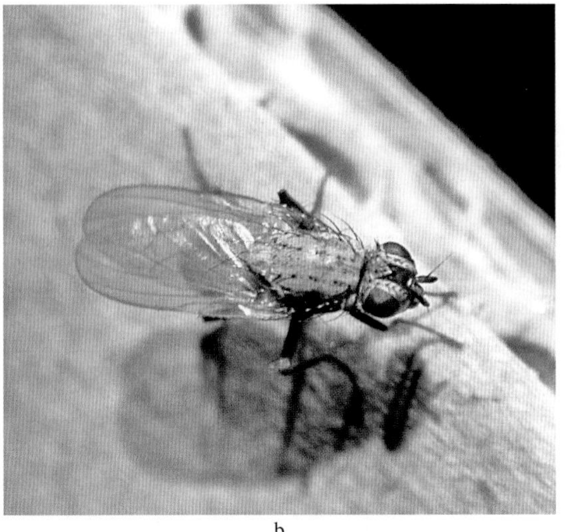
b

葱地种蝇 *Delia antiqua* 成虫
a. 雄虫；b. 雌虫 .

a

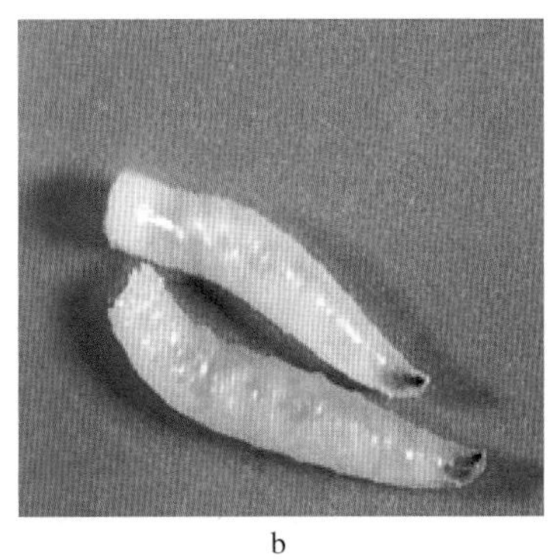
b

c

葱地种蝇 *Delia antiqua* 幼期
a. 卵；b. 幼虫；c. 蛹

葱地种蝇 *Delia antiqua* 为害状

图 2-10　葱地种蝇 *Delia antiqua*

麦地种蝇 *Delia coarctata* (Fallén, 1825)（图 2-11）

【形态特征】

成虫　体长 5.0 ~ 6.5 mm。雄虫额等于或窄于触角鞭节宽，间额黑色，有时前部棕红色，侧额与侧颜被浅色闪光粉。雌虫额宽于复眼宽，间额宽为一侧额的 2 倍，间额红褐色，头部被灰黄粉。额鬃 3、间额鬃均存在。触角芒羽状，小毛长约等于触角鞭节的横径。下颚须黑色，有时基部带棕色，中喙长高比为 3 : 1。

胸部被灰黄粉，雌虫粉较浓密。前中鬃 1 对，长大，后中鬃 2 行，仅小盾片前 1 对发达，背侧片无小毛，翅前鬃缺，腹侧片鬃 1 : 2。翅前缘刺明显。雄虫足黑色，但膝部棕黄色，胫节棕黄色到棕褐色；雌虫足棕黄色，但前足股节及各足跗节黑色。前足胫节中位后鬃 1，雄虫后腹面端位具一钝头扁鬃；中足胫节前背鬃缺，后背鬃 1 ~ 2，后腹鬃 1；后足股节端半部具前腹鬃列，后腹面仅 1 近端鬃；后足胫节前背鬃 4，后背鬃 3，前腹鬃 2 ~ 3，后腹鬃缺。

雄虫腹部瘦长，两侧几乎平行，密被灰黄粉，暗色正中条细，不明显。第 5 腹板侧叶狭长，内缘具短纤毛；侧尾叶侧面观细长，约为第 9 背板长的 2 倍，端部 1/5 变细；后面观基部放宽处约为端部的 4 ~ 5 倍，端部后内面多末端稍弯的淡色毛，毛最长明显超过端部横径。肛尾叶略呈盾形，鬃毛不特别密，第 9 腹板前面观相当长，前阳基侧突、后阳基侧突及阳基后突几乎等长，后者变瘦。阳茎稍长，为基阳体的 5 倍，侧阳体骨化强，几乎包围整个阳茎，后面多端部向下的钝齿。雌虫腹部卵形，背面无斑。雌虫产卵器长，第 6、7 腹节气门位于近侧缘，第 6、7 腹板狭长，侧缘等宽，后缘各具 1 对长鬃，2 对小鬃，第 8 腹板分离为两端部骨片，具 1 对鬃；肛上板宽三角形，少小毛，肛下板长三角形，多小毛。

【寄主】冬麦和黑麦幼苗。

【分布】中国黑龙江、内蒙古、甘肃、青海、新疆；亚洲北部，欧洲中部和北部（模式产地：瑞典）。

图 2-11　麦地种蝇 *Delia coarctata*
A. 雌虫背视；B. 雄虫背视

萝卜地种蝇 *Delia floralis* (Fallén, 1824)（图 2-12）

【形态特征】

成虫　体长 6.5~7.5 mm。雄虫额为触角鞭节宽的 1.5~2.0 倍，间额棕黑色或稍带红棕色，上眶鬃缺，下眶鬃 5~6，间有小毛，间额鬃存在，侧颜宽不及触角鞭节宽的 2.0 倍；触角芒具短纤毛。

胸部中胸盾片被灰粉，但两侧及正中黑褐色；背侧片具毛，翅前鬃长大。足黑色，雄虫前足胫节后鬃 1；中足股节基部腹面具长鬃 3~5，中足胫节前背、后背鬃各 1，后鬃 2；后足股节前腹面为一列长鬃，后足胫节前腹鬃列约 10 个以上，中等大小，后腹鬃约 15 个以上，略短小。

雄虫腹部各背板具黑色正中纵条，前缘也带黑色。第 5 腹板侧叶一般具 5 个以内的长大刚毛。肛尾叶心脏形，侧尾叶均匀地略向前弯，侧面观中段最狭处约为长的 1/20，后面观扁平而狭长，最宽处约为分枝部分长的 1/5，末端圆钝而稍收狭。侧阳体骨化部最宽处约为长的 1/7，后阳基侧突翼状，长约为前阳基侧突长的 2/3，后者近三角形。雌虫腹部被灰黄粉，无暗色斑纹

【分布】中国黑龙江、辽宁、内蒙古、青海、新疆、河北、山西、云南；朝鲜北部，日本，俄罗斯（库页岛、堪察加半岛），欧洲（模式产地：瑞典），北美洲。

图 2-12　萝卜地种蝇 *Delia floralis*
A. 雌虫背视；B. 雄虫侧视

毛尾地种蝇 *Delia planipalpis* (Stein, 1898)（图 2-13）

曾用名：小萝卜蝇 ***Delia pilipyga*** **Villeneuve, 1917**

【形态特征】

成虫　体长 5.5 mm。雄虫额宽约为触角鞭节宽的 1.0~1.5 倍，间额棕黑色。上眶鬃无，

下眶鬃 6。触角黑色，鞭节长约为梗节长的 1.5 倍。侧颜明显宽于触角鞭节，上倾口缘鬃 3 行。

胸部灰白色，侧背片有 3~4 根小毛，翅前鬃稍长于前背侧片鬃。翅前缘脉下面有小毛，前缘基鳞淡棕色，腋瓣白色。平衡棒黄色。雄虫后足股节前腹面近端部具显著长鬃，其余均短小，后足胫节前腹面鬃列不整齐，大小不等，约 5~6 根，后腹面中部有 6~7 根稍倾斜小鬃。

雄虫腹部第 3、4 腹板各有一行稍长的侧鬃；第 5 腹板侧叶具长的鬃状毛约 10 根。肛尾叶愈合成心脏形，沿两侧缘有长毛。侧面观微向前弯，前阳基侧突明显大于后阳基侧突，后者和阳基后突都较短小。阳茎相当长，几乎与侧阳体游离部等长，端阳体略长而前弯。雌虫腹部灰黄色，后面观可见暗的正中纵条，两侧有不规则暗色斑纹。

【分布】中国黑龙江、内蒙古；日本，千岛群岛，欧洲西部，北美洲（模式产地：美国）。

图 2-13　毛尾地种蝇 *Delia planipalpis*

A. 雌虫背视；B. 雄虫侧视

灰地种蝇 *Delia platura* (Meigen, 1826)（图 2-14）

【形态特征】

成虫 雄虫体长 4.0~6.0 mm。两眼相接近；额狭于前单眼宽，间额等于或狭于一侧额宽，有一对小毛状的间额交叉鬃。触角黑色，芒具短毳毛。

胸褐灰色，有很不明显的正中条；中鬃 2 行，不大整齐，列间距略小于与前背中鬃间距；盾沟前第 2 对和小盾沟前最后一对较长大；翅前鬃短，等于或稍长于后背侧片鬃长的一半；小盾片下面有纤毛。翅透明，前缘脉腹面无小毛；第一、二合中脉（M_{1+2}）末端直，几乎与微向后弯的第四、五合径脉（R_{4+5}）平行。足黑色，后足股节端部一半长度内具前腹鬃列，端部 1/3 长度内具后腹鬃列 5~6；后足胫节前腹鬃 2~4，后腹面整个长度内密生一行（在基部一半常为复行）约等长的尖端稍向下方弯曲的突立细鬃。

腹部瘦长，各背板前缘有窄的暗带；肛尾叶长略超过侧尾叶长的 1/2，愈合为近纺锤形的长椭圆形，侧缘有 3 对鬃，端部有 3 对扭曲的鬃，末端无毛；侧尾叶侧面观几乎直，向端部变细，但末端不尖、后面观不很宽，中部微向内弯，之后均匀地向端部弯曲，稍抱合；后面端部 1/3 密被淡色纤毛，呈绒状；后阳基突短，阳基后突短，末端平钝，阳茎侧阳体侧面观骨化部分长约为宽的 1/6；第 5 腹板侧叶后端略平钝，外缘有 5~6 根长鬃，其中 3 根特别长大，侧叶内缘少毛，后端有两对钝头的鬃。

雌虫体长 4.0~6.0 mm。复眼远离。中足胫节前背鬃 1，后背鬃 2，后腹鬃 2；后足胫节前腹鬃 2（少数为 3），前背鬃 5，后背鬃 3。腹部长卵形；各背板上具略明显的长形黑色倒三角正中斑；各背板宽，而正中缘不骨化或骨化不全；缘鬃一列，第 6 背板前狭后宽；第 6、7 腹板狭长；第 8 腹板为一对短的骨片；肛上板小，半圆形；肛下板大，略呈心脏形，端部有 2 对长的和若干短的缘毛。

卵　长椭圆形，稍弯，长约 1.6 mm，乳白色，透明，上有纵沟陷。

幼虫　蛆状，成长后体长 6.0~7.0 mm，乳白而略带淡黄色。头咽器的口钩下缘有微细的齿刻，前气门突起显著，具 5~8 个较长的掌状分支。体末节斜切状，周缘有 5 对三角形的片状小突起，第 4 对和第 5 对突起最大且近乎等大；另有 3 对较小的突起，着生在尾节腹面肛门的后方，从虫体背面不能看见。

蛹　长 4.0~5.0 mm，纺锤形，黄褐或红褐色，两端稍带褐色。前端稍扁平，后端圆形，可见幼虫腹末残存的小突起。

【分布】中国北京、黑龙江、辽宁、内蒙古、河北、山东、山西、河南、陕西、甘肃、青海、新疆、上海、江苏、浙江、安徽、四川、台湾、福建、贵州、西藏；朝鲜，日本，欧洲（模式产地：德国），非洲，北美洲，夏威夷。

图 2-14　灰地种蝇 ***Delia platura***

A. 雌虫背视；B. 雄虫侧视

参考文献

范滋德 . 1965. 中国常见蝇类检索表 [M]. 北京：科学出版社 .

范滋德 . 1988. 中国经济昆虫志，第三十七册，双翅目：花蝇科 [M]. 北京：科学出版社 .

何振昌 . 1997. 中国北方农业害虫原色图鉴 [M]. 沈阳：辽宁科学技术出版社 .

刘青林 . 1989. 中纹大蚊发生危害及药剂防治初步研究 [J]. 吉林农业科学 , (4): 21–24, 29.

薛万琦 , 赵建铭 . 1998. 中国蝇类（上册）[M]. 沈阳：辽宁科学技术出版社 .

杨定 , 张婷婷 , 李竹 . 2014. 中国水虻总科志 [M]. 北京：中国农业大学出版社 .

Alexander C P. 1950. Undescribed species of Japanese crane-flies (Diptera: Tipulidae) [J]. Part VII. Annals of the Entomological Society of America, 43: 418–436.

Aschhof M. 1998. Revision der "Lestremiinae" (Diptera, Cecidomyiidae) der Holarktis [J]. Studia Dipterologica Supplement, 4: 1-552.

Bu W, Mo T. 1996. A study of the genus Mycophila Felt from China (Diptera: Cecidomyiidae) [J]. Entomologia Sinica, 3: 111-116.

Cresson E T. 1930. Studies in the dipterous family Ephydridae. Paper III [J]. Transactions of the American Entomological Society, 56: 93-131.

Edwards F W. 1938. On the British Lestremiinae, with notes on exotic species. 7. (Diptera: Cecidomyiidae) [J]. Proceedings of the Royal Entomological Society of London, 7: 253-265.

Foote R H, Thomas C A. 1959. Mycophila fungicola Felt: a redescription and review of its biology (Diptera, Itonididae) [J]. Annals of the Entomological Society of America, 52: 331-334.

Gagné R J. 2010. Update for A Catalog of the Cecidomyiidae (Diptera) of the World. USDA, Washington DC. Available from (http://www.ars.usda.gov/SP2UserFiles/Place/ 12754100/Gagne_2010_World_Catalog_Cecidomyiidae.pdf.) (accessed 23 November 2010)

Jaschhof M, Jaschhof C. 2009. The wood midges (Diptera: Cecidomyiidae: Lestremiinae) of Fennoscandia and Denmark [J]. Studia Dipterologica Supplement, 18: 1-333.

Kanmiya K. 1983. A systematic study of the Japanese Chloropidae (Diptera) [J]. Memoirs of the Entomological Society of Washington, 11: 1–370.

Lindner E. 1940. Chinesische Stratiomyiiden (Dipt.) [J]. Deutsche Entomologische Zeitschrift 1939(1-4): 20-36.

Mathis W N, T. Zatwarnicki. 1995. World Catalog of Shore flies (Diptera: Ephydridae) [M]. Florida. Associated Publishers. 1-423.

MushWorld. 2004. Mushroom Growers' Handbook 1: Oyster Mushroom Cultivation. MushWorld (www.mushworld.com), Republic of Korea. Available from (http://mushroomtime.com /wp-content/uploads/2013/08/02-Mushroom-Growers-Handbook-1-Oyster-Mushroom-Cultivation-MUSHWORLD.pdf) (accessed 20 March 2014)

Rozkošný R. 1982. A biosystematic study of the European Stratiomyidae (Diptera). Volume 1. Introduction,

Beridinae, Sarginae and Stratiomyidae [M]. Dr. W. Junk, The Hague, Boston, London. I-VIII: 1-401.

Shen D R, Zhang H R, Li Z Y, et al. 2009. Taxonomy and dominance analysis of sciarid fly species (Diptera: Sciaridae) on edible fungi in Yunnan [J]. Acta Entomologica Sinica, 52(8): 934-940.

Spencer K A. 1973. Agromyzidae (Diptera) of economic importance [M]. Dr. W. Junk B V, The Hague. 405 pp

Spencer K A. 1990. Host specialization in the world Agromyzidae (Diptera) [M]. Kluwer Academic Publishers, Dordrecht. 444 pp.

Wirth W W. 1975. A revision of the brine flies of the genus Ephydra of the Old World (Diptera: Ephydridae) [J]. Entomologica Scandinavica, 6(1): 11-44.

Yang C K, Zhang X M. 1985. Notes on the fragrant onion gnats with descriptions of two new species of Bradysia (Sciaridae: Diptera) [J]. Acta Agriculturae Universitatis Pekinensis, 11(2): 153-157.

Yang C K, Yang D. 1996. Chloropidae. In: Xue, W. Q. and Zhao, J. M. (eds), Flies of China [M]. Volume 1. Shenyang: Liaoning Science and Technology Press, pp. 545–573.

Yang D, Yang C K. 1990. New and little-known species of Chloropidae from Guizhou (III) (Diptera: Acalyptratae)) [J]. Guizhou Science, 8(3): 1–3.

Zhang X, Yang C, Tan Q. 2000. Disease and pest control of edible fungi [M]. Jindun Publishing House, Beijing. 167 pp.

第三章　直翅目

Orthoptera

概　述

直翅目是一类常见的昆虫，包括蟋蟀、蝼蛄、螽斯及蝗虫等。除少数种类为捕食性昆虫外，绝大多数为植食性或杂食性，其中不少种类是农、林业重要害虫。直翅类昆虫一般为散居栖息，个别种类具有群居栖息的习性，活动能力强，栖息习性一般为植栖类、洞栖类和土栖类，后两者的部分种类为重要的常见地下害虫（主要涉及蟋蟀和蝼蛄类）。

直翅目昆虫体一般为中到大型，小型种类较少，体圆筒形，明显分为头、胸和腹三部分。头部圆形、卵圆形或圆锥形（图 3-1）。触角多节，丝状，较长，少数为锤状或剑状。口器咀嚼式。前胸背板发达，盖住前胸侧板。有翅、短翅或无翅。前、中足适于爬行，后足股节发达适于跳跃；跗节一般 3 或 4 节，极个别为 5 或 2 节。前翅为覆翅，革质。雌虫具发达的产卵器。尾须短，不明显分节。通常具发达的发声器和听器。渐变态。

常见的蟋蟀和蝼蛄类地下害虫，均隶属于蟋蟀总科，其体小型至大型，通常较背腹扁平。

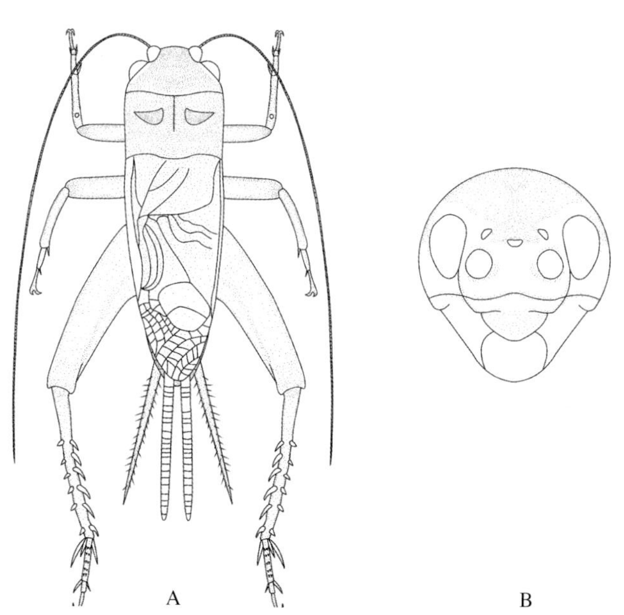

图 3-1　黄脸油葫芦 *Teleogryllus (Brachyteleogryllus) emma* (Ohmachi & Matsumura, 1951)
A. 头、脑、腹分 3 节；B. 头部圆形

头部球状，触角细长，一般明显长于体长。具翅种类通常右翅覆盖于左翅之上，基部具发声器。后足股节通常较强壮，跗节3节。产卵瓣发达，极少退化。蟋蟀总科目前包括6科（含化石种类），其中现生种类4科，分别为蟋蟀科 Gryllidae、癞蟋科 Mogoplistidae、蚁蟋科 Myrmecophilidae 和蝼蛄科 Gryllotalpidae，在我国均有分布。本书中涉及蟋蟀科和蝼蛄科2科，共计6属8种。

分科检索表

1	触角短于体长，单眼2枚；前足为挖掘足，胫节具数个趾状突；产卵瓣退化 …………………………………………………………………………	**蝼蛄科 Gryllotalpidae**
	触角明显长于体长，单眼通常3枚；前足为步行足，缺趾状突；产卵瓣发达 …	**蟋蟀科 Gryllidae**

一、蝼蛄科 Gryllotalpidae

体中大型，具短绒毛。头较小，前口式，触角较短，复眼突出，单眼 2 枚。前胸背板卵形，较强隆起，前缘内凹。前、后翅发达或退化；雄性具发声器。前足为挖掘足，胫节具 2~4 个趾状突，后足较短；跗节 3 节。产卵瓣退化。

东方蝼蛄 *Gryllotalpa orientalis* Burmeister, 1839（图 3-2）

【形态特征】

成虫　体大型，较强壮；头明显小，额部至唇基较强的突起；触角短于体长；复眼卵圆形；侧单眼明显大，稍隆起，无中单眼。前胸背板明显宽于头部，明显长卵形，背面明显隆起且具短绒毛，中部具明显纵向印迹，两侧缘下弯。雄性前翅约达腹部中部，约为前胸背板长 1.4 倍，具发声器，对角脉弧形；端域适度长，具规则纵脉；后翅发达，超过腹端。腹部末端背面两侧各具 1 列毛刷。前足为挖掘足，胫节具 4 个片状趾突，第 1 个最长，向后依次渐变短，股节外侧腹缘较直；后足股节较短，长约为最宽处的 3.0 倍；胫节长，约为最宽处的 5.5 倍；胫节外侧背刺 1 枚，内侧背刺 4 枚。尾须细长，约为体长的一半。肛上板基部宽，向端部渐变窄；下生殖板横宽，端部宽圆形。外生殖器后角长，端部尖舌状；横桥向端部加宽；阳茎腹片向阳茎侧突囊下方延伸弯折，整体呈 W 状。雌性体型与雄性近似，无发声器，横脉较多。产卵瓣发育不全，通常不伸出。

图 3-2　东方蝼蛄 *Gryllotalpa orientalis* Burmeister，背视

体背面呈红褐色，腹面黄褐色。单眼黄色。前翅褐色，翅脉黑褐色。腹部各节腹面具 1 对小的暗色印迹。足浅褐色。不同地理种群体色略有变化。

测量（mm） 体长：♂ 25.0~33.0，♀ 25.5~34.5；前胸背板长：♂ 7.5~8.5，♀ 7.4~8.6；前翅长：♂ 8.5~12.5，♀ 8.5~12.5；后足股节长：♂ 7.5~9.2，♀ 7.5~9.5。

【分布】中国黑龙江、吉林、辽宁、内蒙古、青海、河北、北京、天津、山东、江苏、上海、浙江、江西、湖北、湖南、福建、广东、海南、广西、四川、贵州、云南、西藏；俄罗斯，日本，朝鲜，韩国，菲律宾，印度尼西亚，尼泊尔。

华北蝼蛄 *Gryllotalpa unispina* Saussure, 1874（图 3-3）

图 3-3 华北蝼蛄 *Gryllotalpa unispina* Saussure，背视

成虫 体巨大，强壮，被短密毛；头明显小，额部至唇基较强的突起；触角明显短于体长；复眼大，卵圆形；侧单眼明显大，稍隆起。前胸背板明显宽于头部，呈明显长卵形，背面明显隆起，中部具明显纵向印迹，两侧缘下弯；其长为最宽处的 1.3~1.5 倍。雄性前翅约达腹部中部，为前胸背板长 1.2~1.4 倍，具发声器；端域适度长，具规则纵脉；后翅发达，超过腹端。前足为挖掘足，股节下缘不平直，中部强外突，弯曲成 S 形，胫节具 4 个片状趾突，第 1 个最长，向后依次渐变短；后足股节较短，长为最宽处的 2.4~2.8 倍；胫节长，为最宽处的 4.0~4.8 倍；胫节外侧背刺 1 枚，内侧背刺 2 枚（偶见 1 或 3 枚）。尾须细长，约为体长的 1/3。肛上板基部宽，向端部渐变窄；下生殖板横宽。外生殖器粗壮，后角长，端部较平；阳茎腹片向两侧延伸，末端分叉，整体呈锚状。雌性体型与雄性近似，无发声器，横脉较多。产卵瓣发育不全，通常不伸出。

体背面呈红褐色，腹面黄褐色。单眼灰白色。前翅浅褐色，翅脉深褐色。腹部各节腹面约具 3 个小暗色印迹。足浅褐色。不同地理种群体色略有变化。

测量（mm） 体长：♂ 34.0~41.0，♀ 36.0~42.5；前胸背板长：♂ 10.5~12.5，♀ 11.0~13.0；前翅长：♂ 13.0~15.5，♀ 13.5~16.0；后足股节长：♂ 9.0~12.0，♀ 10.0~12.5。

【分布】中国吉林、辽宁、内蒙古、宁夏、甘肃、新疆、河北、北京、山西、江苏、安徽、湖北、江西、西藏；俄罗斯，伊朗，哈萨克斯坦，阿富汗，蒙古。

台湾蝼蛄 *Gryllotalpa formosana* Shiraki, 1930（图 3-4）

成虫　体大型，较强壮；头明显小，额部至唇基较强的突起；触角短于体长；复眼卵圆形；侧单眼圆形，稍隆起，无中单眼。前胸背板明显宽于头部，明显长卵形，背面明显隆起且具短绒毛，中部具明显纵向印迹，两侧缘下弯。雄性前翅约达腹部中部，与前胸背板约等长，具发声器；端域短，具规则纵脉；后翅短，稍超过前翅。前足为挖掘足，股节下缘略平直，胫节具 4 个片状趾突，第 1 个最长，向后依次渐变短；后足较短，长约为最宽处的 2.8 倍；胫节长，约为最宽处的 5.4 倍；胫节外侧背刺 1 枚，内侧背刺 4 枚。尾须细长，稍短于体长的一半。肛上板基部宽，向端部渐变窄；下生殖板横宽。外生殖器后角长，端部较平；阳茎腹片向两侧延伸，末端不分叉。雌性体型与雄性近似，前翅横脉较多。产卵瓣发育不全，通常不伸出。

图 3-4　台湾蝼蛄 *Gryllotalpa formosana* Shiraki，背视

体背面呈黑褐色，腹面颜色稍浅。单眼黄色。前翅黄褐色，翅脉褐色。足褐色。

测量（mm）　体长：♂ 16.0~24.0，♀ 16.5~25.5；前胸背板长：♂ 7.5~8.5，♀ 7.4~8.6；前翅长：♂ 4.0~6.0，♀ 4.5~6.5；后足股节长：♂ 6.5~8.0，♀ 7.0~8.5。

【分布】中国江西、湖北、台湾、广东、广西、四川。

二、蟋蟀科 Gryllidae

体小型至大型，体色通常较暗，黄褐色至黑色，部分类群呈绿色或黄色，缺鳞片。头通常球形，触角丝状，长于体长；复眼较大，单眼3枚。前胸背板背片较宽，扁平或隆起，两侧缘仅个别种类明显；侧片一般较平。前翅通常发达，部分种类前翅退化或缺失，后翅呈尾状或缺后翅。前足胫节听器位于近基部；后足为跳跃足，胫节背面多具长刺。雌性产卵瓣发达，呈刀状或矛状。

花生大蟋 *Tarbinskiellus portentosus* (Lichtenstein, 1796)（图 3-5）

【形态特征】

成虫　体巨大型，强壮。头大，头顶较强倾斜，复眼大而圆凸；单眼排列近线状，中单眼半月形，侧单眼卵圆形。额唇基沟较平直，中部微向上弧；下颚须末节约等长于第三节，端部膨大；下唇须末节约等长于前两节之和。触角柄节较小，盾形；额突宽约为触角柄节3倍。前胸背板前部明显宽于后部，背片宽平，中央沟明显，具1对大的三角形印迹；前缘弧形内凹，后缘双曲线形，中部向后突；侧片下缘近宽圆形，后部向上明显提升。雄性前翅长，远超出腹端；斜脉4~5条，对角脉较直；镜膜略成矩形，分脉圆弧状。端域长，明显长于镜膜，翅脉较规则。后翅明显长于前翅，尾状。足粗壮，前足胫节第1跗节短，外侧听器大，长卵形；内侧听器小，卵形；后足胫节背面两侧各具4~5枚长刺。下生殖板较短，被细密柔毛。外生殖器阳茎基背片较短，中部明显内凹，两侧呈角状，外侧突粗壮，向后远未达到背片端部。雌性体型与雄性近似，前翅具9~11条平行纵斜脉，横脉较规则，网状。产卵瓣较长，剑状。

体黄褐色。头部额突和头顶，前胸背板背片及前翅基部颜色较深，呈深褐色。前胸背板背片半月纹颜色稍浅。体侧及腹面颜色稍浅；前中足黄褐色，后足股节两侧上部及端部褐色。

测量（mm）　体长：♂ 36.0~44.5，♀ 37.5~45.5；前胸背板长：♂ 6.5~8.0，♀ 7.5~8.5 前翅长：♂ 24.0~31.2，♀ 24.5~32.0；后足股节长：♂ 20.0~25.5，♀ 21.0~27.0；产卵瓣长：♀ 7.0~8.0。

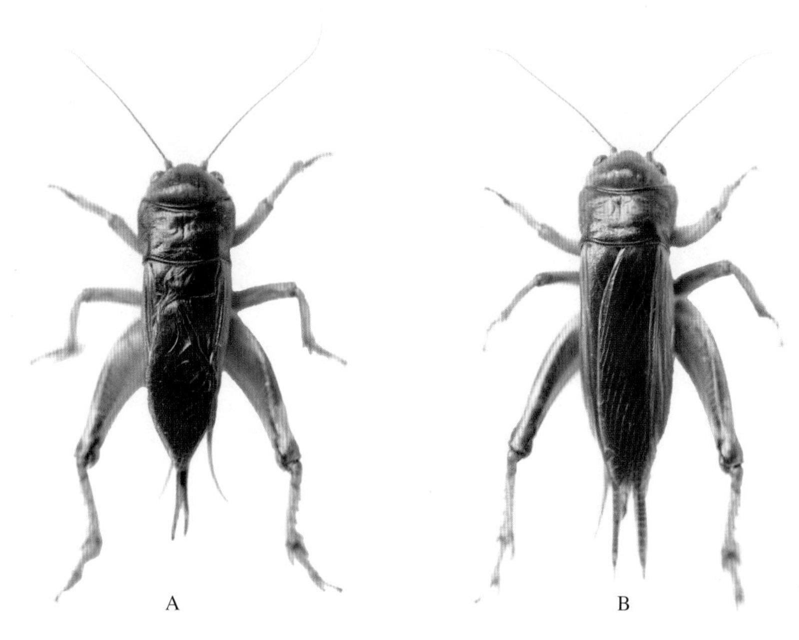

图 3-5　花生大蟋 *Tarbinskiellus portentosus* (Lichtenstein)，背视
A. 雄虫；B. 雌虫

【分布】中国江西、福建、广东、广西、云南、台湾、海南、西藏；印度，巴基斯坦，尼泊尔，缅甸。

黄脸油葫芦 *Teleogryllus (Brachyteleogryllus) emma* (Ohmachi & Matsumura, 1951)（图 3-6）

【形态特征】

成虫　体型中等偏大。头部颜面圆形，复眼卵圆形，不突起；单眼 3 枚，呈半月形，宽扁；额唇基沟平直；下颚须末节最长，端部明显斜截形；下唇须末节向端部渐膨大，呈棒状，约与前两节之和等长。触角柄节横宽，明显小于额突宽。上唇端缘圆，中间微凹。前胸背板两侧近平行，背片宽平，具 1 对大的三角形印迹；前缘较直，后缘波浪状，中部向后突；侧片前角近直角形，后角宽圆形，下缘向后略提升。雄性前翅基部宽，逐渐向后收缩，端缘尖圆形；斜脉 3 或 4 条；镜膜较宽，略成方形。端域短，稍长于镜膜。后翅明显长于前翅，尾状。前足胫节外侧听器大，略呈长椭圆形，内侧听器小，近圆形；后足胫节背面两侧各具 6 枚长刺。肛上板自侧缘中部向后明显变窄，端缘宽圆形，背面两侧具 1 对弧状脊。下生殖板短，两侧缘明显向上折起，呈圆锥状。外生殖器阳茎基背片长，端部呈圆形突，两侧缺尖角状突；外侧突粗壮，向后远未达到背片端部。雌性体型与雄性近似，前翅具 10~11 条平行纵斜脉，横脉较规则。产卵瓣明显长，约为体长一半，末端尖。

体色大体从褐色至黑褐色。颜面和颊部黄色，前、后翅和足及尾须黄褐色，但随海拔

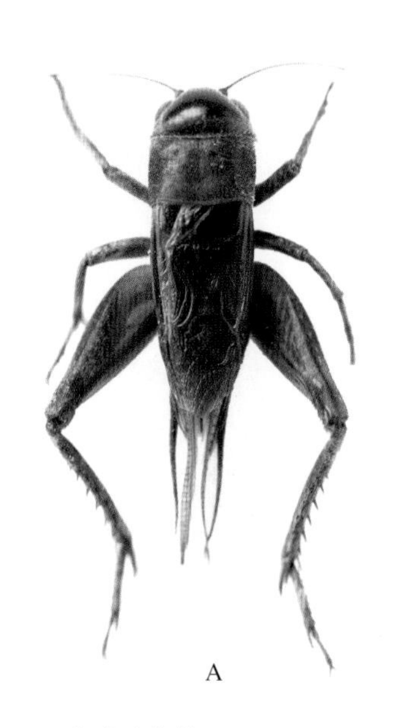

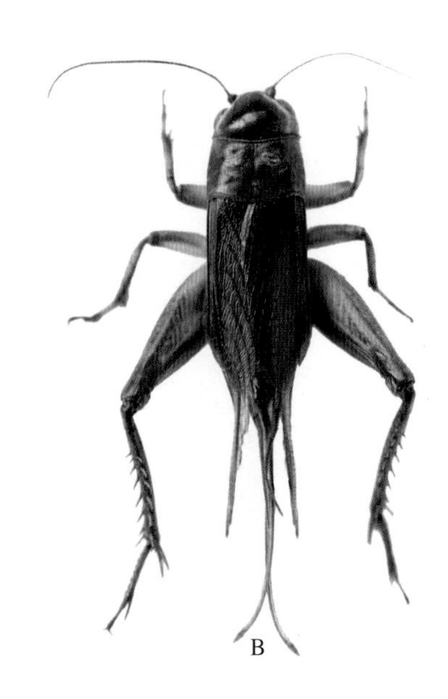

图 3-6　黄脸油葫芦 *Teleogryllus (Brachyteleogryllus) emma* (Ohmachi & Matsumura)，背视
A. 雄虫；B. 雌虫

的不同体色有变化。

测量（mm）体长：♂ 17.5~26.5，♀ 16.5~26.0；前胸背板长：♂ 3.1~4.5，♀ 3.6~4.0；前翅长：♂ 11.0~15.2，♀ 11.5~14.0；后足股节长：♂ 10.0~14.5，♀ 10.0~15.0；产卵瓣长：♀ 17.0~20.0。

【分布】中国北京、河北、山西、陕西、山东、江苏、安徽、上海、浙江、湖北、湖南、福建、广东、香港、海南、广西、四川、贵州、云南；朝鲜，日本。

多伊棺头蟋 *Loxoblemmus doenitzi* Stein, 1881（图 3-7）

【形态特征】

成虫　体中型，被绒毛。头部颜面明显斜截形，复眼卵圆形；触角柄节无突起，额突宽弧形，明显超出触角柄节端部，上缘弧形；颊面明显宽，侧突十分发达，向外明显超出复眼；额唇基沟平直；下颚须末节端部稍膨大，斜截形，明显长于第 3 节；下唇须末节向端部弱膨大，端部近平直，约与第 2 节等长。前胸背板横宽，前、后缘平直，前缘稍宽于后缘；侧片长大于高，前角宽圆形，后角略窄，下缘向后略提升。雄性前翅翅端明显不达到腹端，镜膜近菱形，斜脉 2 条，端域较短，其长约等于基部宽；后翅缺失或呈明显尾状。前足胫节外侧听器较大，长椭圆形，内侧听器小，圆形；后足胫节背面两侧各具 5 枚长刺，第 1 跗节背面两侧各具 6~8 枚小刺。肛上板基部宽，向端部渐变窄，两侧缘具褶皱，端缘宽圆形。下生殖板长约等于基部宽，两侧缘向上折起，呈短圆锥状。外生殖器阳茎基背片后缘具 1 对发达中叶。雌性体型与雄性近似，头部颜面弱斜截形，额突正常。前翅不到达腹端，具

10~11 条纵脉，横脉较规则。产卵瓣长，其长约为体长一半。

体褐色。额突后部单眼间具均匀横向黄带，后头区具 6 条宽纵带，且基部融合；单眼处黄色，下颚须和下唇须白色。前胸背板背片黄褐色，具杂乱不规则褐色斑点，侧片前下角黄色。

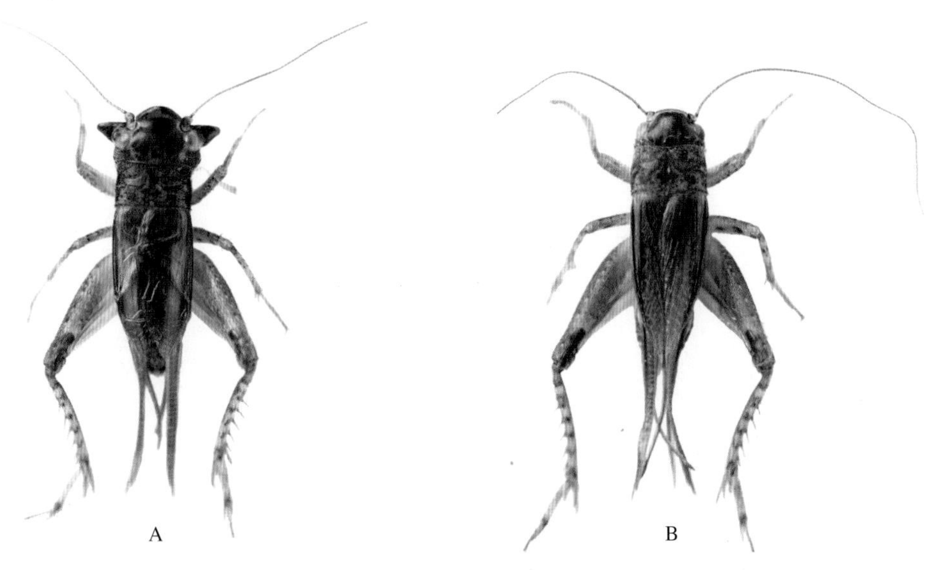

图 3-7　多伊棺头蟋 *Loxoblemmus doenitzi* Stein，背视
A. 雄虫；B. 雌虫

测量（mm）体长：♂ 16.0~21.0，♀ 15.6~20.0；前胸背板长：♂ 2.8~3.1，♀ 3.0~3.5；前翅长：♂ 9.5~10.8，♀ 9.3~10.0；后足股节长：♂ 10.1~11.1，♀ 10.5~11.0；产卵瓣长：♀ 8.1~8.5。

【分布】中国辽宁、北京、河北、山西、陕西、河南、山东、江苏、安徽、上海、浙江、江西、湖南、广西、四川、贵州；日本，朝鲜，韩国。

迷卡斗蟋 *Velarifictorus (Velarifictorus) micado* (Saussure,1877)（图 3-8）

【形态特征】

成虫　体中型。头部颜面略扁平，上唇基部中央稍凹陷；上颚正常，不明显加长；复眼卵圆形，不突起；中单眼圆形，侧单眼近半圆形；下颚须末节向端部加宽，端缘部分呈斜截形；下唇须末节稍膨大，呈棒状。前胸背板横向，前缘略凹，后缘微呈波形；侧片前下角略钝，向后略提升。雄性前翅略不到达腹端，镜膜近长方形，分脉 1 条，斜脉 2 条，端域较短；后翅缺。前足胫节外侧听器较大，长椭圆形，内侧听器仅有退化的痕迹；后足胫节背面两侧缘各具 5 枚刺。肛上板宽，后缘直。下生殖板长约等于基部宽，两侧缘明显向上折起。外生殖器阳茎基背片后缘具 1 对发达的中叶；外侧突粗长，明显超出背片后缘。

雌性前翅略超过腹部中部，端部略圆，翅脉不规则，呈不规则网状。产卵瓣较长，稍短于体长，端部尖。

体褐色。头部颜面大部分褐色，额突两侧及上缘颜色略浅；单侧眼间具黄色横条纹，中部稍弱；中单眼与唇基间缺三角形淡黄斑；后头区具6条纵条纹；下颚须和下唇须颜色稍浅。前胸背板背片褐色且杂有黄色斑纹；侧片下缘褐色。

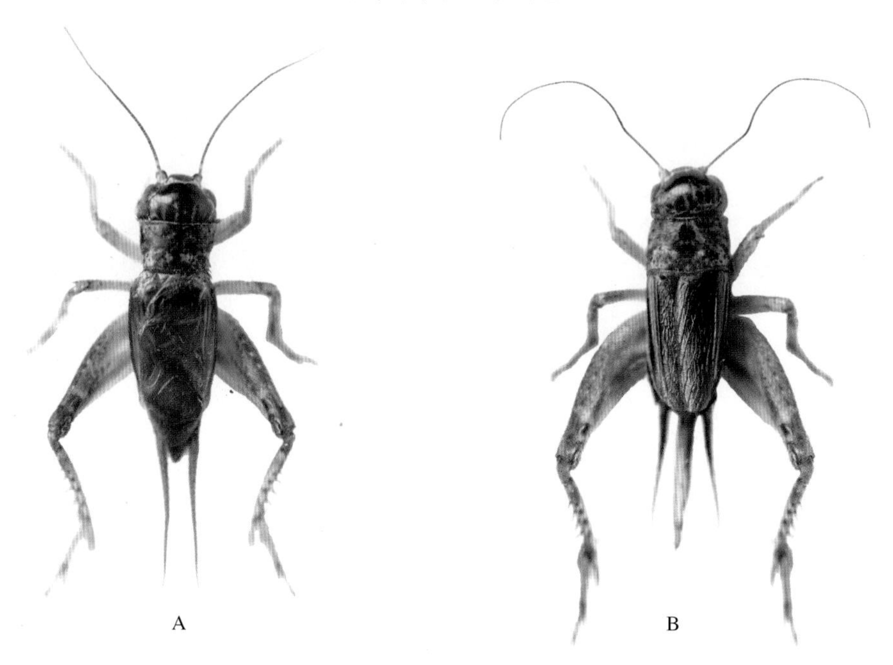

图 3-8 迷卡斗蟋 *Velarifictorus (Velarifictorus) micado* (Saussure)，背视
A. 雄虫；B. 雌虫

测量（mm） 体长：♂ 12.0~17.5，♀ 14.0~18.5；前胸背板长：♂ 2.9~3.3，♀ 3.0~3.3；前翅长：♂ 7.5~8.5，♀ 6.5~7.5；后足股节长：♂ 9.5~10.5，♀ 9.5~10.5；产卵瓣长：♀ 10.5~13.5。

【分布】中国北京、河北、山西、陕西、山东、江苏、上海、浙江、江西、湖南、福建、台湾、广东、四川、广西、贵州、西藏；日本，印度尼西亚，印度，斯里兰卡。

双斑蟋 *Gryllus bimaculatus* De Geer, 1773（图 3-9）

【形态特征】

成虫 体中型。头顶弱倾斜，复眼卵圆形，弱突起；中单眼半月形，横宽，侧单眼圆形；额唇基沟较直；下颚须末节刀状，稍长于第3节；下唇须末节末端膨大，约与前两节之和等长。触角柄节略横宽，约为额突宽的一半。上唇横宽，基部中央微凸。前胸背板两侧近平行，背片宽平，印迹不明显；前缘稍内凹，后缘波浪状，中部向后突；侧片平，前角近直角形，后角宽圆形，下缘向后略提升。雄性前翅明显超过腹端，基部稍宽；斜脉4条，对角脉较直；镜膜长，近方圆形，分脉1条，圆弧形。端域短，约与镜膜等长。后翅明显长于前翅，尾状。前足胫节外侧听器大，长卵形，内侧听器小，近圆形；后足胫节背面两侧各具6枚长刺。下生殖板较宽短，两侧缘明显向上折起，端缘近乎直。外生殖器阳茎基背片后缘具明显的中叶和侧叶，外侧突稍短于阳茎基背片中叶。雌性体型与雄性近似，前翅翅脉规则网状，具9~11条近乎平行斜纵脉。产卵瓣长，稍长于体长的1/2，近端部稍膨大，端部尖。

体黑褐色。单眼黄色，前翅基部具1对浅色斑。不同种群体色以及基部斑形状略有变化。

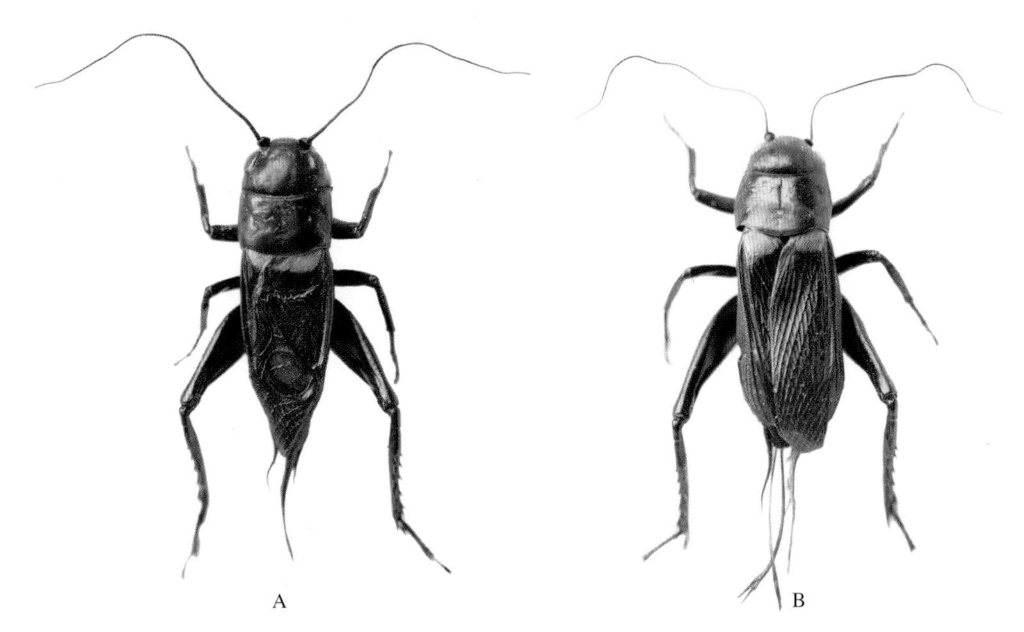

图 3-9　双斑蟋 *Gryllus bimaculatus* De Geer，背视
A. 雄虫；B. 雌虫

测量（mm）体长：♂ 26.0~29.5，♀ 28.0~30.5；前胸背板长：♂ 4.6~5.1，♀ 4.8~5.3；前翅长：♂ 12.5~18.0，♀ 13.0~18.5；后足股节长：♂ 13.5~14.5，♀ 14.0~15.5；产卵瓣长：♀ 12.5~15.5。

【分布】中国浙江、江西、福建、台湾、广东、香港、海南、广西、四川、云南、西藏；新加坡，印度，斯里兰卡，巴基斯坦，伊朗，阿富汗，欧洲和非洲部分地区。

参考文献

蔡柏岐，牛瑶．2002. 我国三种蝼蛄的雄性生殖器鉴别 [J]. 昆虫知识，39(2): 152–153.

殷海生，刘宪伟．1994. 中国蟋蟀总科和蝼蛄总科分类概要 [M]. 上海：上海科学技术文献出版社．

Gorochov A V. 1985. Contribution to the cricket fauna of China (Orthoptera, Grylloidea) [J]. Entomologicheskoe Obozrenie, 64(1): 89–109.

Storozhenko S Y. 2004. Long-horned orthopterans (Orthoptera Ensifera) of the Asiatic part of Russia[M]. Vladivostok: Dalnauka.

第四章　半翅目

Hemiptera

一、蚜科 Aphididae

体小到中型。触角多为 5 或 6 节，有些类群中无翅孤雌蚜触角为 2~5 节；有 2 个原生感觉圈，次生感觉圈形状和数量多样或缺。复眼常由多个小眼面组成，有或无眼瘤，少数类群中无翅孤雌蚜复眼仅有 3 个小眼面。头部与胸部长度之和不长于腹部。腹管形状和长度多样或缺。前翅翅脉包括径分脉、中脉和 2 肘脉，径分脉有时缺；后翅有 2 斜脉；静止时翅呈屋脊状或平叠于体背。孤雌蚜卵胎生，性蚜卵生，雌性蚜无产卵器。

苹果绵蚜 *Eriosoma lanigerum* (Hausmann, 1802)（图 4-1 和图 4-2）

【形态特征】

无翅孤雌蚜 体卵圆形，体长 1.70~2.10mm，体宽 0.93~1.30mm。活体黄褐色至红褐色，体背有大量白色长蜡丝。玻片标本淡色，头部顶端稍骨化，无斑纹。触角、足、尾片及生殖板灰黑色，腹管黑色。体表光滑，头顶部有圆突纹；腹部背片Ⅷ有微瓦纹。体背蜡腺明显，呈花瓣形，每蜡片含 5~15 个蜡胞，头部有 6~10 片，胸部、腹部各节背部有中蜡片及缘蜡片各 1 对，背片Ⅷ只有侧蜡片，侧蜡片含 3~6 个蜡胞。复眼有 3 个小眼面。气门不规则圆形，关闭，气门片突起，骨化黑褐色。中胸腹岔两臂分离。体背毛尖，长为腹面毛的 2.00~3.00 倍。头部有头顶毛 3 对，头背中、后部毛各 2 对；前、中、后胸背板各有中侧毛 4，10，7 对，缘毛 1，4，3 对；腹部背片Ⅰ~Ⅷ毛数：12，18，16，18，12，8，6，4 根，各排为 1 行，毛长稍长于触角节Ⅲ直径。中额呈弧形。触角 6 节，粗短，有微瓦纹；全长 0.31mm，为体长的 0.16 倍，节Ⅲ长 0.07mm，节Ⅰ~Ⅵ长度比例：50 : 54 : 100 : 53 : 78 : 78+15；各节有短毛 2~4 根，节Ⅲ毛长为该节直径的 0.39 倍。喙粗，端部达后足基节，节Ⅵ + Ⅴ长为基宽的 1.90 倍，为后足跗节Ⅱ的 1.70 倍，有次生刚毛 3~4 对，端部有短毛 2 对。足短粗，光滑，毛少，后足股节长 0.21mm，长为该节直径的 3.50 倍，为触角全长的 0.68 倍；后足胫节长 0.26mm，为体长的 0.14 倍，毛长为该节直径的 0.90 倍。跗节Ⅰ毛序：3，3，2。腹管半环形，围绕腹管有 11~16 根短毛。尾片半圆形，小于尾板，有微刺突瓦纹，有 1 对短刚毛。尾板末端圆形，有短刚毛 38~48 根。生殖突骨化有毛 12~16 根。

有翅孤雌蚜 体椭圆形，体长 2.30~2.50mm，体宽 0.90~0.97mm，活体头部、胸部黑色，腹部橄榄绿色，全身被白粉，腹部有白色长蜡丝。玻片标本头部、胸部黑色，腹部淡色；触角、足、腹管、尾片及尾板黑色。腹部背片Ⅰ ~ Ⅶ有深色中、侧、缘小蜡片，背片Ⅷ有1对中蜡片。腹部背面毛稍长于腹面毛。节间斑不显。触角6节，全长0.75mm，为体长的0.31倍，有小刺突横纹，节Ⅲ长0.35mm，节Ⅰ ~ Ⅵ长度比例：13∶14∶100∶30∶30∶19+5；节Ⅲ有短毛7~10根，其他各节有毛3或4根，节Ⅲ毛长为该节直径的0.17倍；节Ⅴ、Ⅵ各有圆形原生感觉圈1个，节Ⅲ ~ Ⅵ各有环形次生感觉圈17~18，3~5，3或4，2个。前翅中脉2分叉。喙端部不达后足基节，节Ⅳ + Ⅴ尖细，长为基宽的2.20倍，为后足跗节Ⅱ的1.40倍。后足股节长0.41mm，为触角节Ⅲ的1.20倍；后足胫节长0.70mm，为体长的0.29倍，毛长为该节直径的0.68倍。腹管环形，黑色，环基稍骨化，端径与尾片约等长，围绕腹管有短毛11~15根。尾片有短硬毛1对。尾板有毛32~34根。其他特征与无翅孤雌蚜相似。

【寄主】为害苹果、山荆子、花红、海棠果等，大鲜果对之有抗性。该种是世界著名的检疫害虫，原产北美，现已被传播到世界各国。

【分布】中国辽宁、山东、云南、西藏少数市县局部区域；世界各洲广布。

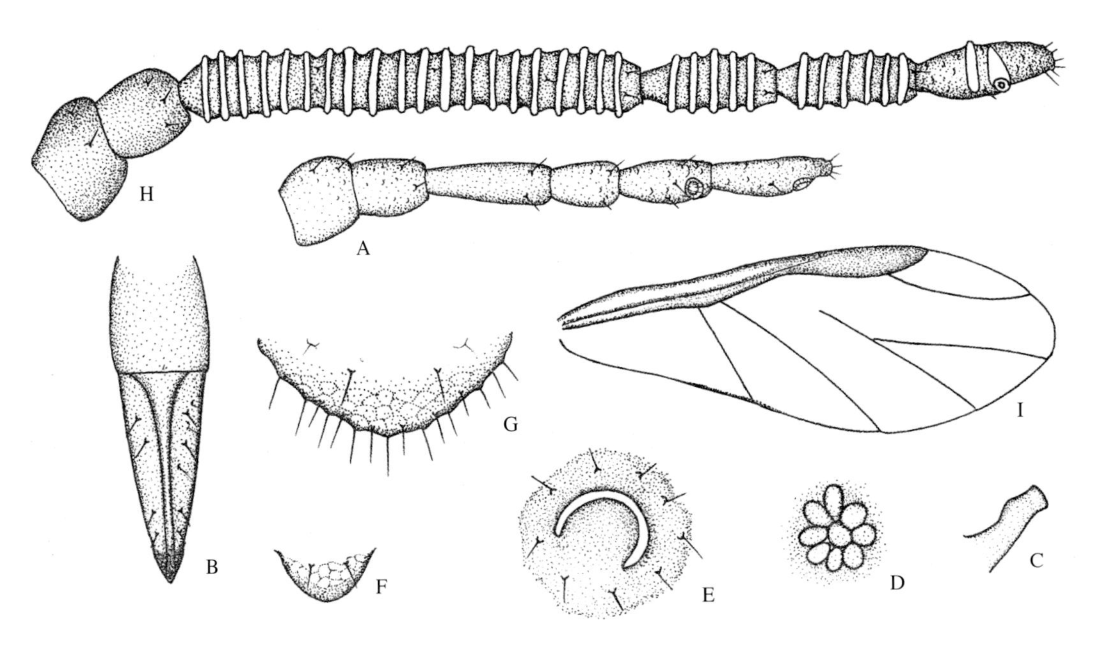

图4-1 苹果绵蚜 *Eriosoma lanigerum* (Hausmann)

无翅孤雌蚜

A. 触角；B. 喙节Ⅳ + Ⅴ；C. 中胸腹岔；

D. 蜡片；E. 腹管；F. 尾片(cauda)；G. 尾板

有翅孤雌蚜

H. 触角；I. 前翅

图 4-2　苹果绵蚜生物学照片 (2003 年 8 月摄于西藏林芝)
无翅孤雌蚜：A. 在苹果叶柄基部为害；B. 在苹果小枝为害；
C. 在苹果老枝为害；D. 苹果枝条上大量群居为害

麦拟根蚜 *Paracletus cimiciformis* Von Heyden, 1837（图 4-3）

【形态特征】

无翅孤雌蚜　体扁卵圆形，体长 3.48mm，体宽 2.41mm。活体淡黄色。玻片标本头部、前胸背板、触角、喙、足、尾片、尾板及生殖板黑褐色，中胸、后胸、腹部淡色；腹部背片Ⅷ有宽横带，横贯全节。体表粗糙，体背有细网纹，头部缘域网纹明显，体腹面及腹部背片Ⅷ均有小刺突密横瓦纹。气门圆形开放，有时半开放，气门片黑色。节间斑明显，大型，黑褐色。中胸腹岔无柄，淡色，全长 0.69mm，为触角节Ⅲ的 3.70 倍。体背毛短，尖锐；头部背面有毛 130~140 根；前胸背板有毛 120~160 根，腹部背片Ⅰ~Ⅴ密被毛，背片Ⅵ有毛 180 根，背片Ⅶ有毛 140 根，背片Ⅷ有毛 78~105 根；头顶毛及腹部背片Ⅰ毛长 0.02mm，为触角节Ⅲ最宽直径的 0.28 倍；背片Ⅷ毛长 0.05mm。复眼大型，眼面暗色不透明，眼瘤由 3 个小眼面组成。中额不隆，呈圆头状，背中缝淡色。触角各节粗短，全长 0.94mm，为体长的 0.27 倍；节Ⅲ长 0.19mm，节Ⅰ~Ⅵ长度比例：52∶57∶100∶112∶93∶75+15；触角多毛，节Ⅰ~Ⅲ毛数：15-25，45-55，85-150 根，节Ⅵ有毛 39~55+4 或 5 根，节Ⅲ毛长为该节最宽直径的 0.33 倍；原生感觉圈小圆形，无睫。喙粗大，端部达到或超过中足基节，节Ⅳ+Ⅴ楔状，长 0.20mm，为基宽的 1.90 倍，为后足跗节Ⅱ的 0.87 倍；有毛 17~19 对。足粗大，光滑，多毛。后足股节长 0.64mm，为该节直径的 4.40 倍，为触角节Ⅲ的 3.40 倍；后足胫节长 1.08mm，为体长的 0.31 倍，毛长为该节最宽直径的 0.39 倍；跗节Ⅰ毛序：9，9，9。无腹管。尾片半圆形，长 0.08mm，为基宽的 0.43 倍，有长毛 56~106 根。尾板半球形，有毛 95~138 根。生殖板黑褐色，有小刺突横瓦纹，有长毛约 180 根。

有翅孤雌蚜　体椭圆形，体长 2.77mm，体宽 1.33mm。玻片标本头部、胸部黑色，腹部背面褐色，缘域加深；腹部背片Ⅰ、Ⅱ淡色部分多，其余节侧与缘域间有淡色部分，各节间分节明显。体表粗糙，头部背面有横纵瓦纹，胸部背板及腹部背片Ⅰ~Ⅵ有明显网纹，背片Ⅶ、Ⅷ有横瓦纹。头部背面有毛 48 对；前胸背板有中侧毛 130 对，缘毛 68 对；腹部背片Ⅷ有毛 47~60 对。中额不隆，顶平，头盖缝粗，明显。触角粗，光滑，全长 1.09mm，为体长的 0.39 倍；节Ⅲ长 0.31mm，节Ⅰ~Ⅵ长度比例：25∶27∶100∶87∶62∶46+5；触

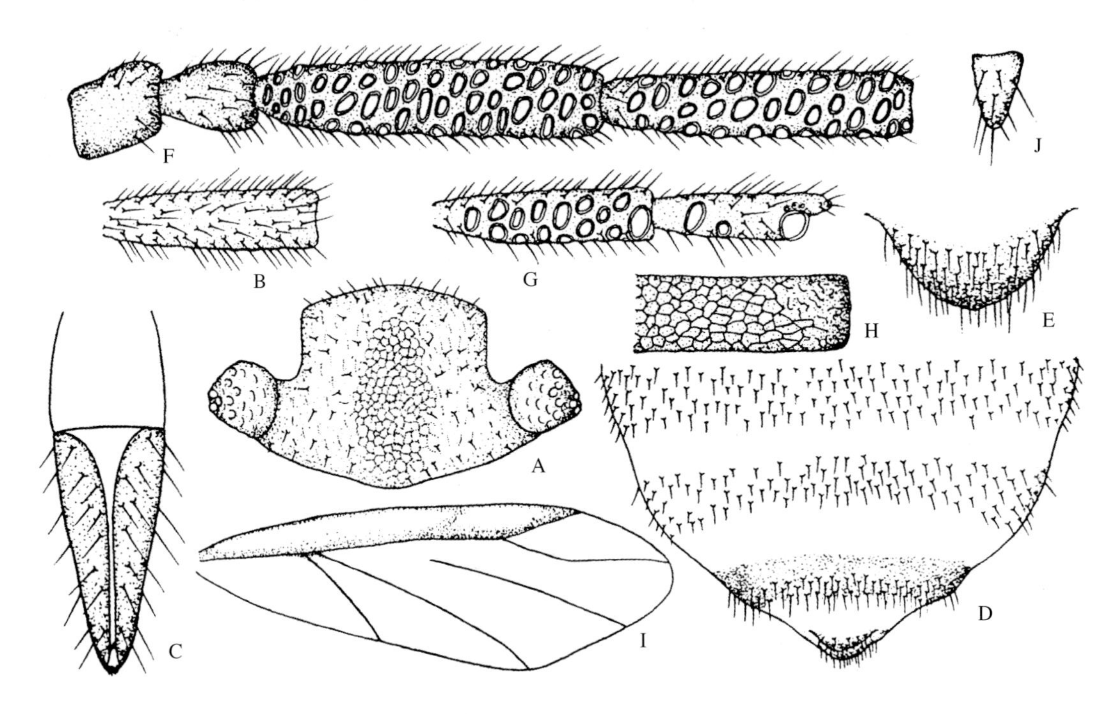

图 4-3　麦拟根蚜 *Paracletus cimiciformis von* Heyden

无翅孤雌蚜

A. 头部背面观；B. 触角节Ⅲ；C. 喙节Ⅳ+Ⅴ；D. 腹部背片Ⅵ~Ⅷ背面观；E. 尾片

有翅孤雌蚜

F. 触角节Ⅰ~Ⅳ；G. 触角节Ⅴ~Ⅵ；H. 腹部背片Ⅴ背纹；I. 前翅；J. 后足跗节Ⅰ

角毛短，尖锐，节Ⅲ有毛 120 余根，毛长为该节最宽直径的 0.29 倍；节Ⅲ～Ⅵ小圆形次生感觉圈数：64～74，38～41，9～15，1 或 2 个。喙端部不达中足基节，节Ⅳ＋Ⅴ长 0.19mm，长为后足跗节Ⅱ的 0.67 倍，有毛 14 对。足股节有粗网纹，其他节光滑；后足股节长 0.78mm，后足胫节长 1.55mm，后足跗节Ⅱ长 0.20mm。前翅 2 肘脉基部共柄，中脉不分岔。无腹管。尾片有毛 64～75 根。尾板有毛 145 根。

【寄主】为害小麦。

【分布】中国河北、山东；欧洲、亚洲和非洲北部广布。

秋四脉绵蚜 *Tetraneura akinire* Sasaki, 1904（图 4-4）

【形态特征】

无翅孤雌蚜 体卵圆形，体长 2.30mm，体宽 1.00mm。活体淡黄色，被薄蜡粉。玻片标本头部淡色，胸部、腹部背面稍骨化，尾片及尾板淡色。体表光滑，头部有皱曲纹，腹管后几节有微瓦纹。气门明显圆形半开放，气门片骨化。节间斑稍显。中胸腹岔有短柄或两臂分离。腹部腹面侧蜡片由多个大小相近的小蜡胞组成。体毛尖锐，头部有头顶长毛 6～8 根，头背短毛 10～12 根；胸部背板共有长缘毛 16 根，腹部背片共有长缘毛 24～26 根，位于气门外侧；腹部背片Ⅰ～Ⅶ各有中侧短毛 4～8 根，背片Ⅷ有长毛 2 根。头顶毛、腹部背片Ⅰ及背片Ⅷ缘毛长分别为触角节Ⅲ直径的 2.10 倍、4.10 倍。中额及额瘤不隆，额呈平顶状，有微圆突起。触角 5 节，短粗，光滑，节Ⅴ基部顶端及鞭部有微刺突；全长 0.40mm，为体长的 0.17 倍；节Ⅰ～Ⅴ长度比例：85∶81∶100∶229∶53+24；节Ⅰ～Ⅴ毛数：1 或 2，4，2，21～26，2 或 3 根；节Ⅱ毛集中于上缘域，节Ⅲ毛长为该节直径的 0.93 倍；原生感觉圈有睫。喙粗短，端部超过中足基节，节Ⅳ＋Ⅴ长为基宽的 1.50 倍，为后足跗节的 1.70 倍，有刚毛 12～16 根。足短粗，跗节 1 节；股节与胫节约等长；后足股节与触角节Ⅲ～Ⅴ之和约等长，后足胫节为体长的 0.13 倍，毛长为该节中宽的 0.58 倍。腹管截断状，有褶瓦纹，有明显缘突及切迹；长约为基宽的 1/3，与触角节Ⅰ等长，为体长的 0.02 倍。尾片小，半圆形，有小刺突横纹，为尾板的 1/2，有 4～6 根刚毛。尾板大，半圆形，有长曲毛 2～4 根，短毛 29～50 根。生殖突末端中央向内陷凹呈锐角，有短毛 57～79 根。

有翅孤雌蚜 体长卵形，体长 2.00mm，体宽 0.90mm。活体头部、胸部黑色，腹部绿色。玻片标本头部、胸部、触角、喙、足、尾片、尾板及气门片黑色。腹部淡色，腹部背片Ⅰ、Ⅱ各有 1 个不规则黑色中横带，背片Ⅷ黑色横带有时中断。头部和胸部背侧片有不规则曲纹，腹部背面光滑，背片Ⅶ、Ⅷ有微刺突瓦纹。气门圆形骨化开放，气门片隆起骨化黑色。体背毛尖锐，头部有头顶毛 4 根，头背毛 10 根，排列为 4、2、4 三横行；腹部背片Ⅰ～Ⅱ各有中侧毛 10～14 根，背片Ⅲ～Ⅶ各有中侧毛 6～10 根，排为一横行，背片Ⅰ～Ⅶ各有缘毛 1 对，有时 2 对，背片Ⅶ有毛 8～10 根，排为一横行。头顶毛、腹部背片

Ⅰ毛、背片Ⅷ毛长分别为触角节Ⅲ直径的 0.61 倍、0.59 倍、1.20 倍。中额稍隆，额瘤不显。触角 6 节，短粗，节Ⅰ、Ⅱ光滑，其他各节有瓦纹，节Ⅴ、Ⅵ边缘多刺突，有小刺突构成横纹；全长 0.62mm，为体长的 0.31 倍；节Ⅰ ~ Ⅵ长度比例：20∶27∶100∶35∶86∶26+7；节Ⅰ ~ Ⅵ毛数：4，3 或 4，11，2，11 或 12，0~2 根；节Ⅲ毛长为该节直径的 0.32 倍；节Ⅲ ~ Ⅴ各有环形次生感觉圈：9~14，2~4，8~11 个。喙短粗，端部超过前足基节，节Ⅳ + Ⅴ长为基宽的 1.70 倍，为后足跗节Ⅱ的 0.59 倍，有原生刚毛 4 根，次生刚毛 6 根。足胫节端部有小刺突，后足跗节Ⅱ有小刺突横纹；后足股节长为触角节Ⅲ的 2.00 倍；后足胫节长为体长的 0.31 倍，毛长为该节中宽的 0.32 倍；跗节Ⅰ毛序：3，3，2。前翅中脉不分叉，基部 1/3 不显，翅脉镶粗黑边；后翅 1 斜脉。无腹管。尾片半圆形，小于尾板。尾片有 2~4 根刚毛。尾板有长短刚毛 32~38 根。生殖突末端圆形或稍凹，有较长粗刚毛 50~60 余根。生殖板骨化灰黑色，有毛 45 根。

【寄主】原生寄主为榆树、榔榆、糙枝榆、大果榆、光榆、裂叶榆、春榆。次生寄主：

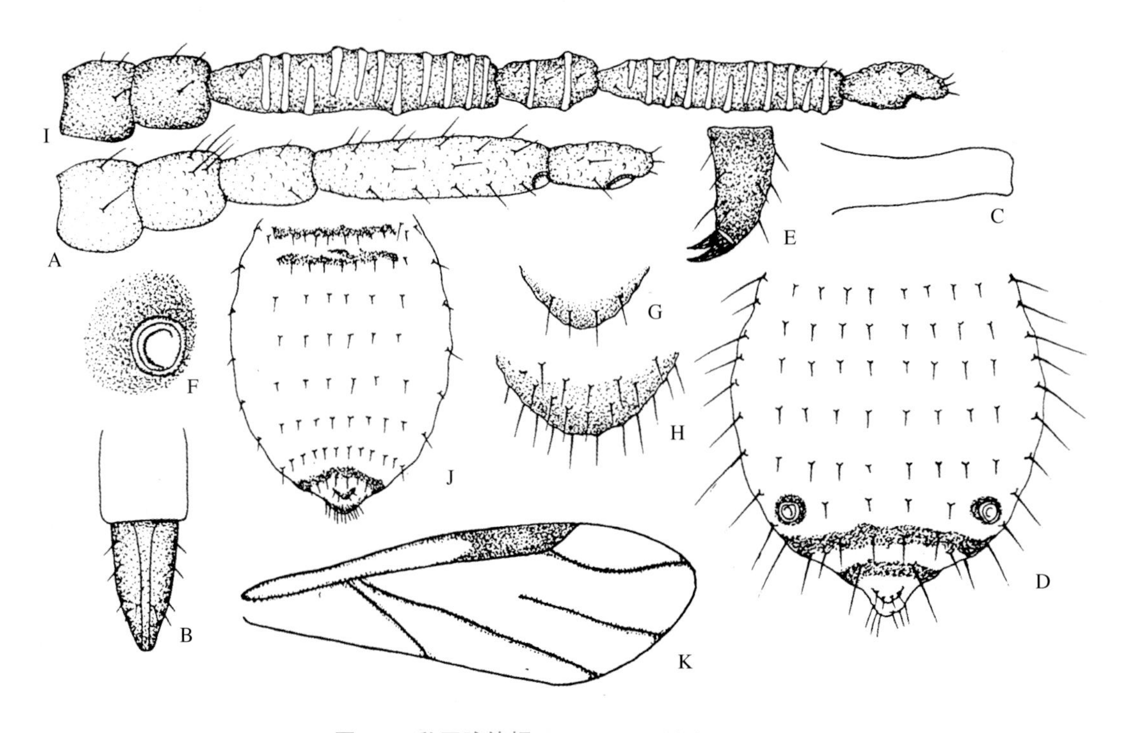

图 4-4　秋四脉绵蚜 *Tetraneura akinire* Sasaki

无翅孤雌蚜

A. 触角；B. 喙节Ⅳ + Ⅴ；C. 中胸腹岔（右臂）；D. 腹部背面观；E. 后足跗节；F. 腹管；G. 尾片；H. 尾板

有翅孤雌蚜

I. 触角；J. 腹部背面观；K. 前翅

国内有小獐毛、野燕麦、虎尾草、狗牙根、马唐、稗、水稗（水稗草）、牛筋草、画眉草、羊茅和狗尾草等禾本科杂草；以及谷子、高粱和小麦等禾本科和百合科荞头等农作物；此外，曾在蒙古蒿等蒿属植物、臭牡丹、大豆、柑橘根部偶见。国外记载有冰草属、早熟禾属、黍属和毛地黄属植物。

【分布】中国辽宁、吉林、黑龙江、内蒙古、北京、天津、河北、山西、上海、江苏、浙江、福建、山东、河南、湖北、湖南、广西、云南、甘肃、宁夏、新疆、台湾；朝鲜，俄罗斯，蒙古，日本，匈牙利，意大利，北美洲。

二、根瘤蚜科 Phylloxeridae

葡萄根瘤蚜 *Daktulosphaira vitifoliae* (Fitch, 1855)（图 4-5 和图 4-6）

【形态特征】

无翅孤雌蚜　体卵圆形，末端狭长，体长 1.15～1.50mm，体宽 0.75～0.90mm。活体鲜黄色至污黄色，有时淡黄绿色。玻片标本淡色至褐色。触角及足深褐色。体表明显有暗色鳞形纹至棱形纹隆起，体缘(包括头顶)有圆形微突起，胸部、腹部各节背面各有 1 个深色横向大型瘤状突起。气门 6 对，大圆形，明显开放，气门片深色。中胸腹岔两臂分离。体毛短小，不甚明显，毛长为触角节Ⅲ直径的 0.20 倍。头顶弧形。复眼由 3 个小眼面组成。触角 3 节，粗短，有瓦纹，全长 0.16mm，为体长的 0.14 倍，节Ⅲ长 0.09mm，节Ⅰ～Ⅲ长度比例：33∶33∶100；节Ⅲ基部顶端有 1 个圆形感觉圈；节Ⅰ～Ⅲ各有毛 1 或 2 根，节Ⅲ顶端有毛 3 或 4 根。喙粗大，端部伸达后足基节，节Ⅳ＋Ⅴ长锥形，长约为基宽的 3.00 倍，为后足跗节Ⅱ的 2.20 倍，有 2 或 3 对极短刚毛。足短粗，胫节短于股节，后足股节长 0.10mm，为触角的 0.65 倍，为该节直径的 2.30 倍；后足胫节长 0.08mm，为触角的 0.50 倍，

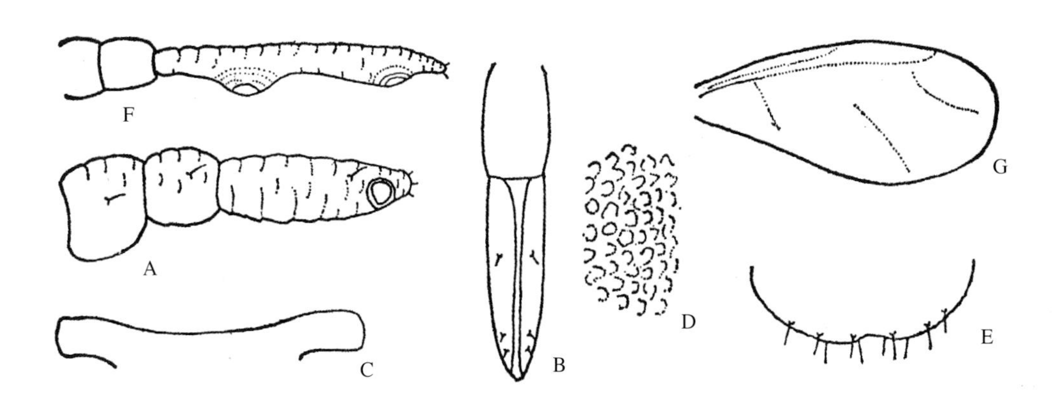

图 4-5　葡萄根瘤蚜 *Daktulosphaira vitifoliae* (Fitch)

无翅孤雌蚜

A. 触角；B. 喙节Ⅳ＋Ⅴ；C. 中胸腹岔；D. 腹部背纹；E. 尾片

有翅孤雌蚜

F. 触角；G. 前翅

为体长的0.07倍，毛长为该节直径的0.16倍，后足跗节Ⅱ端部有1对棒状长毛从爪间伸出；跗节Ⅰ毛长，尖锐，毛序：2，2，2。无腹管。尾片末端圆形，有毛约6~12根。尾板圆形，有毛9~14根。

有翅孤雌蚜　体长0.90mm，体宽0.45mm。初羽化时体淡黄色，翅乳白色，随后体色变为橙黄色，触角及足黑褐色，中、后胸深赤褐色，翅无色透明。触角3节，节Ⅲ有2个感觉圈，基部1个近圆形，端部1个近长圆形。中胸盾片中部不分为两片。静止时翅平叠于体背。前翅翅痣大，仅有3根斜脉，其肘脉1与2共柄。后翅缺斜脉。

孤雌卵　长椭圆形，长0.30mm，宽0.15mm，淡黄色，有光泽，后渐加深至暗黄绿色。

雄性卵　长0.27mm，宽0.14mm。

雄性蚜　体长宽与雄性卵相同，无翅，喙退化。

雌性卵　长0.36mm，宽0.18mm。

图4-6　葡萄根瘤蚜为害照片（摄于2005年6月上海，上海农业技术推广服务中心提供）
无翅孤雌蚜：A、B、C. 在葡萄根部取食；D. 在葡萄根部诱发的根瘤

雌性蚜　体褐黄色，触角及足灰黑色。体长宽与雌性卵相同，无翅，喙退化；触角 3 节，节Ⅲ长约为节Ⅰ、Ⅱ之和的 2.00 倍，端部有 1 个圆形感觉圈。跗节 1 节。

【寄主】为害葡萄等葡萄属植物。通常可为害美洲系葡萄和野生葡萄的根和叶，但只为害欧洲系葡萄根部；在美洲系葡萄品种上为全周期型，为害后叶片萎缩，形成豌豆状虫瘿，根部形成根瘤；在欧洲系葡萄品种上通常为不完全周期型，不在叶片上形成虫瘿。根部被害后肿胀形成根瘤，随后变色腐烂，受害根枯死，严重阻碍水分和养分的吸收和输送，造成植株发育不良，生长迟缓，树势衰弱，影响开花结果，严重时可造成部分根系甚至植株死亡。

国外记载葡萄根瘤蚜以卵在枝条或以各龄若蚜在根部越冬，每年可发生 5~8 代。春季在美洲品种枝上的越冬卵孵化，孵出的干母在叶片正面取食，形成虫瘿，并在虫瘿内产卵；8~10 天后孵化为干雌，营孤雌生殖 4 或 5 代后迁移至根部；夏、秋两季发生有翅性母蚜，从根部回迁到枝叶上，产生大小两类卵，分别孵化为无翅的雌、雄性蚜，交配后每头雌性蚜在 2~3 年生枝条上产越冬卵 1 枚。

葡萄根瘤蚜原产于美洲，19 世纪中叶自美国传入欧洲和澳洲，现已传播到各大洲 40 多个国家和地区。我国于 1895 年在烟台引种法国葡萄苗时被引入。葡萄根瘤蚜主要随带根的葡萄苗木调运而传播。在营全周期生活的地区，通常都有越冬卵附着在枝条上，会因将其用作插条而传播。此外还可借装运和耕作工具传播，在山区及灌溉区可由水传播。还可由若虫爬行进行近距离传播或有翅孤雌蚜借风力传播。

【分布】中国辽宁、上海、山东、甘肃、云南、陕西、台湾；阿拉伯，阿塞拜疆，朝鲜，黎巴嫩，日本，塞浦路斯，土耳其，叙利亚，伊朗，伊拉克，以色列，约旦，爱尔兰，奥地利，保加利亚，波兰，德国，俄罗斯，法国，捷克，克罗地亚，罗马尼亚，马耳他，摩尔多瓦，葡萄牙，前南斯拉夫，瑞士，乌克兰，西班牙，希腊，匈牙利，亚美尼亚，意大利，阿尔及利亚，埃及，摩洛哥，南非，突尼斯，澳大利亚，新西兰，加拿大，美国，墨西哥，哥伦比亚，秘鲁，巴西，阿根廷。

参考文献

姜立云，乔格侠，张广学，等 . 2011. 东北农林蚜虫志（昆虫纲　半翅目　蚜虫类）[M]. 北京：科学出版社 .
乔格侠，张广学，姜立云，等 . 2009. 河北动物志 蚜虫类 [M]. 石家庄：河北科学技术出版社 .

第五章　鳞翅目
Lepidoptera

概　述

鳞翅目是昆虫纲中的第二大目，全世界已知近 30 万种。绝大多数鳞翅目昆虫幼虫植食性，其中很多是农林重要害虫。鳞翅目的主要特征是成虫具两对膜质的翅，横脉少，翅、身体及附肢上布满鳞片；虹吸式口器；完全变态。幼虫蠋形，腹足具趾钩。鳞翅目中的地下害虫主要集中在夜蛾科，俗称地老虎。

一、夜蛾科 Noctuidae

中等至大型蛾类。成虫喙多发达，静止时卷曲，少数喙短小。下唇须发达。复眼大，半球形；多数种类有单眼。触角有线形、锯齿形或双栉形。

种检索表

1.	胸部、前翅前缘及中室赭红色	**疆夜蛾 *Peridroma saucia***
	特征不如上述	**2**
2.	前翅宽阔；后翅深褐色	**褐宽翅夜蛾 *Naenia contaminata***
	前翅狭长；后翅黄白至褐色	**3**
3.	前翅环纹淡灰黄色，宽“V”字形，扩展至前缘，周围黑褐	**八字地老虎 *Xestia c-nigrum***
	前翅环纹不如上述	**4**
4.	前翅灰黄色，无深褐色斑块	**5**
	前翅灰黄色至褐色，如为浅色，则具深褐色斑块	**6**
5.	雄触角线形	**冬麦沁夜蛾 *Rhyacia augurids***
	雄触角双栉形	**黄地老虎 *Agrotis segetum***
6.	前翅前缘下方具白色纵纹，由翅基伸达外线	**7**
	前翅前缘下方无白色纵纹	**10**
7.	前翅灰黄色，中室内无深褐色斑块	**警纹地夜蛾 *Agrotis exclamationis***
	前翅浅褐色至褐色，中室内具深褐色斑块	**8**
8.	前翅中室下缘和 2A 脉白色，与前缘下方的白色纵纹共同组成三叉状	**三叉地夜蛾 *Agrotis trifurca***
	前翅中室下缘和 2A 脉至少 1 条不为白色	**9**
9.	前翅内线外侧在中室下方的深色斑指状，中空，中室下缘脉与翅面同色；后翅褐色	**白边切夜蛾 *Euxoa oberthuri***
	前翅内线外侧在中室下方的深色斑狭长三角形，不为中空，中室下缘脉白色；后翅淡褐色	**黑麦切夜蛾 *Euxoa tritici***
10.	前翅亚缘线附近具浅色宽带	**11**
	前翅亚缘线附件无浅色宽带，与翅面其他部分同色	**12**
11.	后翅白色半透明	**小地老虎 *Agrotis ipsilon***
	后翅浅灰褐色	**大地老虎 *Agrotis tokionis***
12.	前翅深褐色，肾纹周围黑褐色；后翅白色	**显纹地夜蛾 *Agrotis crassa***
	前翅浅褐色，肾纹周围与翅面同色；后翅灰褐色	**涵切夜蛾 *Euxoa intracta***

小地老虎 *Agrotis ipsilon* (Hufnagel, 1766)（图 5-1）

【形态特征】

幼虫　老熟幼虫体长 40~52 mm。头部褐色，具不规则黑褐色网纹。体色灰褐至黑褐色，体表粗糙，布满大小不均、相互分离、稍隆起的颗粒。背线、亚背线及气门线均黑褐色。前胸盾深褐色，臀板黄褐色，上有深褐色纵带两条，刚毛灰黑色，毛片黑色，气门长卵形，气门筛暗褐色，围气门片黑色。胸足与腹足黄褐色。

成虫　翅展 48~50 mm。头、胸及前翅褐色或黑灰色。前翅前缘区色较黑，翅脉纹黑色，基线、内线及外线均双线黑色，中点黑色，亚端线灰白色锯齿形，内侧 4~6 脉间有二楔形黑纹，外侧二黑点，环、肾纹暗灰色，后者外方有一楔形黑纹；后翅白色半透明；腹部灰褐色。

图 5-1　小地老虎 *Agrotis ipsilon*

【寄主】杂，为害百余种植物。寄主植物主要包括禾谷类（如玉米、小麦、高粱）、豆类、蔬菜类、经济类（如棉、烟草、马铃薯、麻、茶、桑）作物，也为害落叶松、红松、马尾松、油松、沙枣、水曲柳、核桃楸、杉木等苗木及花卉。

【分布】中国全国；世界性分布。

黄地老虎 *Agrotis segetum* (Denis et Schiffermüller, 1775)（图 5-2）

【形态特征】

幼虫　老熟幼虫体长 42~49 mm。头部深褐色，有不规则的黑褐色斑纹。体黄褐色，体表较光滑，分布有较小但不突出的微型颗粒，各节皱褶极浅，亚背线及气门线淡褐色，腹面色浅呈土黄色，气门前、后方有不连贯的细黑纵线。前胸盾深褐色，臀板色较淡，其上有许多小黑点，刚毛较短，着生在稍隆起的褐色毛片上，气门长卵形，黑色。胸足黄褐色，腹足灰黄色。

成虫　翅展 31～43 mm。头、胸浅褐色。前翅浅褐色带灰色，基线、内线及外线均黑色，亚端线褐色，外侧黑灰色，剑纹小，环、肾纹褐色黑边，环纹外端较尖，中线褐色波浪形；后翅白色半透明，前、后缘及端区微褐，翅脉褐色。

图 5-2　黄地老虎 *Agrotis segetum*

【寄主】杂。棉、玉米、小麦、高粱、烟草、甜菜、马铃薯、瓜类、多种蔬菜及栎、山杨、云杉、松、柏等林木。

【分布】中国黑龙江、吉林、辽宁、内蒙古、北京、天津、河北、山东、河南、陕西、甘肃、青海、新疆、江苏、安徽、浙江、湖北、江西、湖南；日本，朝鲜，印度，欧洲，非洲。

显纹地夜蛾 *Agrotis crassa* (Hübner, 1803)（图 5-3）

别名：显纹切夜蛾

【形态特征】

幼虫　老熟幼虫体长 46～52 mm。体灰褐色，头部前额有两个大斑点，两侧各具深色斑纹。腹足趾钩单序缺环式。腹足第一对具趾钩 10～17 根，第二对 14～18 根，第三对 15～30 根。

成虫　翅展 43 mm。头、胸黄褐杂黑棕色。前翅浅赭色，基线、内线及外线黑色，亚端线黄灰色，在 3、4 脉处锯齿形，线内侧 2～5 脉间有一列黑点，剑纹可见黑边，环、肾纹灰黄色，中央黑棕色；后翅白色，雌蛾端区带有褐色；腹部赭色，横脉纹黑棕色。

【寄主】胡麻、玉米、打瓜、甜菜、三叶草、野苜蓿、马康草等杂草。

【分布】中国甘肃、新疆；欧洲，俄罗斯，印度北部，中亚。

图 5-3　显纹地夜蛾 *Agrotis crassa*

警纹地夜蛾 *Agrotis exclamationis* (Linnaeus, 1758)（图 5-4）

别名：警纹夜蛾

【形态特征】

幼虫　老熟幼虫体长约 48 mm。两端略尖。头部黄褐色，无网纹。体灰黄色，体表具大小不等的颗粒，有皱纹。背线及亚背线褐色，气门线不明显。气门椭圆形，黑色。前胸盾及臀板黄褐色，臀板上具稀少的褐色斑点。胸足黄褐色，腹足灰黄色。

成虫　翅展 39 mm。头、胸灰色；前翅灰褐色，布有细黑点，前缘区黑点致密，基线黑褐色，内、外线暗褐色，剑纹长舌形，环纹外端尖，肾纹短粗，中线褐色模糊，亚端线浅黄色锯齿形，端区色暗；后翅白色带褐；腹部灰色。

【寄主】杂。玉米、高粱、棉花、蔬菜、甜菜、烟草、牧草及林木。

【分布】中国内蒙古、宁夏、甘肃、青海、新疆、云南、西藏；欧洲，俄罗斯，中亚地区。

图 5-4　警纹地夜蛾 *Agrotis exclamationis*

大地老虎 *Agrotis tokionis* Butler, 1881（图 5-5）

【形态特征】

幼虫　老熟幼虫体长 41～61 mm。头部褐色，中央有一对深褐色纵条。体黄褐色，各体节多皱褶，体表有相互连接的、大小不同的颗粒。背线、亚背线及气门线不明显。前胸盾深褐色，臀板褐色，其上无纵带。气门长卵形，气门筛黄褐色，围气门片黑色；腹面色较淡。胸足外缘黑褐色，腹足黄褐色。

成虫　翅展 45～48 mm。头、胸褐色。前翅褐色带灰色，基线、内线及外线均双线，亚端线锯齿形，剑纹小，尖锥形，环、肾纹灰褐色黑边，环纹外缘锯齿形，肾纹外方具一黑斑；后翅浅灰褐色；腹部灰褐色。

图 5-5　大地老虎 *Agrotis tokionis*

【寄主】杂。为害禾谷类、豆类、蔬菜类及棉花、甜菜、烟草等作物，及果树幼苗和豆科牧草。

【分布】中国全国；日本，俄罗斯。

三叉地夜蛾 *Agrotis trifurca* Eversmann, 1837（图 5-6）

别名：三叉地老虎

【形态特征】

幼虫　体长 50～60 mm。圆筒形，粗壮，多皱纹，体表密布细小颗粒。体灰黑或灰褐色，背线灰白色有淡黑色边，亚背线为不明显的灰白色断续细带，气门上线和气门下线呈灰白色宽带，背线与亚背线间为灰褐色，夹以灰白色网纹，气门下线以下的体色呈浅灰色。前胸盾黄褐色，臀板深褐色，多皱纹，其上有一个由黄褐色之块状斑连成的似“M”形斑纹。胸足黄色，腹足灰色。

成虫　翅展 42 mm。头、胸褐色。前翅褐色，或带紫色。翅脉纹及翅脉两侧浅灰色，基线与内线均双线黑色，外线黑褐色，亚端线灰白，两侧各一列黑齿纹；剑纹长舌形，环纹内端较尖，环、肾纹间暗褐色，外线内侧一暗褐纹；后翅黄褐色；腹部灰色。

图 5-6　三叉地夜蛾 *Agrotis trifurca*

【寄主】大豆、小豆、甜菜、玉米、高粱、粟、马铃薯及多种茄科作物等。

【分布】中国黑龙江、内蒙古、青海、新疆；俄罗斯。

白边切夜蛾 *Euxoa oberthuri* (Leech, 1990)（图 5-7）

【形态特征】

幼虫　体长 46~48 mm。体表较光滑，少皱纹，灰色；背线、亚背线及气门上线浅白色，背线两侧淡褐色，背线与亚背线间黄褐色或灰褐色，亚背线与气门上线间为灰褐色或灰黑色，气门下线以下呈淡色。前胸盾褐色，散有黑褐色小点。臀板黄色，上缘有淡褐色横带，中部有二条淡褐色纵斑，一般不伸达下缘，臀板上稀生褐色小点，以上部的较大。

成虫　翅展 40 mm。头、胸及前翅褐色，前翅中区和端区色暗，前缘区浅灰褐色，基线、内线双线黑色，线间黄白，剑纹三角形，环、肾纹灰色，两纹间黑色，外线黑色，亚端线浅褐色，前端及中段内侧有锯齿形黑纹；后翅浅褐色，端区色暗；腹部黑褐色。

【寄主】杂。为害大豆、玉米、高粱、小麦、谷子、甜菜、菠菜、马铃薯、茄子、番茄、苜蓿、黄花蒿等多种植物及杨、柳等树木。

【分布】中国黑龙江、吉林、内蒙古、河北、甘肃、宁夏、青海、四川、云南、西藏；日本，朝鲜。

图 5-7　白边切夜蛾 *Euxoa oberthuri*

黑麦切夜蛾 *Euxoa tritici* (Linnaeus, 1761)（图 5-8）

别名：小麦切根虫

【形态特征】

幼虫　体长 40 mm。体肥胖，旁额缝直达头顶，缝外黑色，颊部后面密布刻点，前骨片有 4 条较宽的黄褐色带相间，宽窄相等。后臂片有两块三角形斑纹，颜色黄褐。前 4 节背面有 10 个毛瘤，中间 4 个较大呈“梯形”排列。两边各有 3 个较小，呈三角形排列。腹足为缺环式。

成虫　翅展 34 mm。头、胸褐色；前翅黑褐色，基线白色内衬黑色，内线黑色内衬白色，中脉白色，剑纹长舌形，环、肾纹浅褐色，有白环，两纹间黑色，外线锯齿形，齿尖为黑点，亚端线波浪形，内侧一列黑齿纹；后翅黄白色；腹部浅褐色。

图 5-8　黑麦切夜蛾 *Euxoa tritici*

【寄主】小麦、油菜、甘薯、玉米。

【分布】中国黑龙江、内蒙古、新疆、河北、西藏；俄罗斯，蒙古，土耳其，欧洲。

涵切夜蛾 *Euxoa intracta* (Walker, 1857)（图 5-9）

别名：暗褐地老虎

【形态特征】

幼虫　体长 30~40 mm，体宽 5.5~6 mm。颜色褐色至暗褐色，体表粗糙，布满大小黑点。背线不明显，表皮无光泽。

成虫　翅展 42 mm。头部与胸部红褐色杂灰色；前翅暗褐色，布有灰黑色细点，基线双线黑色，波浪形，自前缘脉至 1 脉，内线双线黑色，波浪形外斜，剑纹黑边，环纹圆形，中有灰圈，黑边，肾纹中有黑褐曲纹，黑边，中线不清晰，黑色波浪形，自前缘脉外斜至肾纹内后端折角内斜，外线双线黑色，波浪形，自前缘脉外弯至 4 脉后内弯，外区前缘脉上有一列白点，亚端线黑色外衬褐灰色，内侧有黑褐纹，在 7 脉处外凸，中段外弯，端线由一列黑点组成；后翅褐色，缘毛端部灰色，腹部灰褐色。

图 5-9　涵切夜蛾 *Euxoa intracta*

【寄主】胡豆、白菜、萝卜、油菜、豌豆、芦笋、胡萝卜、四季豆、春洋芋、杂草。
【分布】中国四川、西藏；日本，印度，尼泊尔。

冬麦沁夜蛾 *Rhyacia augurids* (Rothschild, 1914)（图 5-10）

【形态特征】

幼虫　体长 35 mm 左右。黄褐色。头部唇基为等腰三角形，颅中沟长度与唇基的高约等。从四龄起 1~8 腹节在亚背线处各有一对很明显的黑褐色条纹，从背面看呈“八”字形；Dl 毛的内侧有一半圆形的黑褐色斑。气门上线有明显的褐色斜纹，与亚背线的褐条也组成“八”字形。

成虫　翅展 40 mm。头、胸及前翅灰褐色杂少许黑色，前翅基线及内线均双线黑色，中、外线黑色，亚端线灰色，外线与亚端线锯齿形，环纹与肾纹灰黄色；后翅浅褐色；腹部褐色。

图 5-10　冬麦沁夜蛾 *Rhyacia augurids*

【寄主】小麦、蒲公英、酸模、矢车菊及橐吾属植物。

【分布】中国新疆；中亚地区，欧洲，非洲北部。

疆夜蛾 *Peridroma saucia* (Hübner, 1808)（图 5-11）

【形态特征】

幼虫　体色随龄期而变化，老熟幼虫头部黑褐色，胸腹部绛色。背线明显，表皮粗糙，唇基略呈半月形，第 5 腹节背面有明显的黑色斑，向前逐渐减弱，成等边三角形，臀板呈黄褐色。

成虫　翅展 49 mm。头部暗棕色；胸部红褐色；前翅灰褐色微黑，中室及前缘区赭红，密布细黑点，各横线前端为黑点，基线、内线双线黑色，剑纹、环纹及肾纹黑边，外线黑色锯齿形，亚端线不清晰，内侧有暗点；后翅白色半透明，翅脉与端区黑棕色；腹部灰棕色。

图 5-11　疆夜蛾 *Peridroma saucia*

【寄主】杂。主要寄主植物包括禾谷类(如玉米、高粱、燕麦、小麦)、马铃薯、豆类(如大豆、菜豆)、蔬菜类(如油菜、甘蓝、白菜、塌棵菜、青菜、萝卜、荠、辣椒、南瓜)、杂草(如车轴草)及牧草。

【分布】中国宁夏、甘肃、青海、四川、云南、西藏;欧洲,中亚,美洲,非洲。

八字地老虎 *Xestia c-nigrum* (Linnaeus, 1758)(图 5-12)

【形态特征】

幼虫 体长 33~37 mm。头部亮褐色,顶带宽,头部中央有一对黑色弧形纹。体色变异较大,由黄至褐色。体表光滑,满布不规则的褐色网状斑纹。背线灰色、亚背线呈黑褐色断续斑纹,从背面看排成“八”字形,以身体后端者较为明显。

成虫 翅展 29~36 mm。头、胸褐色;前翅灰褐带紫色,前缘区中段浅褐色,基线、内线及外线均双线黑色,环纹宽“V”字形、肾纹中等长,亚端线浅黄色,内侧微黑,前端有二黑齿形斜条;后翅黄白微带褐色;腹部褐色带紫。

图 5-12 八字地老虎 *Xestia c-nigrum*

【寄主】棉、玉米、麦、荞麦、甜菜、亚麻、大豆、豌豆、茄子、番茄、马铃薯、甘薯、萝卜、甘蓝、葱、烟、草莓、葡萄、柑橘及柳等。

【分布】中国全国;日本,朝鲜,印度,欧洲,美洲。

褐宽翅夜蛾 *Naenia contaminata* (Walker, 1865)(图 5-13)

别名:宽翅地老虎

【形态特征】

幼虫 体长 37~40 mm。扁桶形。前胸背板黄褐色。腹部灰绿色,背线、亚背线、气门线明显,灰白色;腹节背面生 4 个瘤点,呈梯形排列,气门的上、下、后方各有一瘤点,排成三角形。瘤点黑褐色, 中央生黑色针状刚毛一根,臀板灰黑色。

成虫　翅展 40~50 mm。头、胸及前翅褐色，头顶色稍浅。前翅基线、内线及外线均双线黑色，中线暗褐色，亚端线浅褐色，锯齿形，剑纹扁圆，环纹大，斜圆形，肾纹大，中有暗环，亚端线内侧有黑齿纹；后翅暗褐色；腹部灰褐色。

图 5-13　褐宽翅夜蛾 *Naenia contaminata*

【寄主】碱毛菊、黄篙、小旋花、蓟菜、亚麻、豆类。

【分布】中国黑龙江、江苏、江西、四川；日本。

参考文献

陈一心 . 1985. 几种地老虎的鉴别 . 中国植保导刊 [J], (1): 8–17.

陈一心 . 1985.《中国经济昆虫志》第三十二册 鳞翅目 夜蛾科（四）[M]. 北京：科学出版社 .

陈一心 . 1999.《中国动物志》（昆虫纲 第十六卷 鳞翅目 夜蛾科）[M]. 北京 : 科学出版社 .

戴淑慧 王敬儒 毛倍心 郭成刚 . 1981. 冬麦地老虎的初步研究 [J]. 昆虫知识 , 1: 12–14.

官鸿辉 . 1976. 暗褐地老虎的研究简报 [J]. 昆虫知识 , 10: 18, 30.

何继龙 傅天玉 . 1984. 八种地老虎幼虫记述 [J]. 上海农学院学报 , 2 (1): 41–51.

旷昌炽 . 1985. 疆夜蛾生物学与防治的研究 [J]. 昆虫知识 , 2: 61–64.

刘宴亮 杨四美 黄先祥 . 1984. 显纹地老虎初步观察 [J].. 新疆农业科学 , 5: 17–18.

孙太安 . 2002. 小麦切根虫的发生与危害 [J].. 华中昆虫研究 , 1: 153–154.

田绍义 . 1983. 宽翅地老虎的观察研究 [J].. 河北农学报 , 8(2): 51–53, 61.

杨定 , 张泽华 , 张晓 , 等 . 2013. 中国草原害虫图鉴 [M]. 北京：中国农业科学技术出版社 .

杨定 , 张泽华 , 张晓 , 等 . 2013. 中国草原害虫名录 [M]. 北京：中国农业科学技术出版社 .

朱弘复 , 陈一心 . 1963.《中国经济昆虫志》第三册 鳞翅目 夜蛾科（一）[M]. 北京：科学出版社 .

朱弘复 , 方承莱 , 王林瑶 . 1963.《中国经济昆虫志》第七册 鳞翅目 夜蛾科（三）[M]. 北京：科学出版社 .

朱弘复 , 杨集昆 , 陆近仁 , 等 . 1964.《中国经济昆虫志》第六册 鳞翅目 夜蛾科（二）[M]. 北京：科学出版社 .

第六章　弹尾目
Collembola

概　述

跳虫简称姚，是弹尾纲动物的总称，广泛分布于全世界的各种陆生环境，是三大土壤动物（线虫、螨、跳虫）之一。目前全世界已知跳虫约 8000 种，中国已知约 350 种。

跳虫原生无翅，身体分为头、胸、腹三部分或部分愈合（图 6-1A）。头部具分节触角，有眼区但非复眼，口器为内口式。胸部 3 节，每节具 1 对足。腹部 6 节，第Ⅰ、Ⅲ、Ⅳ腹节上分别具腹管（又称粘管）、握弹器、弹器 3 种特化器官。

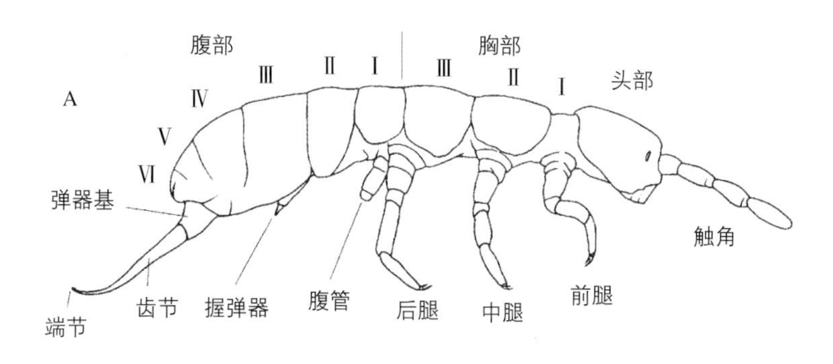

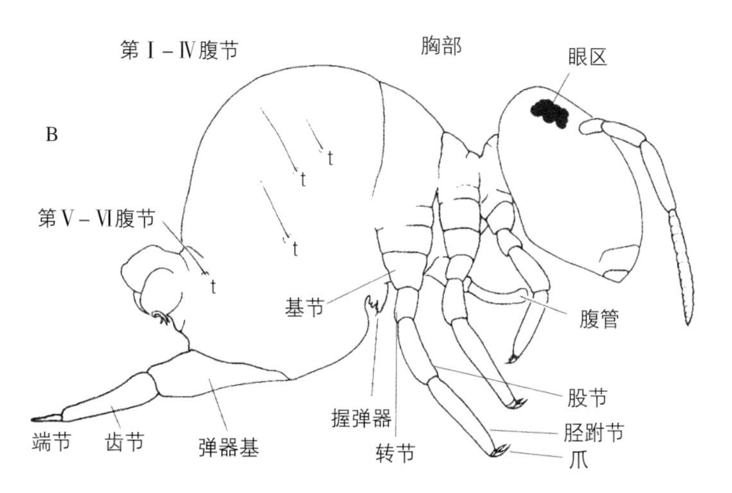

图 6-1　跳虫及主要器官示意图（仿 Deharveng et Bedos，2004）
A. 等节姚；B. 愈腹姚

（一）体型、体色

1. 体型

跳虫体型微小，成体一般在 1～5mm，大多在 1mm。体或细长，或粗短，或成球形（图 6-1B），类群间变化较大。

2. 体色

大部分类群有体色，色素均匀分布或形成斑纹，通常是背面深腹面浅。色素的密度和面积也会随着个体的成长而增加，初生（一龄）虫除眼斑外通常是无色的。长角䖴总科和愈腹䖴目经常会出现有显著特点的斑纹，常常有助于种类的区分，但有时体色的种内变异偏大，导致该特征不太可靠。

在有鳞片的类群中，鳞片有时也会呈现一定的颜色，多为褐色，此时体色将是体表色素和鳞片颜色的综合体现。

（二）头部

1. 触角

触角一般分为 4 节，第Ⅰ、Ⅱ两节或分为两亚节（短腹䖴亚科），第Ⅲ、Ⅳ两节或分成很多亚节（愈腹䖴目、鳞䖴亚科和部分长角䖴，图 6-2）或在腹面部分愈合（短角圆䖴目）。

触角长度以及各节的比例也是常用的分类特征。原䖴目的触角与头长约等长，长角䖴目和愈腹䖴目的触角明显长于头长，而短角圆䖴目则相反。触角各节长度一般是逐节递增，仅在鳞䖴亚科、伪圆䖴科及少数长角䖴中第Ⅲ节远长于末节。触角具有多种感觉毛和感受器。末节顶端或具一可伸缩囊泡，常分成几瓣，称之为端泡。少数雄性愈腹䖴触角中间两节会强烈特化，形成抱握器。

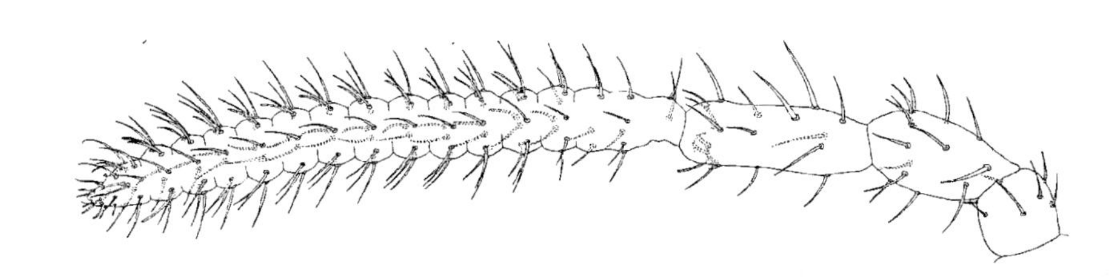

图 6-2　愈腹䖴（*Caprainea marginata*）的触角，末节分成很多亚节（仿 Nayrolles,1991）

2. 角后器

角后器位于触角基部和眼区之间，通常出现于原䖴目和等节䖴科，形状变化较大。等节䖴的角后器主要为圆或椭圆形，有时会被隔成两部分（图 6-3A）。大部分原䖴的角后器由一系列相对独立的瓣状物组成（图 6-3B）。棘䖴科的角后器较为复杂，通常由许多颗粒物排成两行，颗粒形状简单或次生出很多泡状物（图 6-3C）。

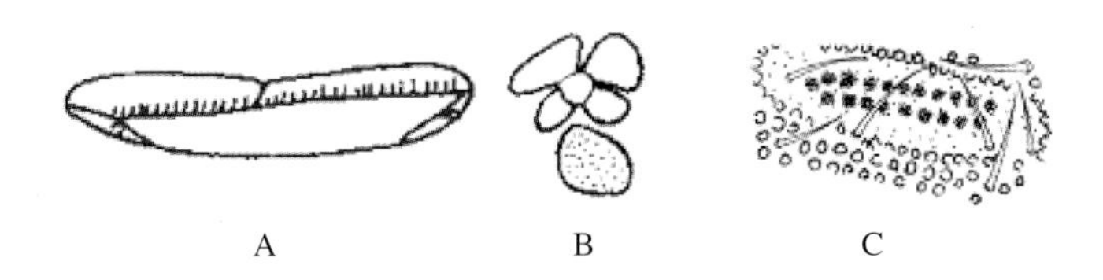

图 6-3　角后器

A. 湖北符䖴 *Folsomia hubeiensis* Ding et al.；B. 四毛球角䖴 *Hypogastrura quadritenenta* Jiang et Chen；C. 棘䖴 *Allonychiurus megasomus* Sun

3. 眼

眼区位于触角之后，每个眼区最多由 8 个小眼组成，分别命名为 A–H（图 6-4）。眼区小眼的数量和小眼的相对位置、大小是很稳定的分类特征。

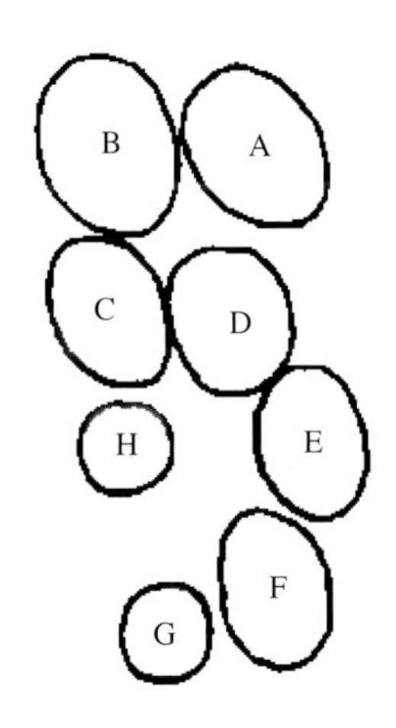

图 6-4　双色拟刺齿䖴 ***Sinhomidia bicolor*** **(Yosii)** 的右眼

4. 口器

跳虫的口器是咀嚼型的内口式，具大颚、小颚、上唇和下唇等结构（图 6-5，图 6-6）。

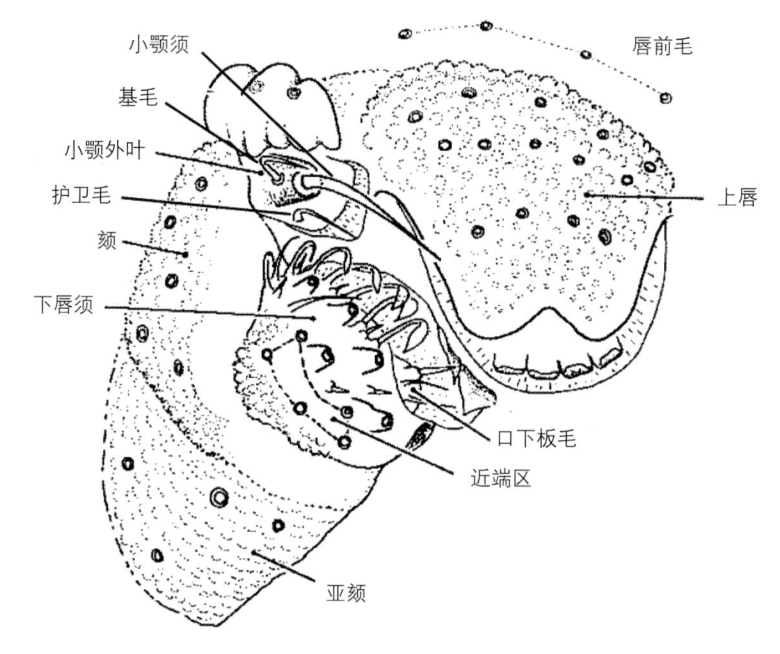

图 6-5 跳虫口器外观（仿 Fjellberg，1998/1999）

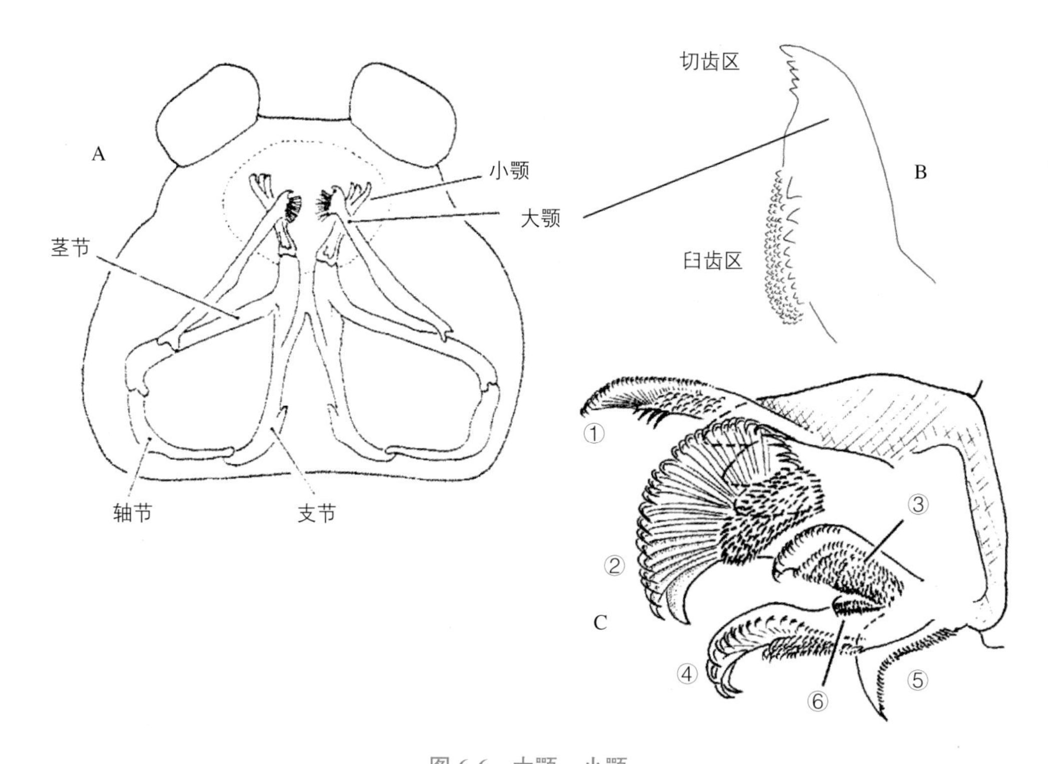

图 6-6 大颚、小颚

A. 示意图（仿 Fjellberg，1998）；B. 大颚；

C. 小鳞䖴（*Tomocerus minor* (Lubbock)）的小颚头（仿 Fjellberg，2007）

（三）胸部

胸部具三对足，从基部到末端分别为基节、转节、股节、胫跗节、前跗节和爪。基节又分为 2 或 3 个亚节。

爪由大爪和小爪构成。大爪通常尖矛状，略往身体内侧弯曲，常具齿（内、外、侧），齿的形态、位置和数量有重要分类价值。小爪一般也呈尖矛状，但较大爪更细长，或具齿，通常在原䖴目和等节䖴科中退化或缺失。胫跗节近末端外侧常具 1 或多根黏毛，黏毛末端细尖或膨大状。于长角䖴总科和鳞䖴总科中转节可能具有转节器，是由一些粗状刺状刚毛组成。

（四）腹部

跳虫的腹部分为 6 节，各节长度在不同类群中差异很大，或大致相等（等节䖴）或部分体节特化（如长角䖴总科）。有些类群的腹节会少数愈合（如部分等节䖴），或完全愈合（如短角䖴目）。

腹管位于第 I 腹节腹面中央，呈圆形或圆柱形，末端具一可翻转的囊泡，是维持水和离子平衡的重要器官。腹管以及端囊的长度在不同类群中相差很大。

握弹器位于第 III 腹节中央，是一个很小的构造（图 6-7），由主体和两个分支组成。主体通常具 1 或多根毛。分支抓住弹器防止其伸展，典型的分支具 4+4 齿，或 有简单变异。原䖴目握弹器退化。有些愈腹䖴目的主体会衍生出一些小构造。

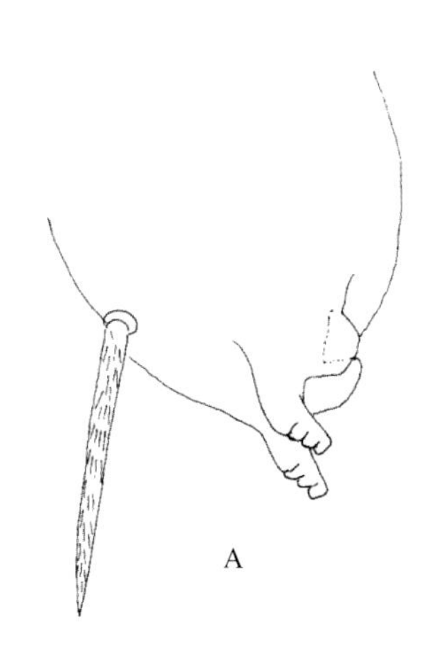

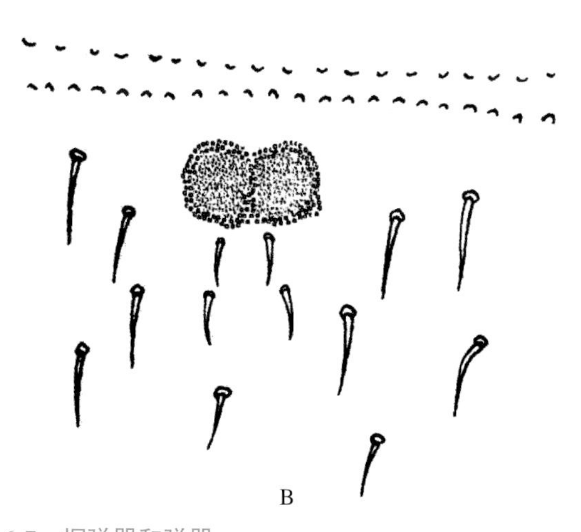

图 6-7　握弹器和弹器

A. 握弹器，侧面观，利氏裸长䖴 *Sinella lipsae* Zhang et Deharveng；B. 弹器残余，棘䖴 *Allonychiurus megasomus* Sun et al.

弹器是跳虫特有的跳跃器官，位于第 IV 腹节腹中央，在长角䖴目中弹器后移，看似从第 V 腹节衍生出来。弹器由弹器基、叉状齿节和齿节末端端节组成。各节长度比例、齿节和端节的形状、以及刚毛毛序是弹器上重要的分类特征。

跳虫的生殖区位于第 V 腹板，但不像昆虫的外生殖器那样明显，通常呈圆或椭圆形区，并附着刚毛（图 6-8）。雌性生殖区开口呈横细缝状，雄性呈纵裂状并在身体内部可见一输精管与其相连。生殖区刚毛的形态和数量是重要分类特征。

臀刺常见于等节䖴科和原䖴目，成对（偶不成对）位于腹部末两节，呈粗刺状。

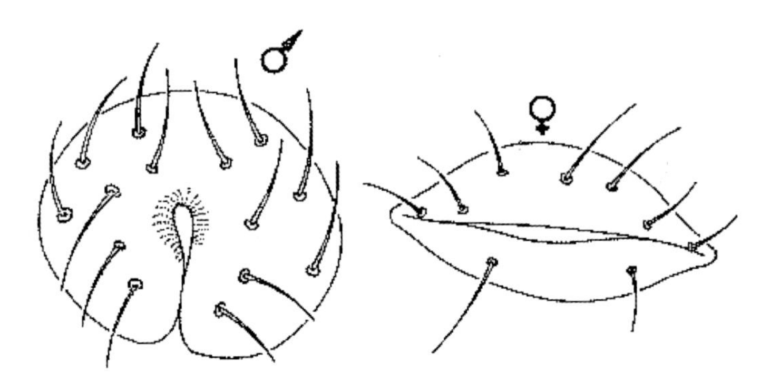

图 6-8　生殖区（仿 Jordana et al.，1997）

（五）表皮衍生物

跳虫表皮附属物主要是各种类型的刚毛和感受器，部分类群具鳞片，还有一些特殊的构造，如伪孔和假眼等。

1. 刚毛

刚毛通常着生于毛窝中，但经常丢失尤其是封片过程中，仅留下毛窝。光学镜下常见类型主要有以下几种：普通毛、感觉毛、陷毛。

大部分普通毛从基部向末端渐细，毛的表面或光滑或各种程度的纤毛化（图 6-9）。

图 6-9　不同刚毛的纤毛化（仿 Massoud et Ellis,1977）

大毛本质上也是普通毛，一般明显长于和粗于普通毛，更弯曲，在不同类群中形态略有不同；等节䖴科的大毛于体节上的着生位置相对固定，或光滑或略纤毛状，但长度有时仅略长于普通毛，较难区分；长角䖴总科和鳞䖴总科的大毛纤毛化程度很高，末端并不明显渐细而呈钝状甚至平截状（图 6-10）。除大毛外的普通毛也称为小毛，长角䖴的部分小毛有时毛孔也偏大，长度与大毛相若，但末端仍旧渐细，称为中毛（图 6-10B）。

感觉毛数量远少于普通毛，着生于触角和背板上，光镜下看起来更透明，末端钝状，形状、长短和粗细变化很大（图 6-11）。小感觉毛是背板上一类特殊的感觉毛，形状特殊且位置较为固定，通常明显短于但偶尔会接近普通感觉毛（图 6-12B）。

陷毛仅存于长角䖴目和愈腹䖴目，是一种极为细长并略纤毛状的毛，毛孔比普通毛显得更深更宽（图 6-12C）。

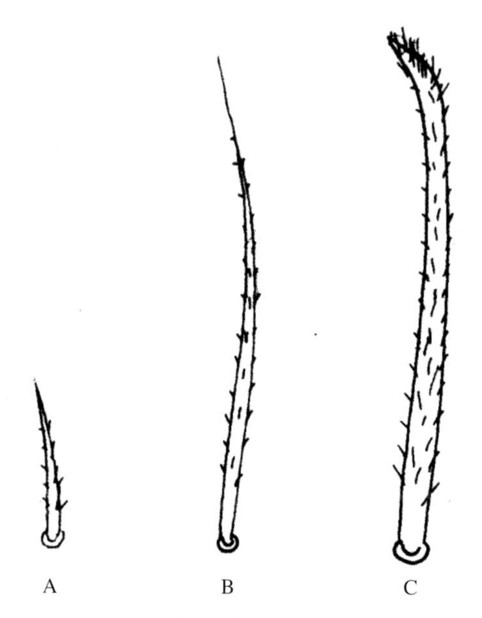

图 6-10　长角䖴总科的刚毛
A. 小毛；B. 中毛；C. 大毛

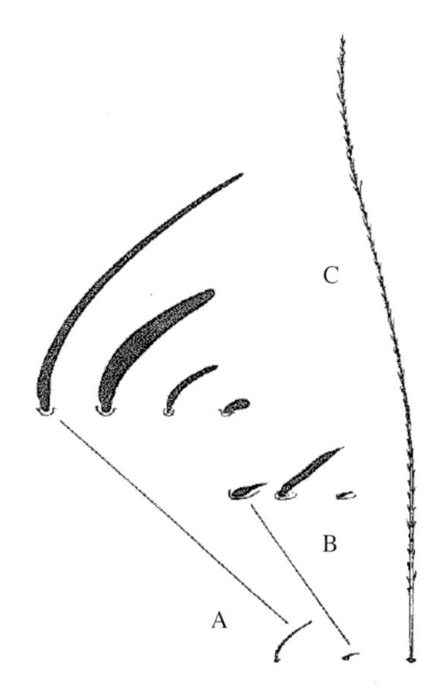

图 6-12　等节䖴的感觉毛和陷毛（仿 Potapov，2001）
A. 感觉毛；B. 小感觉毛；C. 陷毛

图 6-11　感觉毛的形状（仿 Massoud et Ellis,1977）

2. 鳞片

鳞片与刚毛同源，基部也是着生于类毛窝的孔里，仅存在于鳞䖴总科和长角䖴总科。

3. 假眼

假眼圆形或椭圆形孔状物，孔内有一些内含物，推测可以分泌液体进行防御，是棘䖴科和土䖴科特有的一种构造，成对出现于头部、背板和腿基部。它的数量和分布是该科很重要的分类特征。

种检索表

1.	体呈近球形	绿圆䖴 ***Sminthurus viridis*** **(Linnaeus)**
	愈腹䖴科体呈长形	**2**
2.	前胸背板不退化，具刚毛	**3**
	前胸背板退化，不具刚毛	**5**
3.	体色较深，不具假眼	球角䖴科 **4**
	体色近白色，具假眼	䖴科 德氏滨棘䖴 ***Thalassaphorura encarpata*** **(Denis)**
4.	大爪具一内齿一侧齿，臀刺较长	普通泡角䖴 ***Ceratophysella communis*** **(Folsom)**
	大爪不具齿，臀刺较短	长春奇䖴 ***Xenylla changchunensis*** **Wu & Yin**
5.	第四腹节长于第三腹节	长角䖴科 **6**
	第四腹节短于第三腹节	等节䖴科 **7**
6.	体黑紫色，小眼数量 8+8	黑长角䖴 ***Entomobrya proxima*** **Folsom**
	体白色，小眼数量 2+2	曲毛裸长角䖴 ***Sinella curviseta*** **Brook**
7.	小眼数量 2+2	二眼符䖴 ***Folsomia diplophthalma*** **(Axelson)**
	无眼	**8**
8.	弹器端节具一齿	棘类符䖴 ***Folsomina onychiurina*** **(Denis)**
	弹器端节具二齿	**9**
9.	弹器基腹面具 4+4 根刚毛	粪符䖴 ***Folsomia fimetaria*** **(Linnaeus)**
	弹器基腹面具 16~32 根刚毛	白符䖴 ***Folsomia candida*** **Willem**

一、球角䖴科 Hypogastruridae

旧称紫䖴，亦称烟灰虫。身体多粗壮，前胸背板不退化，具有刚毛。体色多较深。体表不具有假眼结构。大颚具有臼齿盘。头部有角后器。附肢多粗短。触角第四节不具有特殊感觉器和钝疣突。腹部末端有臀刺。

普通泡角䖴 *Ceratophysella communis* (Folsom, 1898)（图 6-13）

【形态特征】

体长不超过 1.8mm。体色深褐或蓝黑。小眼 8+8 个。触角第三四节间具一发达的翻缩泡，平时收纳在触角内。角后器分四叶。黏毛尖细。大爪具一内齿及一对侧齿。握弹器具 4+4 齿。弹器齿节背面具 7 根刚毛。端节船型，有明显外膜。臀刺发达，和大爪等长，臀刺基座高耸。

【寄主】食用菌，天麻。

【分布】中国山西、河南、福建、台湾。

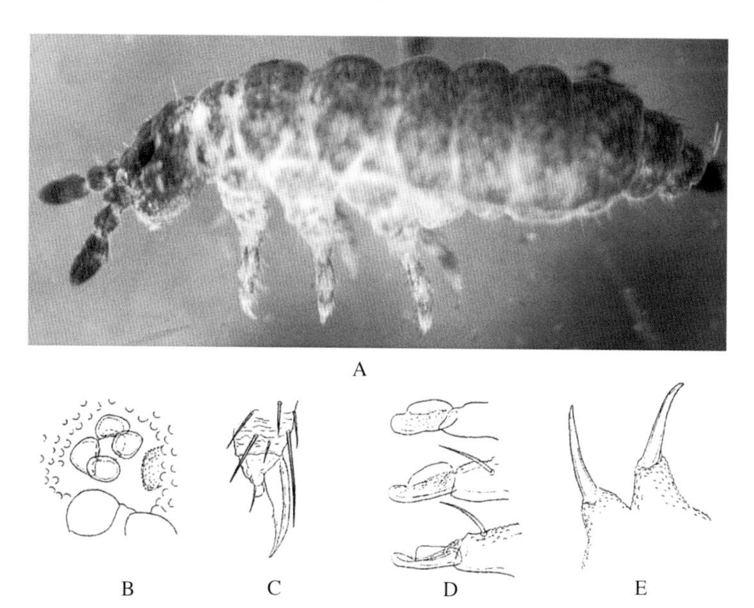

图 6-13 普通泡角䖴 *Ceratophysella communis*（Folsom）（B–E 仿 Yosii）
A. 全型；B. 角后器；C. 爪；D. 端节；E. 臀刺

长春奇蛾 *Xenylla changchunensis* Wu & Yin, 2007（图 6-14）

【形态特征】

体长不超过 0.8mm。体色呈红褐色。触角第四节具 4 根特化感觉毛。胫跗节具两根末端膨大的长黏毛。大爪无齿。腹管具 4+4 刚毛。握弹器具 3+3 齿。弹器齿节宽阔，背面具 2 根刚毛。端节较直，无齿。臀刺较短，为大爪的 1/4 长，着生于弱化的基座。

【寄主】食用菌、天麻。

【分布】中国吉林。

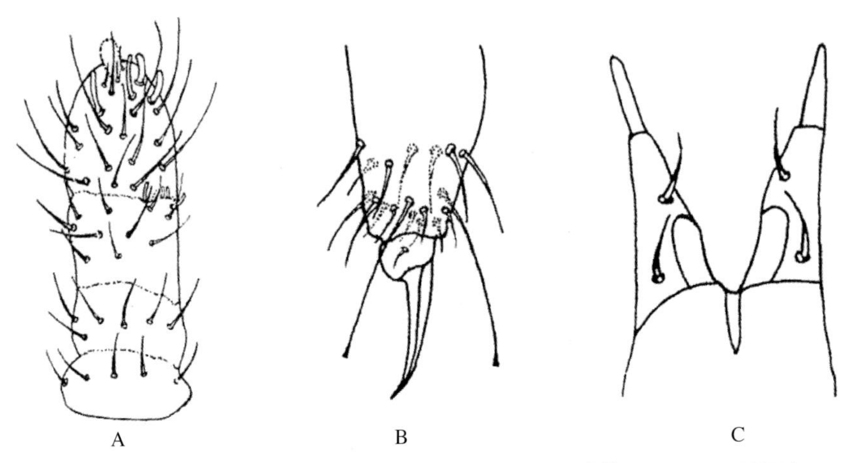

图 6-14　长春奇蛾 *Xenylla changchunensis* Wu & Yin（仿 Wu & Yin 2007）
A. 触角；B. 胫跗节和爪；C. 弹器

二、棘䖴科 Onychiuridae

身体细长或粗壮，前胸背板不退化，具刚毛。体色多为白色。无眼。体表具有假眼结构。角后器形态多变。附肢粗短。弹器多退化消失或仅剩残余。腹部末端具有臀刺。

德氏滨棘䖴 *Thalassaphorura encarpata*（Denis, 1931）（图 6-15）

【形态特征】

体长不超过 1.6mm。体呈白色。假眼排列为：头部前方 3 个，后方两个，从前胸至第五腹节依次为 2，3，3，3，3，3，4，3 个。触角与头部等长。角后器有 22~25 个小泡，呈两行排列。大爪无齿，小爪细长，与大爪内缘等长，无内基膜。弹器退化，弹器残余后方具 4 根小毛，呈两行排列。

【寄主】食用菌、天麻。

【分布】中国安徽、广西、江苏、陕西。

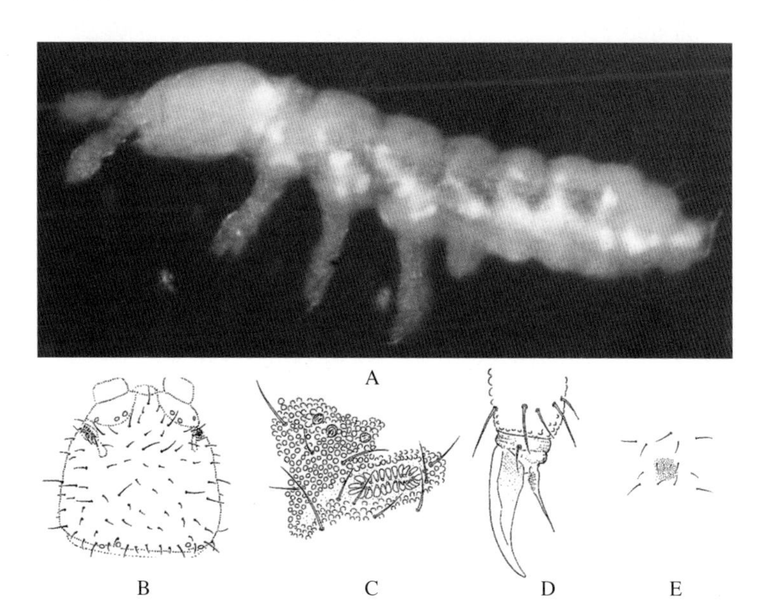

图 6-15 德氏滨棘䖴 *Thalassaphorura encarpata*（Denis）（B–E 仿 Pomorski, 1998）
A. 全型；B. 头部；C. 角后器；D. 爪；E. 弹器残余

三、等节䖴科 Isotomidae

等节䖴身体细长或粗壮，前胸背板退化，腹部第三四节基本等长，腹末二或三体节常愈合。体色散布，斑点状或无色。体无鳞片。触角四节，不分亚节；触角第四节顶端常具端泡、亚端小感觉毛、针状毛等结构。角后器简单，中部常缢缩，形状和大小多样，部分类群无角后器。每侧眼区具 0~8 小眼。大爪常简单无齿，或具内齿、侧齿，极少具外齿。腹部第五六节常具臀刺。

粪符䖴 *Folsomia fimetaria* (Linnaeus, 1758)（图 6-16）

【形态特征】

体长大约 1.0mm，不超过 1.4mm。身体无色。第Ⅳ ~ Ⅵ 腹节愈合。触角第Ⅳ节无端泡。

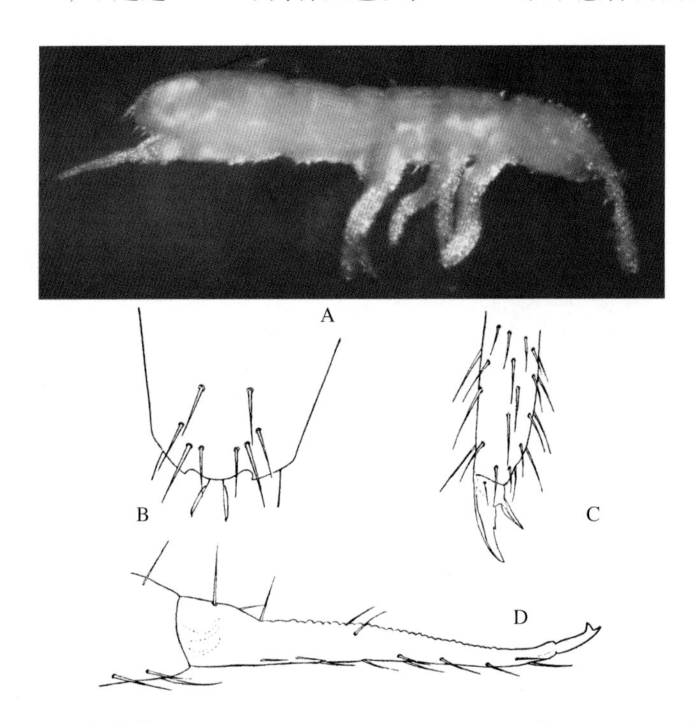

图 6-16　粪符䖴 *Folsomia fimetaria* (Linnaeus)（B–D 仿 Stach，1947）
A. 全型；B. 弹器基腹面；C. 后足端部；D. 齿节和端节外侧

角后器狭长；长度与触角第Ⅰ节宽度相等或稍短。无眼。小颚须双分叉。爪具内齿。腹管侧瓣具5+5根刚毛，后侧具5~6根。握弹器具4+4齿，1根刚毛。弹器基腹面具4+4根刚毛；齿节较长，腹面具18~24根刚毛，背面具5根；端节具2齿。无臀刺。

【寄主】食用菌，天麻。

【分布】中国吉林。

白符䖴 *Folsomia candida* Willem, 1902（图6-17）

【形态特征】

体长多变，成体长度0.9~2.5mm。身体白色。第Ⅳ ~ Ⅵ 腹节愈合。触角第Ⅳ节无端泡。角后器椭圆形；长度为触角第Ⅰ节宽度的0.5~0.9倍。无眼。小颚须双分叉。大爪有或无内齿，无侧齿；小爪常具小的端丝。腹管侧瓣具9–16+9–16根刚毛，后侧具7~12根刚毛。握弹器具4+4齿，1根刚毛。弹器长，弹器基腹面具16~32根刚毛；齿节腹面具20~40根刚毛，背面通常具7~10根刚毛；端节具2齿。无臀刺。

【寄主】食用菌、天麻。

【分布】中国浙江、湖南、广东。

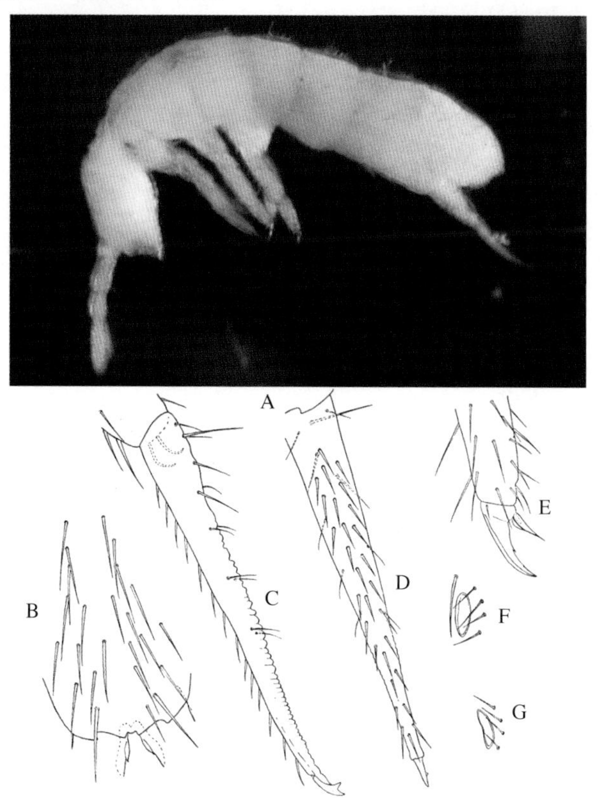

图6-17 白符䖴 *Folsomia candida* Willem（B–G仿Stach，1947）

A. 全型；B. 弹器基腹面；C. 齿节和端节腹面；D. 齿节和端节侧面；E. 后足端部外侧；F,G. 角后器。

二眼符蛛 *Folsomia diplophthalma* (Axelson, 1902)（图 6-18）

【形态特征】

外观与白符蛛类似。体长不超过 1.4mm。身体白色。角后器的长度大于触角第 I 节宽度。小眼 1+1。小颚须双分叉。爪具侧齿。腹管侧瓣具 4+4 根刚毛。弹器基腹面一般沿纵向排列 4+4 根刚毛（变化范围可从 2+3 根到 6+6 根），背面侧基区 4+4 根，中央区 6–7+6–7 根，近端区 2+2 根，端区 1+1 根；齿节腹面具 15（14–17）根刚毛，背面具 6 根刚毛。

【寄主】食用菌，天麻。

【分布】中国上海、江苏、浙江、陕西。

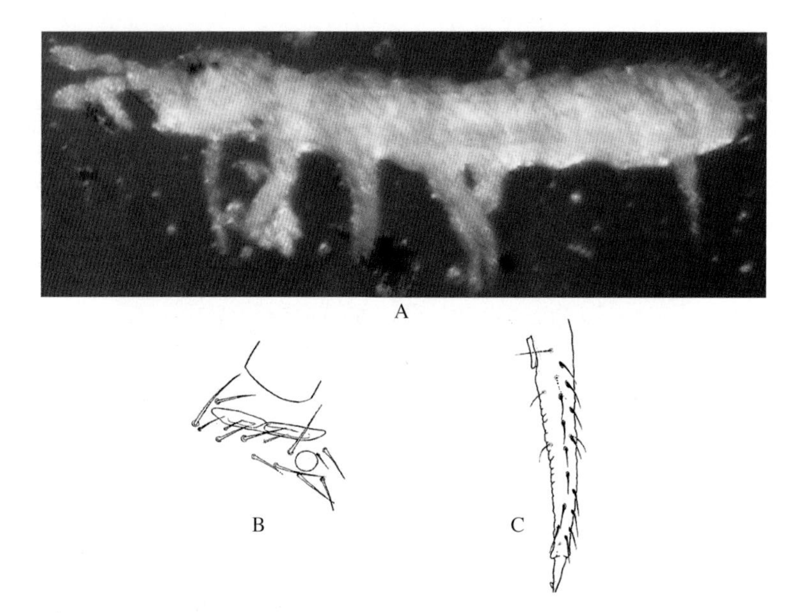

图 6-18　二眼符蛛 *Folsomia diplophthalma* (Axelson)（B 仿 Stach，1947，C 仿 Potapov & Dunger，2000）
A. 全型；B. 角后器和眼；C. 齿节和端节腹面

棘类符蛛 *Folsomina onychiurina*（Denis, 1931）（图 6-19）

【形态特征】

体长不超过 0.5mm。身体无色。腹部第Ⅳ～Ⅵ节愈合。触角第Ⅳ节具 2 根短而圆的卵圆形感觉毛，3 根肋形的感觉毛，数根粗钝的感觉毛。无角后器。无眼。小颚须双分叉；具 4 根护卫毛。爪不具齿。具小爪。腹管前侧具 1+1 根刚毛，侧瓣具 4+4 根，后侧具 4 根。弹器基腹面具 1+1 刚毛；齿节腹面具 17～22 根刚毛，背面具 6 根（基部 4 根，中间 2 根）；端节具 1 齿，镰刀状。腹部第 V 节侧面的感觉毛较粗。胸部腹面无刚毛。无臀刺。

【寄主】食用菌。

【分布】中国浙江、湖南、广东、海南、贵州。

五、愈腹䗛科 Sminthuridae

体近球形，前部体节愈合成为大腹，第五六腹节形成小腹，体被多数大毛，前胸退化，第五腹节具一对陷毛，触角明显长于头部，于第三四节间弯曲，第四节分为多个环状亚节，明显长于第三节，步足细长，前跗节具一对刚毛，雌性体末端腹面具一对特化刚毛，称为肛附器，肛附器尖端向后或指向肛门。

绿圆䗛 *Sminthurus viridis* (Linnaeus, 1758)（图 6-22）

【形态特征】

体长最大 3.0mm，体色浅绿或浅黄，某些种群大腹具有暗色斑，头顶与大腹具有较长的具纤刚毛。中后腿股节前侧具有近端刚毛，后腿亚基节具有一根远端刚毛，大爪细长，

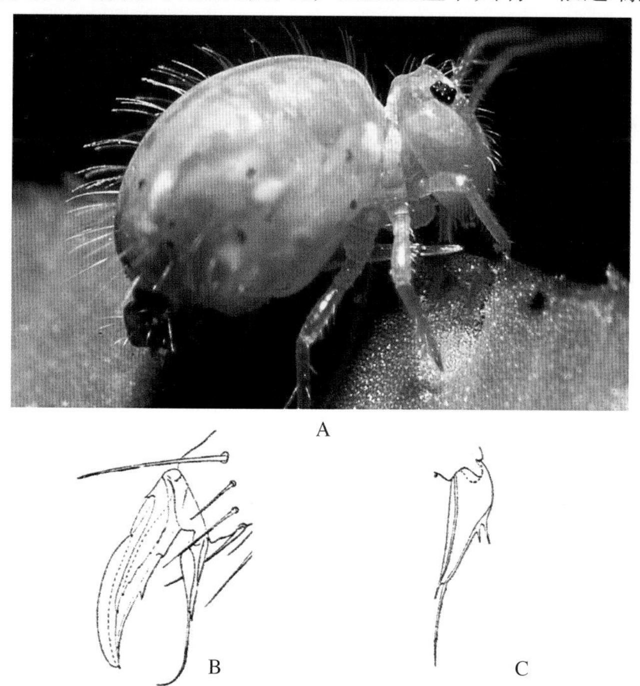

图 6-22　绿圆䗛 *Sminthurus viridis* (Linnaeus)（A 仿 Bellinger et al. 1996–2014，B–C 仿 Stach, 1956）
A. 全型；B. 爪侧面观；C. 小爪侧面观

具有囊状膜，一内齿及一弱小外齿，小爪具 0~2 内齿，末端具有长丝状延伸。腹管具 1+1 刚毛。握弹器具 4 根刚毛。齿节刚毛排列为 3，3，3，2，2，（1），1。弹器端节两侧均光滑。第五腹节陷毛上方具一对刚毛。雌性肛附器长而尖，弯曲，光滑或顶端具纤毛。

【寄主】水稻、蒜苗、苜蓿、食用菌等低矮作物。

【分布】中国河南、黑龙江。

参考文献

贺申魁 , 王红梅 . 2013. 跳虫在西瓜嫁接育苗中的危害及防治要点 [J]. 南方园艺 , 24（1）: 50, 53.

孙艳梅 , 陈殿元 , 元明浩 , 等 . 1998. 稻苗绿圆跳虫的发生危害与药剂防治 [J]. 植物保护 , 24（6）: 24-25.

孙元 . 2012. 弹尾虫对食用菌的危害及防治 [J]. 北方园艺 , 17: 143-145.

吴才祥 . 2001. 跳虫对天麻的危害与防治 [M]. 中国食用菌 , 20（4）：21-22.

杨有权 , 吕振家 , 赵庆媛 . 1992. 轮紫斑跳虫危害大若青黄研究初报 [J]. 中国蔬菜 , 5: 7, 36.

Bellinger P F, Christiansen K A, Janssens F. Checklist of the Collembola of the World. http://www.collembola.org [accessed 20/2/2014]

第七章　等翅目

Isoptera

概　述

等翅目昆虫通称白蚁。口器咀嚼式，触角念珠状。有翅成虫2对翅狭长，膜质，前、后翅质地、大小、形状及脉序均相同。翅飞行一次后即脱落。足跗节4或5节，有2爪。腹部10节，第1腹板退化，尾须短，1~8节。渐变态。多型性社会性昆虫。有些种类对建筑物、堤坝、树木和农作物有很大破坏性。世界已知2600余种，我国470余种。

鼻白蚁科和白蚁科主要种检索表

基于兵蚁的特征

1. 前胸背板平坦，无前部隆起部分 ······ **鼻白蚁科 Rhinotemitidae**

（1）头及触角浅黄色，上颚镰刀形，前胸背板平坦，腹部乳白色 ······ **台湾乳白蚁 *Coptotermes formosanus***

腹部黄白色 ······ （2）

（2）上颚棕褐色，颚基赤黄色 ······ **尖唇散白蚁 *Reticulitermes aculabialis***

上颚紫褐色，其余近乳白色 ······ （3）

（3）前胸背板甚狭于头，前缘较直并较后缘为宽 ······ **圆唇散白蚁 *Reticulitermes labralis***

前胸背板前缘明显宽于后缘 ······ （4）

（4）头小，头色通常略浅淡，呈淡黄褐色，上颚较细狭，端部较细，上唇矛状 ······ **黄胸散白蚁 *Reticulitermes flaviceps***

头、触角黄色或褐黄色 ······ （5）

头部淡褐黄色，前方较老暗 ······ （6）

（5）上颚暗红褐色，腹部淡黄白色 ······ **黑胸散白蚁 *Reticulitermes chinensis***

（6）大颚基部赤褐，末端暗色，前胸背各缘淡褐，余带白色 ······ **栖北散白蚁 *Reticulitermes speratus***

2. 前胸背板前、中部分翘起 ······ **白蚁科 Termitidae**

（1）头部背面卵形，上颚镰刀形，左上颚中点前方有1显著的齿。右上颚有1不明显的微齿 ······ **黑翅土白蚁 *Odontotermes formosanus***

右上颚无齿 ······ （2）

（2）上颚粗壮，左上颚中点之后有数个不明的浅缺刻及1个较深的缺刻 ······ **黄翅大白蚁 *Macrotermes barneyi***

上颚镰刀形，颚短弯曲，左上颚长约头宽的一半 ······ （3）

（3）头褐色带黄，触角黄褐色，上唇和头同色 ………… **贵州土白蚁 *Odontotermes guizhouensis***
头深黄色，腹部淡黄或黑白而微具红色 …………………………………………………………… （4）
（4）前胸背板前缘及后缘的中央有凹刻 ………………… **海南土白蚁 *Odontotermes hainanensis***

基于有翅成虫的特征

1. 前翅翅鳞与后翅翅鳞重叠明显 ……………………………………………… **鼻白蚁科 *Rhinotemitidae***
（1）头背面深黄色，胸腹部背面黄褐色，腹部腹面黄色，翅为淡黄色，前胸背板前宽后狭，前后缘向内凹。前翅鳞大于后翅鳞 …………………………… **台湾乳白蚁 *Coptotermes formosanus***
头、胸皆黑色，腹部颜色稍淡 ………………………………………………………………………… （2）
（2）触角、腿节及翅黑褐色，后唇基较头顶颜色稍淡，微隆起，呈横条状
…………………………………………………………………… **黑胸散白蚁 *Reticulitermes chinensis***
上唇透明端很尖锐 ……………………………………………………………………………………… （3）
（3）前胸背板后缘微凹 ………………………………………… **尖唇散白蚁 *Reticulitermes aculabialis***
前胸背板略平坦，前角稍下垂，前、后缘均较平直，中央均具凹刻，后缘凹刻甚浅小 …… （4）
（4）翅较宽长，超过腹端甚多，约相当于翅长的 1/2。前翅 Cu 脉具有较多的分支，约 12 个
……………………………………………………………………… **黄胸散白蚁 *Reticulitermes flaviceps***
前翅翅鳞部略呈三角形，外缘突出，切离线，翅长约为宽的 4 倍 ………………………… （5）
（5）头部黑褐、触角、发、中后二胸背、腹部背面及脚之腿节皆褐色，前翅末端圆，径分脉粗，与径脉靠近而平行，其末端部由细小之支脉数极与径脉连接 … **栖北散白蚁 *Reticulitermes speratus***
体型小，黑褐色，唇部，触角、触须较浅，胫节、跗节为淡黄色 ………………………… （6）
（6）前胸背板较宽扁，前后缘较宽，前缘较宽而平直，略向上翘起，中央凹刻宽浅，后缘中央凹刻深而明显 ………………………………………………… **圆唇散白蚁 *Reticulitermes labralis***

2. 前翅翅鳞与后翅翅鳞重叠不明显 ……………………………………………………… **白蚁科 *Termitidae***
（1）翅黑褐色，前胸背板中央有 1 淡色“+”字形纹，纹的两侧前方各有 1 椭圆形淡色点，纹的后方中央有带分枝的淡色点 ……………………………………**黑翅土白蚁 *Odontotermes formosanus***
翅黄色，体背面栗褐色，足棕黄色 ………………………………………………………………… （2）
（2）复眼及单眼椭圆形，复眼黑褐色，单眼棕黄色，前胸背板前宽后窄，前后缘中央内凹
…………………………………………………………………………… **黄翅大白蚁 *Macrotermes barneyi***
单眼远离复眼，与复眼的距离显著大于单眼本身的长度 ……………………………………… （3）
（3）头、胸、腹背面黑褐色，腹面棕黄色 ……………… **海南土白蚁 *Odontotermes hainanensis***
（4）头宽卵形，上颚较细，后颏两侧中段近平行 ……… **贵州土白蚁 *Odontotermes guizhouensis***

一、鼻白蚁科 Rhinotemitidae

鼻白蚁科白蚁群体内品级齐全，头有囟门，触角 13~23 节，足跗节 4 节，尾须 2 节。兵蚁及工蚁的前胸背板平坦，无前部隆起部分，较头狭窄。有翅成虫一般有单眼，前翅鳞一般大于并伸达后翅鳞。径脉极小，少分支或不分支。鼻白蚁科一般为土木两栖性白蚁，某些属是世界性大害虫，分布广，危害极大。几乎所有种类都均生活于地下。代表属为散白蚁属（*Reticulitermes*）、乳白蚁属（*Coptotermes*）等。

台湾乳白蚁 *Coptotermes formosanus* (Shiraki, 1909)（图 7-1 和图 7-2）

【形态特征】

兵蚁 (图 7-1，图 7-2) 体长 4~6mm。头及触角浅黄色，腹部乳白色。头部椭圆形。囟近于圆形，位于头前端的一个微突起的短管上。上颚镰刀形，前部弯向中线。上唇近于舌形。触角 14~16 节。前胸背板平坦，较头狭窄，前缘及后缘中央有缺刻。

有翅成虫　体长 13~15mm，无翅体长约 6mm。头背面深黄色。胸腹部背面黄褐色，腹部腹面黄色。翅为淡黄色。复眼近于圆形，单眼椭圆形。触角 20 节。前胸背板前宽后狭，前后缘向内凹。前翅鳞大于后翅鳞，翅面密布细小短毛。

卵　乳白色，椭圆形。长径约 0.6mm，一边较平直，短径 0.4mm 左右。

工蚁　体长 4.5~6mm。头淡黄色，圆形，胸腹部乳白色或白色。触角 15 节。前胸背板前缘略翘起。腹部长，略宽于头，被疏毛。

【危害】其食性很广，其营养物质来源于植物，以植物性纤维素及其制品为主食，兼食真菌和木质素，偶尔也食淀粉、糖类和蛋白质等等。然而，人们也常见白蚁会蛀食人造纤维、塑料、电线、电缆甚至砖头、石块、金属等，它们是以口吐乙酸之类的化学物质来腐蚀、熔化这些物件的。除此之外，也能吞食同一蚁巢内的白蚁尸体、幼蚁发育中蜕下的旧皮，在外界食料缺乏的情况下，也会吞食蚁卵甚至幼蚁。不过相互吞食不是它们的正常营养方式。

【分布】中国河北、山东、陕西、安徽以南的各省（区）。

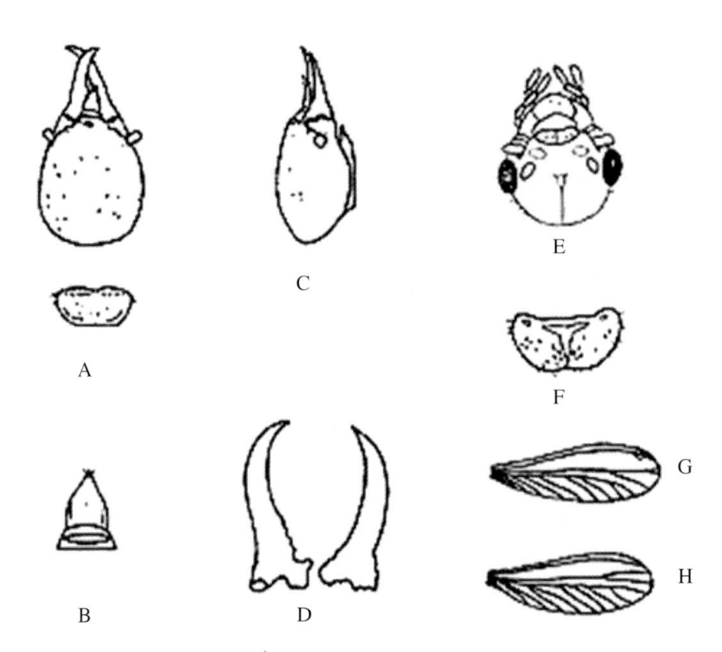

图 7-1　台湾乳白蚁 *Coptotermes formosanus* (Shiraki) (仿黄远达等)
兵蚁：A. 头及前胸背板背面观；B. 头部侧面观；C. 上唇；D. 上颚。成虫：E. 头部；F. 前胸背板；G. 前翅；H. 后翅

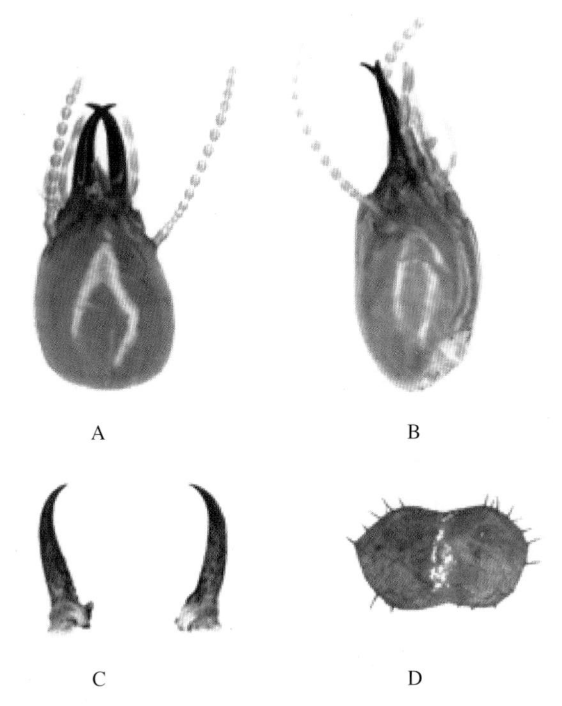

图 7-2　台湾乳白蚁 *Coptotermes formosanus* (Shiraki)（兵蚁）
A. 头部背面观；B. 头部侧面观；C. 左右上颚；D. 前胸背板

黑胸散白蚁 *Reticulitermes chinensis* (Snyder, 1932)（图 7-3 和图 7-4）

【形态特征】

兵蚁 (图 7-3，图 7-4) 头、触角黄色或褐黄色，上颚棕褐色；腹部淡黄色。头部毛稀疏，胸及腹部毛较密，头长扁圆筒形，后缘中部直，侧缘近平行。上颚长约为头长一半。中部接近直，尖端弯曲中线。前胸背板前宽后狭，前缘微翘起。前缘中央具明显的缺刻，后缘无明显的缺刻。

有翅成虫 (图 7-3) 头、胸皆黑色。腹部颜色稍淡，触角、腿节及翅黑褐色。胫节以下暗黄色。全身有颇密的毛。头长圆形，后缘圆，两侧缘略呈平行状。后唇基较头顶颜色稍淡，微隆起，呈横条状，长度仅相当于宽度的 1/4。复眼小而平，不是很圆。单眼接近圆形，单复眼距小于或等于其本身之直径。囟呈颗粒状隆起。前翅鳞显著大于后翅鳞，前翅脉：Rs 伸达翅尖，Cu 约有 10 个到 10 余个分支。

工蚁　体白色。生有均匀分布的短毛。头圆，在触角窝处略扩展。后唇基为横条状，微隆起，长度不超过宽度的 1/4。头顶颇平。触角 16 节。前胸背板的前缘略翘起，前、后缘中央略具凹刻。

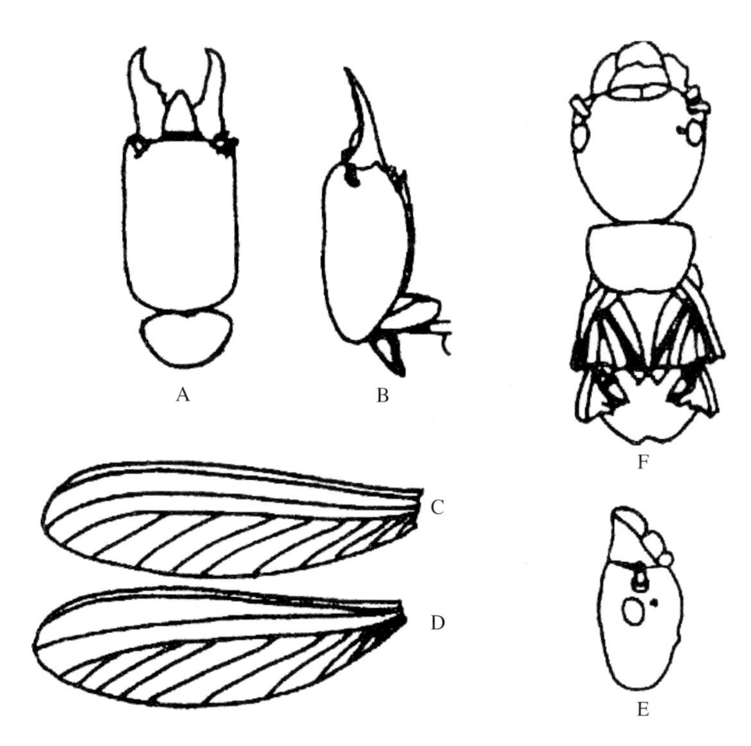

图 7-3　黑胸散白蚁 *Reticulitermes chinensis* (Snyder)(仿蔡邦华等)
兵蚁：A. 头及前胸背板背面观；B. 头及前胸背板侧面观。有翅成虫：C. 前翅；D. 后翅；E. 头部侧面观；F. 头及胸部背面观

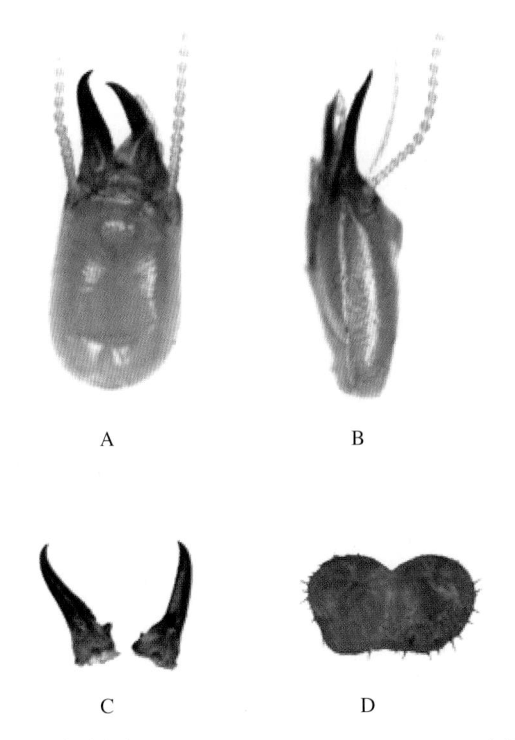

图 7-4　黑胸散白蚁 *Reticulitermes chinensis* (Snyder)（兵蚁）
A. 头部背面观；B. 头部侧面观；C. 左右上颚；D. 前胸背板

【危害】一般在房屋危害较其他蚁种危害严重，可危害到建筑物的较高部位，如楼阁栅和楼板等。

【分布】中国河北、北京、山东、河南、江苏、上海、浙江、福建、安徽、江西、湖北、湖南、广西、云南、陕西、甘肃、山西。

黄胸散白蚁 *Reticulitermes flaviceps* (Oshima, 1908)（图 7-5）

【形态特征】

兵蚁（图 7-5） 头小，头色通常略浅淡，呈淡黄褐色，两侧缘几乎平行，前端微窄，后端较宽，后角略圆。上颚较细狭，端部较细，上唇矛状。触角 15~17 节，一般 16 节。额峰显著隆起，侧视明显高出头顶。前胸背板前缘明显宽于后缘，前缘中央具深凹口，后缘凹刻弱。

有翅成虫　前胸背板淡黄色，翅浅褐色，体型中等。头近圆形。触角 16~17 节。前胸背板略平坦，前角稍下垂，前、后缘均较平直，中央均具凹刻，后缘凹刻甚浅小。翅较宽长，超过腹端甚多，约相当于翅长的 1/2。前翅 Cu 脉具有较多的分支，约 12 个。后足胫节略较长。

【危害】破坏性大，危害枯老树地下根及附近树干，室内危害潮湿腐朽的门框及墙

图 7-5　黄胸散白蚁 *Reticulitermes flaviceps* (Oshima)（兵蚁）

脚木柱。

【分布】中国安徽、江苏、浙江、福建、江西、湖南、湖北、四川、云南、贵州、广西、广东、海南等省区。

栖北散白蚁 *Reticulitermes speratus* (Kolbe, 1885)（图 7-6 和图 7-7）

【形态特征】

兵蚁（图 7-6，图 7-7）头部淡褐黄色，前方较老暗，大颚基部赤褐色，末端暗色。前胸背各缘淡褐色，余带白色。头部长约宽之 2 倍，侧缘平行，后侧角圆，顶上平坦，额孔之下前方有小突起，前额向下倾斜，触角 14~18 节，末节小，长卵形。中胸背前方狭小，前缘凹，后缘突，侧角圆。后胸背与中胸背等形，但较宽。腹部短，略呈卵形，有带褐色之短毛密布，尾毛及尾突起皆存在，体长 3.5~6mm。

有翅成虫　头部黑褐、触角、发、中后二胸背、腹部背面及脚之腿节皆褐色，前胸背黄色，上唇褐色，前头楯带白色，胫跗节皆黄色，翅为淡黑褐色，翅脉暗色。触角长，16~18 节，末节细，作长卵形，复眼圆，向侧方微突，单眼也是圆形，稍隆起，与复眼分离。前胸背狭于头部，侧缘及各角皆圆形，中胸背较前胸背长，前缘直，后缘呈双叶状，后胸背与中胸背略同，唯后缘之分裂较浅。前翅翅鳞部略呈三角形，外缘凸出，切离线直，翅长约为宽的 4 倍，末端圆，径分脉粗，与径脉靠近而平行，其末端部由细小之支脉数极与径脉连接。腹部长卵形，末端圆。体长 4.5~7.5mm。

职蚁　带白色，头部略黄白，头部宽长略等，顶圆，向前倾斜，表面生带褐色之短毛。触角颇短，12~17 节，上唇宽长相等，后方稍狭，前缘圆，前胸背狭于头部，宽约长的两倍，后方甚窄小，前、后缘皆呈双叶状，侧角圆。中胸背与前胸背等长，但前者略狭，前缘稍凹，后缘凸出。后胸背较中胸背略短而宽。腹部呈长卵形，密生短毛，有尾毛及尾突

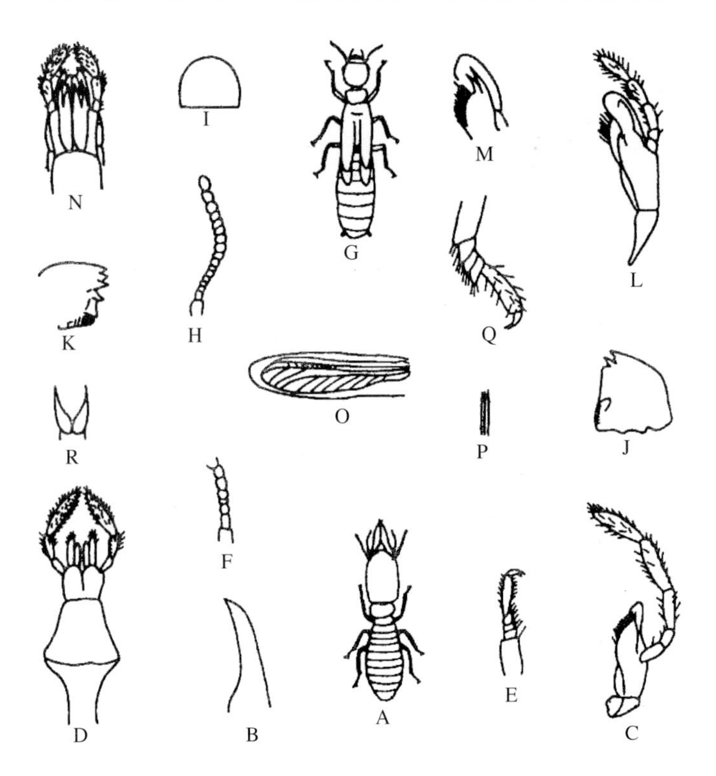

图 7-6 栖北散白蚁 *Reticulitermes speratus* (Kolbe)（仿蔡邦华等）
兵蚁：A. 兵蚁；B. 上颚；C. 下颚；D. 下唇；E. 跗节；F. 触角茎部；
若虫：G. 若虫；H. 触角；I. 上唇；J. 右上唇；K. 左上唇；L. 下颚；M. 下颚内叶；N. 下唇；O. 翅翘；P. 翅脉；Q. 前足跗节；R. 前足爪

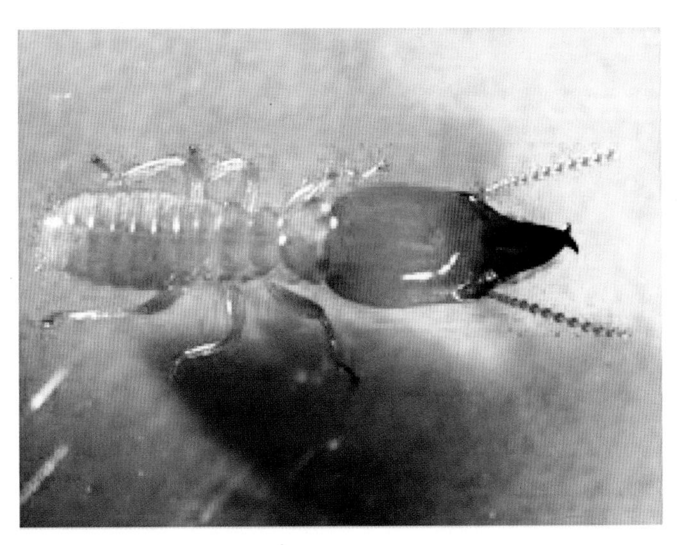

图 7-7 栖北散白蚁 *Reticulitermes speratus* (Kolbe)（兵蚁）

起。体长 3.5～5mm。

卵　几乎无色，长形，一端略粗，长 0.66～0.72mm，宽 0.32～0.36mm。

【危害】栖北散白蚁常往来于地下之小坠道中，寻觅土内或与地面接触之木质物如朽木、残株、倒木等为其生活栖息之所，故凡与地面接触之木质品如电杆、枕木及其他木质家具等，皆易受害。

【分布】中国辽宁、河北、山东、上海、江苏、浙江、福建、台湾、四川、云南、广西。

圆唇散白蚁 *Reticulitermes labralis* (Hsai et Fan, 1965)（图 7-8）

【形态特征】

兵蚁 (图 7-8) 体型小，头部为淡棕黄色，前端稍深，后端较淡，上颚紫褐色，其余近乳白色。全身均被稀疏短毛。头长方形，前端微窄，其连上颚的长度刚与体长一半相仿，侧缘近平行，后部似首稍微宽出；后缘呈弧形，后角宽圆。触角通常 16 节。触角窝与囟连线的前方的 1/3 处，有时隐约可见单眼状白色小点。前胸背板甚狭于头，前缘较直并较后缘为宽，中央具宽大而不深的凹刻，后缘凹刻较狭小，侧缘弧形，前、后角宽圆，后者更甚。

有翅成虫　体型小，黑褐色，唇部，触角、触须较浅，胫节、跗节为淡黄色，翅呈浅灰褐色。头、胸部被稀短毛，腹部短毛较密。

头长圆形，后缘宽弧形，略狭于前缘，两侧较直而向后稍收缩。囟为小点状，稍凸起。触角 17～18 节。前胸背板较宽扁，前后缘较宽，前缘较宽而平直，略向上翘起，中央凹刻宽浅，后缘中央凹刻深而明显，侧缘略呈弧形，前角圆形，后角宽圆，两侧稍向前侧俯垂而呈拱形。翅狭长，前翅 Rs 脉与 Sc+R 脉在翅尖部前相接，M 脉介于 Rs 脉及 Cu 脉之

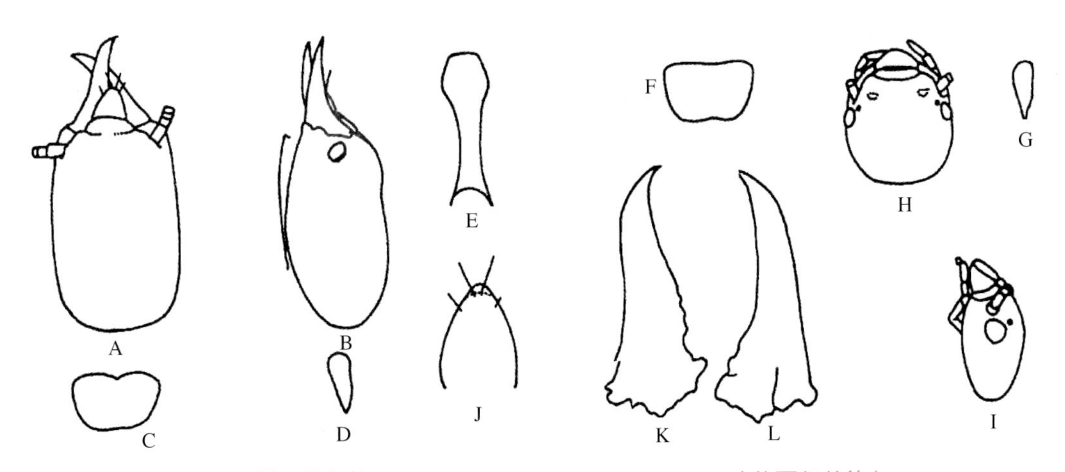

图 7-8　圆唇散白蚁 *Reticulitermes labralis* (Hsai et Fan)（仿夏凯龄等）

A. 头部背面观；B. 头部侧面观；C. 前胸背板背面观；D. 前胸背板侧面观；E. 后颏；J. 上唇；K. 左上颚；L. 右上颚；长翅成虫；F. 前胸背板背板背面观；G. 前胸背板侧面观；H. 头部背面观；I. 头部侧面观

中央，Cu 脉通常具有 9~11 分枝。

【危害】本种常在房屋建筑物和树上发现，也危害房屋的楼部，目前所知，在长江以北地区较普遍。

【分布】中国北京、河南、山东、安徽、江苏、上海、浙江、香港。

尖唇散白蚁 *Reticulitermes aculabialis* (Tsai et Hwang, 1977)（图 7-9）

【形态特征】

兵蚁　体型中等，头、上唇、触角淡黄色，前胸背板色泽更淡，腹部黄白色，上颚棕褐色，颚基赤黄色。

头部较粗壮，很少有毛，两侧平行，后部两侧稍扩张，额区微隆，但与后头背面几乎在一平面上，上颚粗壮，顶端内弯，内缘微波结构不明显，上额长尖舌状，长大于宽，基部 1/3 处最宽，往前逐渐变狭，透明端尖锐。触角 16~17 节，第 1 节粗长，第 2 节次之且较小，第 3、4 节短小，以第 3 节最短居多。前胸背板前宽后狭式心脏形，前缘凹陷宽而深，后缘中央微凹。

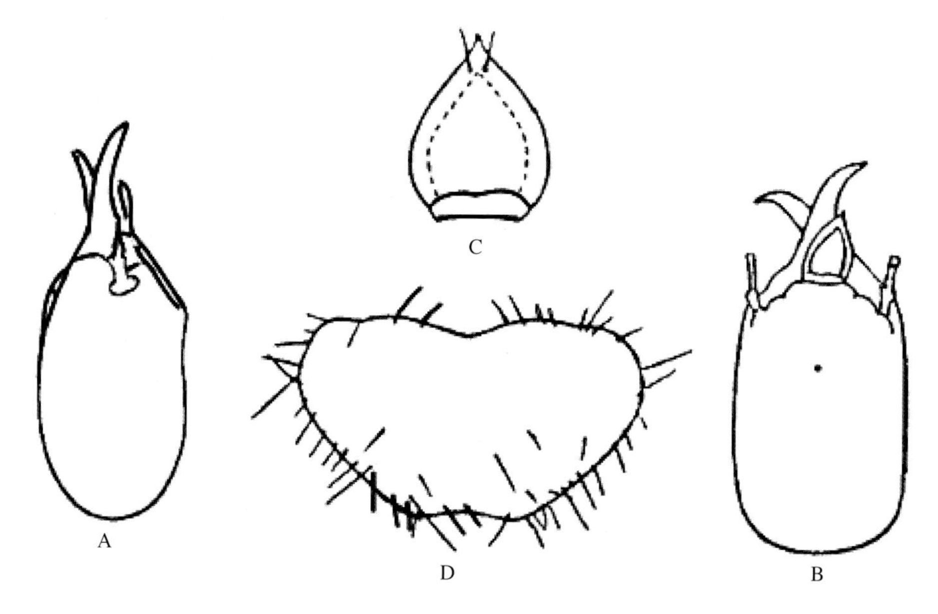

图 7-9　尖唇散白蚁 *Reticulitermes aculabialis* (Tsai et Hwang)（仿蔡邦华）
兵蚁：A. 头部背面观；B. 头部侧面观；C. 上唇；D. 前胸背板

【寄主】法国梧桐。

【分布】中国江苏、四川、甘肃、陕西、河南、安徽、浙江、湖北、江西、湖南、福建、广东、广西、云南。

二、白蚁科 Termitidae

有翅成虫前翅鳞小，仅稍大于后翅鳞，前、后翅鳞分开，径脉退化或缺，后唇基大，隆起，前胸背板狭于头部，兵蚁及工蚁的前胸背板前、中部分翘起。尾须1~2节，跗节4节。

白蚁科是等翅目中最大的科，约占全部种类的3/4。兵蚁、工蚁常有多态现象出现，但也有无兵蚁的组合类群。该科属土栖性白蚁，筑巢于地下或土垅中，属于最进化的高等白蚁。白蚁科分4亚科31属234种。

黑翅土白蚁 *Odontotermes formosanus* (Shiraki, 1909)（图7-10和图7-11）

【形态特征】

兵蚁（图7-9，图7-10）　头暗黄色，被稀毛。胸腹部淡黄至灰白色，具较密集的毛。头部背面卵形，上颚镰刀形，在左上颚中点前方有1显著的齿。右上颚有1不明显的微齿。触角15~17节，第2节长度约为第3节与第4节之和。前胸背板前部窄，斜翘起，后部较宽，前缘及后缘皆有凹刻。

有翅成虫　体长12~14mm，翅长24~25mm。头、胸、腹背面黑褐色，腹面棕黄色。翅黑褐色，全身密被细毛。触角19节，前胸背板中央有1淡色“+”字形纹，纹的两侧前方各有1椭圆形淡色点，纹的后方中央有带分支的淡色点。翅长约为宽的4倍，末端圆，周围生微毛，翅鳞部呈三角形。

工蚁　体长5~6mm。头黄色，胸腹灰白色。头后侧缘圆弧形。触角17节。

蚁后和蚁王　是有翅成虫经分飞配对而形成的，配偶的雌性为蚁后，雄性为蚁王。蚁后的腹部随着时间的增长逐渐胀大，体长可达70~80mm，体宽14~15mm。蚁后的头胸部和有翅成虫相似，但色较深，体壁较硬。腹部各节的腹板和背板仍保持原来的颜色和大小。蚁王形态和脱翅的有翅成虫相似，但色较深，体壁较硬，体形略有收缩。

卵　乳白色，椭圆形。长径约0.8mm，一边较平直，短径约0.6mm。

【危害】本种为害树种主要有杉木、池杉、厚朴、黑荆、泡桐、樟、榜、木荷、栗等70多种，还可为害果木、甘蔗、黄麻、药材、地下电缆、水库堤坝等，是农林和水利方面的重要害虫。

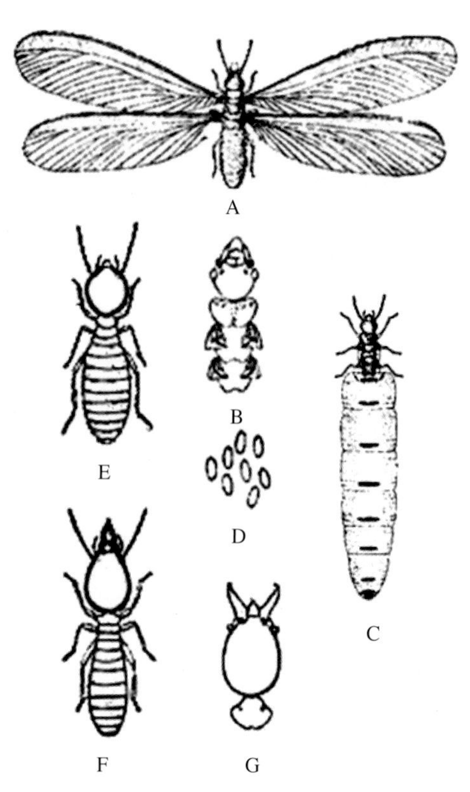

图 7-10　黑翅土白蚁 *Odontotermes formosanus* (Shiraki) (仿浙江农业大学图)
A. 有翅成虫；B. 有翅成虫的头部和前胸；C. 蚁后；D. 卵；E. 工蚁；F. 兵蚁；G. 兵蚁的头部和前胸

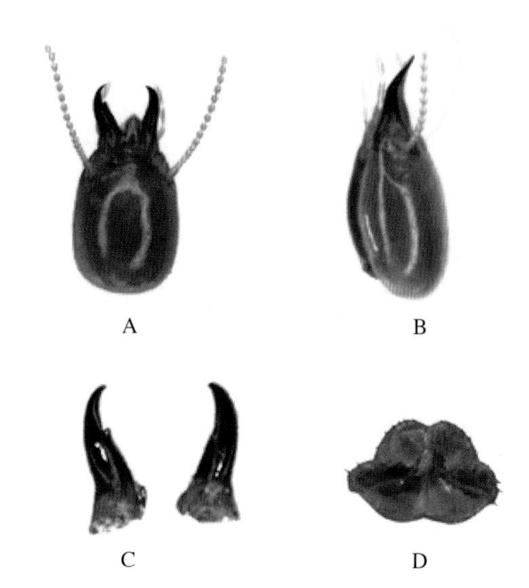

图 7-11　黑翅土白蚁 *Odontotermes formosanus* (Shiraki)（兵蚁）
A. 头部背面观；B. 头部侧面观；C. 左右上颚；D. 前胸背板

【分布】中国河南、安徽、江苏、浙江、湖南、贵州、四川、福建、台湾、广东、广西、云南、香港、湖北。国外在缅甸和泰国。

海南土白蚁 *Odontotermes hainanensis* (Lignt, 1924)（图 7-12）

【形态特征】

兵蚁 (图 7-11)　体型小于黑翅土白蚁的兵蚁，头深黄色，腹部淡黄或灰白而微具红色。在酒精浸渍后头部往往转变为棕褐色。头部毛稀疏，腹部毛较密。上颚较细，曲度不大，左上颚内面前部 1/3 处有一尖锐的齿。右上颚在相对部位的稍前方（仍在上颚中点之前）有一很小而不显著的颗粒状齿。触角 15~16 节，第 2 节长于第 3 节及第 4 节。触角如为 15 节时，第 3 节短于第 4 节，如为 16 节时，第 3 节长于第 4 节。以后各节逐渐增大。前胸背板前缘及后缘的中央有凹刻。

有翅成虫　颜色与黑翅土白蚁相似，单眼远离复眼，与复眼的距离显著大于单眼本身的长度，翅较短，其他部分与黑翅土白蚁相似。

大工蚁　头深黄，腹部灰白，由背面看，头近于方形，侧缘平直，前端扩展成为头的最宽处，囟位于头顶中央呈小圆形的凹坑，后唇基隆起，中央有纵缝分成左右两半，触角 17 节，前胸背板前部显著翘起，大小约与兵蚁相同。

小工蚁　头淡黄，腹部黑白。头侧缘与后缘连成圆弧形，由背面看头部不呈方形。触角 15~16 节。

【危害】主要为害橡胶的芽接苗、增殖苗、定植苗和树皮损伤的成年树，导致胶苗死亡和影响橡胶胶水产量，也为害油棕，导致长势弱，影响油棕产量。

【分布】福建、广西、云南、广东、海南。

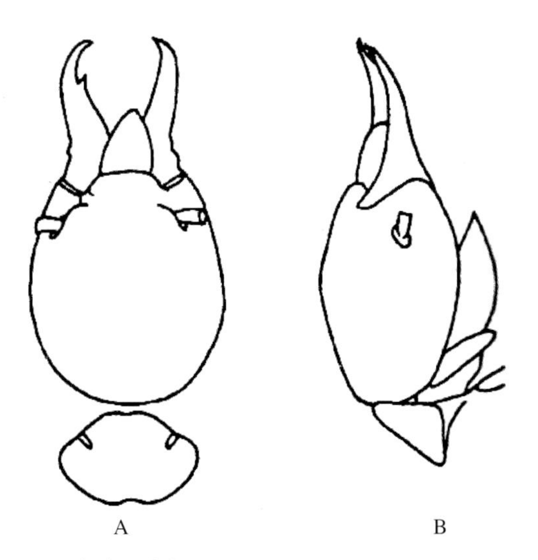

图 7-12　海南土白蚁 *Odontotermes hainanensis* (Lignt)

贵州土白蚁 *Odontotermes guizhouensis* (Ping et Xu , 1988)（图 7-13）

【形态特征】

兵蚁 (图 7-12)　体型较大，头褐色带黄，触角黄褐色，上唇和头同色，上颚紫褐色，颚基稍淡，胸、腹部及足黄褐色。头壳被毛甚稀，唇基毛、额毛均较短，角后毛 1~2 对。颚基毛不可见，上唇端毛和侧端毛均较长，亚端毛较短，唇缘毛 4 对，唇背在唇基前有时具短毛 2 对。前胸背板中区长毛稀而短。

头宽卵形，上唇舌状，伸达上颚中点，上颚镰刀形，颚短弯曲，左上颚长约头宽的一半，多小于头最阔处的 2/3，左上颚前段 1/3 处前具一齿尖向侧方的小齿。右上颚内缘在中点前及颚基前各具一小齿迹。触角 17 节，前胸背板马鞍形，前后缘中央均是浅凹入，宽约为长的 1.6 倍。中胸背板后缘中央浅凹入。后胸背板后缘近平直。寄主栎树伐庄。

【分布】中国贵州。

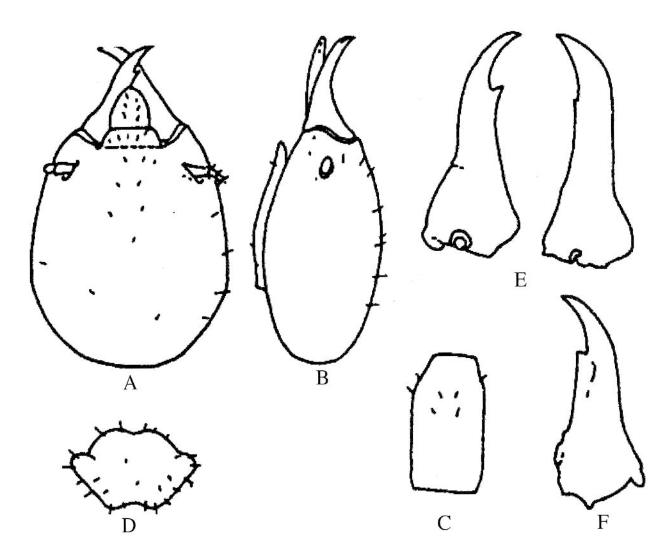

图 7-13　贵州土白蚁 *Odontotermes guizhouensis* (Ping et Xu)（仿徐春贵等）
A. 头部背面观；B. 头部背面观；C. 后颏；D. 前胸背板侧面观；E. 左右上颚；F. 左上颚腹面观

黄翅大白蚁 *Macrotermes barneyi* (Light , 1924)（图 7-14 和图 7-15 ）

【形态特征】

大兵蚁 (图 7-13，图 7-14)　体型大，略次土垅大白蚁的大兵。头深黄色，上颚黑色。头及胸背有少数直立的毛，腹部背面毛少，腹部腹面毛较多。头大，背面观长方形，略短于体长的 1/2。囟很小，位于中点之前。上颚粗壮，左上颚中点之后有数个不明的浅缺刻及 1 个较深的缺刻，右上颚无齿。上唇舌形，先端白色透明。触角 17 节，第 3 节长于或等于第 2 节，腹末毛较密。

小兵蚁（图 7-13）　体型小于大兵蚁，体色较淡。头卵形，侧缘较大兵蚁更弯曲，后侧角圆形。上颚与头的比例较大兵蚁为大，并较细长而直。触角 17 节，第 2 节长于或等于第 3 节。其他形态与大兵蚁相似。

有翅成虫　体背面栗褐色，足棕黄色，翅黄色。头宽卵形。复眼及单眼椭圆形，复眼黑褐色，单眼棕黄色。触角 19 节，第 3 节微长于第 2 节。前胸背板前宽后窄，前后缘中央内凹，背板中央有一淡色的"+"字形纹，其两侧前方有一圆形淡色斑，后方中央也有一圆形淡色斑。前翅鳞大于后翅鳞。

大工蚁　体长 6.00~6.50mm。头棕黄色，胸腹部浅棕黄色。头圆形，颜面与体纵轴近似垂直。触角 17 节，第 2 至第 4 节大致相等。前胸背板约相当于头宽之半，前缘翘起，中胸背板较前胸略小。腹部膨大如橄榄形。

小工蚁　体色比大工蚁浅，其余形态基本同大工蚁。

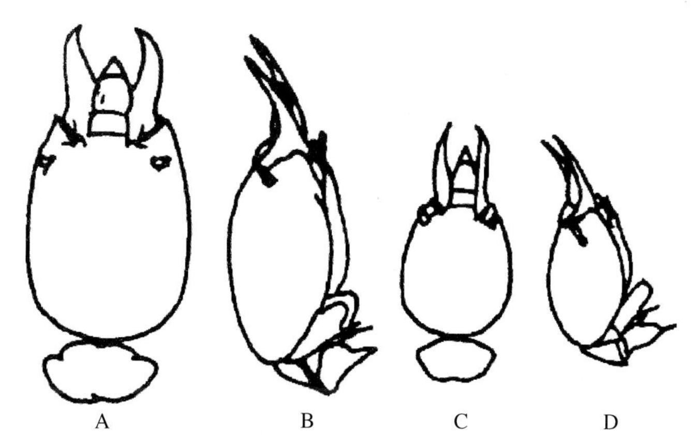

图 7-14　黄翅大白蚁 *Macrotermes barneyi* (Light)（仿蔡邦华等）

A. 大兵蚁的头与前胸背板面观；B. 大兵蚁的头与前胸侧面观；C. 小兵蚁的头与前胸背面观；D. 小兵蚁的头与前胸侧面观

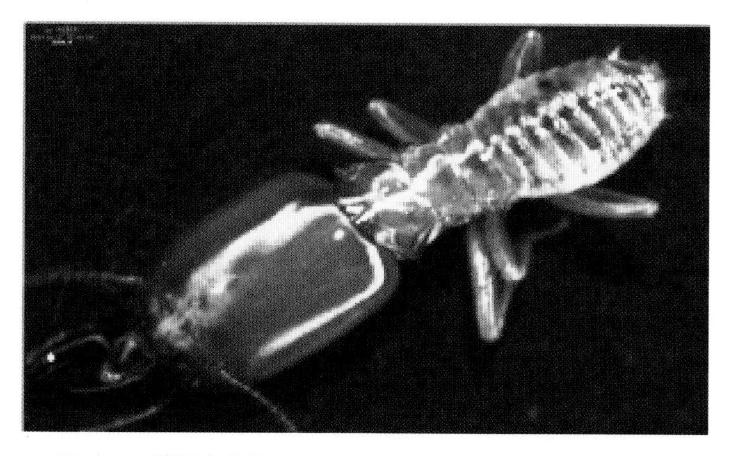

图 7-15　黄翅大白蚁 *Macrotermes barneyi* (Light)（大兵蚁）

【危害】本种的工蚁取食杂草，靠近地面开始腐朽的树干木材及鲜活植物的嫩根幼芽。

【分布】中国湖北、湖南、广东、广西、云南。国外在缅甸和泰国。

参考文献

黄复生 . 2000. 中国动物志 : 昆虫纲 (第 17 卷)[M]. 第 1 版 . 北京 : 科学出版社 .

黄远达 . 2001. 中国白蚁学概论 [M]. 武汉 : 湖北科学技术出版社 .

中文索引

英文索引

A

B

C

S

T

V

X